유산균과 발효유의 알파(A)와 오메가(Ω)

백 영 진 지음

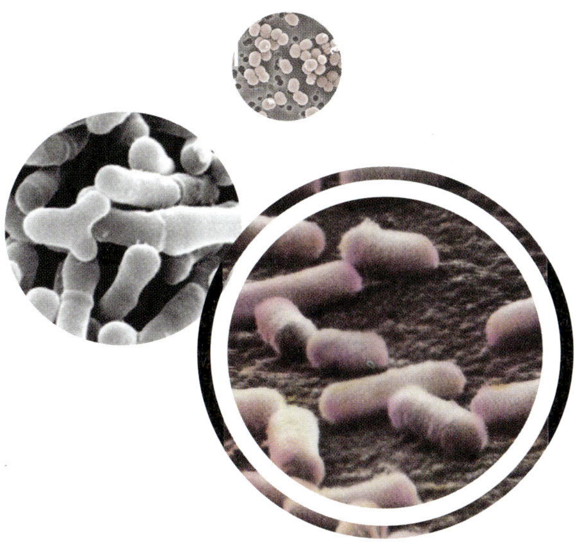

유한문화사

추 천 사

김 현 욱
서울대학교 명예교수
대한민국학술원 회원

유산균은 인간과 매우 친밀하고 유익한 미생물 중의 하나이다. 요구르트와 치즈 등 발효유 제품의 핵심인 유산균은 장류, 주류, 김치, 젓갈, 발효소시지 등 식품은 물론 정장제, 화장품, 사료 첨가제 및 사일리지 등 여러 산업에서 귀중하게 사용되어 왔으며, 우리는 오랜 세월을 두고 전통적으로 김치를 먹으면서 유산균의 득을 크게 보면서 살아온 지혜로운 민족이다. 우리나라에 낙농업이 발달하면서 발효유가 생산되었으며, 한국은 유산균을 이용하여 여러 가지 식품을 만들어 먹는 유산균 이용의 강국이 되었고, 우리 식생활에서 발효유 등은 우리의 영원한 동반자로 자리 잡게 되었다.

이 책은 ① 유산균의 전반적인 특성을 독자들이 알기 쉽게 기록하였다. 우리나라 처음으로 유산균 발효유「야쿠르트」제품을 생산하면서 한국야쿠르트 회사만이 겪었던 야쿠르트 종균을 공격하는 박테리오파지의 감염은 어려운 시련이었으며, 발효 중인 배양액을 폐기해야 하는 커다란 경제적 손실을 극복하면서 산업용 유산균 파지 문제를 해결하는 기술을 자체적으로 개발한 과정을 기술하였다. 특히 박테리오파지 감염에 강한 유산균 종균의 개발은 일본을 능가하는 기술력을 과시하였다.

② 저자는 유산균을 이용한 다양한 발효유 제품의 개발과 산업적 이용에 대해서 시대별로 기술함으로써 우리나라의 발효유 역사를 한 눈으로 볼 수 있도록 정리하였다. 1970년대 액상발효유 「야쿠르트」를 시작으로 1980년대 농후발효유 「슈퍼-100」, 1990년대 드링크 발효유 「메치니코프」, 2000년대에는 건강기능성이 강화된 위 건강 발효유 「윌」과 간 건강기능이 강화된 「쿠퍼스」 등 기능성 발효유를 개발하여 회사의 대박 행진을 이어나갔다.

③ 최근에 프로바이오틱스에 대하여 소비자와 제조업체들의 관심이 크게 높아짐에 따라 소비자들이 궁금해 하는 발효유 제품과 건강기능식품으로 이용되는 프로바이오틱스 제품에 대한 궁금한 점을 명확히 기술하였다. 발효유에 사용할 프로바이오틱 유산균 한국형 「비피더스균」을 자체적으로 분리 연구하고 산업화하여 외국 종균 수입을 대체한 이야기도 자랑스러운 이야기이다.

④ 유산균과 발효유가 인류의 건강증진에 기여하는 핵심 특성을 기술하여 100세 시대를 살아가는 우리나라 국민이 건강장수를 하려면 왜 유산균과 발효유를 섭취해야 하는가를 주요 항목별로 세심하게 기술하였다.

⑤ 유산균 발효유 제품에 살아있는 유산균이 위산 때문에 위장을 살아서 통과하지 못하므로 캡슐에 담거나, 유산균을 코팅해야 한다든가, 발효유는 공복에 먹지 말고 식후에 먹어야 한다고 하는 이야기가 잘못된 정보임을 직접 사람을 대상으로 서울대학교 의과대학과 공동으로 임상시험을 통해서 그간 잘못된 사실을 밝혀냈다. 그 외 여러 건의 발효유의 효능에 대하여 시행하기 어려운 임상시험을 통해 그간 잘못 알려졌거나 새로운 사실을 재정립하였다.

⑥ 저자가 KBS-TV 생방송 "무엇이든 물어보세요" 프로그램에 여

러 차례 출연하면서 소비자들이 가장 많이 궁금해 하는 사항을 질의 응답 하는 방식으로 소비자들의 궁금증을 해소하기 위해 노력했다. 또 저자는 발효유를 집에서 제조하여 개인의 취향에 맞게 직접 만들어 먹는 방법도 기술하였다.

이 책은 저자가 산업체 연구소에서 36년간 근무하면서 유산균과 유산균 발효유를 연구하고 개발하여 상품화한 다양한 실무 경험과 새로운 이론과 현장에서 터득한 생생한 지식을 모아서 재미있게 기록하고 있다. 국내 발효유 시장을 선도하면서 국민건강을 증진하고, 한국 유가공산업 발전에 선도적인 역할에 봉사하였던 일들도 참고로 기록하였다.

이 책은 한국 유산균 발효유의 산 역사를 현장에서 기록한 것이며, 유산균과 발효유를 이용한 건강장수법을 기술한 건강생활 안내서로 소중한 가치가 있다고 생각한다. 『유산균과 발효유의 알파와 오메가』는 저자의 실무경험과 오랜 기간 연구한 깊이 있는 이론과 경험 등 모든 것을 집대성한 귀중한 저서로서 독자들에게 건강장수 시대를 열어주는 훌륭한 길잡이가 될 것으로 생각한다.

머리말

유산균은 인간이 이용할 수 있는 가장 유익한 미생물 중의 하나이다. 오랜 세월 요구르트와 치즈 등 발효유 제품을 중심으로 각종 발효식품, 장류, 주류, 김치, 젓갈, 발효소시지, 정장제, 화장품, 가축의 사료 첨가제 및 사일리지 등 산업적으로 다양하게 인류 생활에 활용되어 오고 있다. 사람은 유산균의 존재를 알기 오래 전부터 유산균이 만들어 주는 발효식품을 먹으며 살아왔다. 유산균은 식품의 저장성을 높여주는 산업적으로 중요한 미생물이다. 인간의 건강과 먹거리 문제를 해결해 주는 유산균은 우리에게 아주 유익한 역할을 하는 훌륭한 동반자이다.

이 책은 유산균의 전반적인 특성과 유산균을 이용한 다양한 발효유 제품의 개발과 산업적 이용에 대해서 적은 글이다. 최근에 프로바이오틱스에 대하여 소비자와 제조업체들의 관심이 높아졌다. 따라서 소비자들이 궁금해 하는 발효유 제품과 건강기능식품으로 이용되는 프로바이오틱스 제품에 대한 차이점을 명확히 밝혔다.

유산균과 발효유의 건강효능에 대한 핵심 사항을 적어서 100세 시대를 살아가는 우리가 건강 장수를 하려면 왜 유산균과 발효유를 섭취해야 하는가를 세심하게 적었다. 유산균 발효유 제품의 살아있는 유산균이 위산 때문에 위장을 살아서 통과하지 못하니까 캡슐이나 코팅을 해야 한다든가, 발효유는 공복에 먹지 말고 식후에 먹어야 한다고 하는 이야기가 잘못된 정보임을 직접 사람을 대상으로 임상시험을 통해서 확실히 밝혀냈다.

이 책은 저자가 산업체 연구소에서 36여 년간 근무하면서 유산균과 유산균 발효유를 연구하고 개발하여 상품화한 다양한 실제 경험과 임상시험을 통해 그간 잘못 알려진 학술적 이론을 재정립하였다. "KBS-TV 생방송 무엇이든 물어 보세요" 프로그램에 여러 차례 출연하면서 소비자들이 궁금해 하는 사항을 질의응답 하는 방식으로 적어서 소비자들의 궁금증을 해소하는 데 주력했다.

저자는 우리나라의 유산균 발효유 업계에서 1970년대 액상발효유 「야쿠르트」를 시작으로 1980년대 농후발효유 「슈퍼-100」, 1990년대 드링크발효유 「메치니코프」, 2000년대에는 건강 기능성이 강화된 위건강 발효유 「윌」과 간 건강기능이 강화된 「쿠퍼스」 등 기능성 발효유를 개발하여 대박행진을 이어나갔다. 국내 발효유 시장을 선도하면서 국민 건강을 증진시키고 한국 유가공산업 발전에 선도적인 역할을 했음에 긍지를 느낀다. 한국 유산균 발효유 역사를 새롭게 썼으며, 새로운 이론과 실제 현장에서 익힌 생생한 노하우를 기록했다. 그러므로 이 책은 유산균과 발효유를 이용한 건강 장수를 위한 건강생활 안내서로 소중한 가치가 있다고 생각한다.

이 책 『유산균과 발효유의 알파와 오메가』는 저자의 실무경험과 오랜 기간 연구한 깊이 있는 이론 등 모든 것을 집대성한 귀중한 저서로서 일반인들에게 건강 장수시대를 열어주는 훌륭한 길잡이가 될 것으로 믿는다.

2020년 1월

저자 **백영진**(白永振)

차 례

추천사 / 3

머리말 / 7

제1장 장 건강 파수꾼 – 유산균 이야기– / 19

1. 유산균의 최초 발견 ······ 19
2. 유산균은 어떤 특성을 가진 미생물인가? ······ 23
3. 유산균은 장 건강의 파수꾼이다 ······ 28
4. 유산균은 우리 생활의 유익한 동반자 ······ 30
5. 유산균의 분류와 이름 짓기 ······ 33
6. 유산균의 생균수 계수 요령 ······ 38
7. 한국소비자원의 유산균수 검사 규격미달 보도 유감 ······ 41
8. 유산균을 공격하는 박테리오파지 ······ 48
9. 야쿠르트 발효 중 최초의 박테리오파지 감염사고 ······ 53
10. 야쿠르트 발효 초기 단계부터 파지검사로 위기를 극복 ······ 55
11. 야쿠르트균의 파지 감염원인 규명을 일본야쿠르트 전문가와 공동조사 ······ 56
12. 프로파지 사고를 미리 극복한 일본야쿠르트 ······ 57
13. 한국과 일본야쿠르트의 종균개발 경쟁 ······ 59

13.1 (제1탄) 한국야쿠르트가 야쿠르트 종균의 프로파지 유전자 제거에 성공하다 ······ 59

13.2 (제2탄) 한국야쿠르트 종균 HY 2782와 일본야쿠르트

종균 YIT 9029의 차이점 규명 ······ 61
13.3 (제3탄) 한국이 일본야쿠르트의 종균개발 경쟁에서 승리하다 ······ 64
13.4 기술로 일본 누른 '유산균 박사' ······ 67
14. 토종 한국형 비피더스 종균의 산업화 성공 ······ 68
14.1 비피더스균의 건강증진 효과 ······ 75
14.2 비피더스균의 특성과 이용 ······ 79
15. 유산균이 생산하는 항균물질 박테리오신 ······ 81
16. 유산균도 상호 잘 어울리는 짝꿍이 있다 ······ 88

제2장 건강장수 식품 –발효유 제품 종류별 소개– / 93

1. 발효유의 기원과 유래 ······ 93
2. 국내 최초의 액상 발효유 「야쿠르트」의 탄생 ······ 98
2.1 한국 최초 액상 발효유 「야쿠르트」의 생산 역사 ······ 98
2.2 국내 발효유 시장의 경쟁시대 개막 ······ 102
2.3 국내 유산균 발효유 제품의 산업화 과정 ······ 104
3. 떠먹는 정통 서양식 요구르트 ······ 108
3.1 국내의 떠먹는 요구르트 시장이 열리다 ······ 108
3.2 자체 기술로 개발한 「슈퍼-100」 성공 이야기 ······ 112
4. 마시는 드링크 요구르트 ······ 116
4.1 드링크 요구르트의 시대가 열리다 ······ 116
4.2 드링크 요구르트 시장을 선도한 「메치니코프」 ······ 119
5. 기능성 발효유 시대를 열다 ······ 120
6. 헬리코박터 프로젝트 –「윌(Will)」 제품의 개발 ······ 123
6.1 기능성 요구르트 시대가 열리다 ······ 123

6.2 헬리코박터 프로젝트 「윌(Will)」의 개발과 대성공 ………… 126
6.3 기능성 발효유 시대를 활짝 열어놓은 「윌(Will)」 제품 …… 129
6.4 노벨상 수상자 덕분에 더욱 유명해진 「윌(Will)」 제품 …… 133
6.5 일본야쿠르트 회사가 기술 도입하려던 「윌(Will)」 제품 … 136

7. 간 기능 강화 「쿠퍼스」의 개발 ………… 137
7.1 간 기능성 발효유 「쿠퍼스」의 개발 이야기 ………… 137
1) 개발 경위와 취지 ………… 137
2) 간 기능성 발효유 「쿠퍼스」로 숙취해소 음료에 도전장을 내다. ………… 138
3) 「쿠퍼스」의 뛰어난 제품력 ………… 139
4) 과학적인 연구결과 및 자료는 효능에 대한 뒷받침이 필수 141
5) 「쿠퍼스」 광고의 어려움 ………… 142

8. 홈메이드 요구르트 만들기 ………… 142
8.1 홈메이드 요구르트 제조요령과 주의사항 ………… 142
1) 제조요령 ………… 142
2) 전기밥솥을 이용하는 경우 ………… 143
3) 우유가 잘 배양되었는지 점검하는 요령 ………… 144
4) 주의사항 ………… 145

제3장 프로바이오틱스 제품이란? / 147

1. 프로바이오틱스의 개념과 이용 ………… 147
1) 개 념 ………… 147
2) 균주 조건 ………… 147
3) 효 능 ………… 148
4) 제품의 형태 ………… 149
5) 제품의 응용과 전망 ………… 150

2. 건강기능식품(Health functional food)에 대하여 ………… 153
1) 건강기능식품의 개요 ………… 153
2) 건강기능식품의 기능성 ………… 154
3) 기능성 원료란? ………… 155
4) 기능성의 종류와 내용 및 표시 ………… 156
5) 건강기능식품의 안전성 평가 ………… 156
6) 건강기능식품의 안전성 관리 ………… 157
7) 기능성 표방 유사 건강기능식품의 관리 ………… 157
3. 프리바이오틱스(Prebiotics)란? ………… 158
4. 가축용 생균제 ………… 160
5. 양어(어류)용 생균제 ………… 164

제4장 유산균과 발효유의 건강효능 / 169

1. 유산균과 건강(1) ………… 169
1) 유산균은 인간이 이용할 수 있는 가장 유익한 미생물 ………… 169
2) 유산균 발효유의 건강증진 효과 ………… 170
3) 발효유의 기원과 역사 ………… 171
4) 유산균의 발견과 생리적 특성 ………… 172
2. 「유산균과 건강」 국제학술 심포지엄 개최 ………… 174
3. 유산균과 발효유의 건강 효능 ………… 178
4. 유산균 발효유의 영양학적 효과 ………… 179
5. 유산균과 건강(2) ………… 183
6. 유산균은 유당 소화불량증을 해소한다 ………… 184
7. 설사와 변비를 개선한다 ………… 185
8. 장내 유해미생물의 생육 억제 ………… 186
9. 혈중 콜레스테롤 저하효과 ………… 188

10. 유산균의 항암효과 ······ 191
11. 유산균의 면역기능 증진효과 ······ 195
12. 유산균의 다양한 기능성 이용 ······ 198
13. 피부미용과 유산균의 작용 ······ 199
14. 유산균은 간장을 보호한다 ······ 201
15. 세균성 식중독을 치료하는 유산균 ······ 203
16. 비뇨기관의 감염 예방과 치료 ······ 205
17. 구강건강과 유산균의 역할 ······ 206

제5장 유산균 발효유의 임상시험 이야기 / 209

1. 유산균과 발효유의 위장 통과량 측정 임상시험 ······ 209
   1) 실험목적 ······ 209
   2) 실험방법 ······ 210
   3) 실험결과 ······ 211
   4) 임상시험 요약 ······ 213
   5) 결 론 ······ 213

2. 「윌(Will)」 제품에 대한 임상효능 시험 결과 ······ 214
   1) 헬리코박터균 보균자의 임상 효능시험 결과 요약 ······ 214
   2) 기능성 발효유 시대를 새롭게 개척한 「헬리코박터 프로젝트 윌」 제품 ······ 215

3. 「쿠퍼스」의 간 기능 개선에 대한 임상시험 요약 ······ 216
   1) 시험 대상자 선발 ······ 216
   2) 임상시험 방법 ······ 217
   3) 임상시험에 사용된 시료 ······ 217
   4) 시험 대상자의 일반적인 특성 ······ 217
   5) 간 기능 지표 분석방법 ······ 217

6) 임상시험 결과 ······ 218

4. 발효유 섭취 시 콜레스테롤 저하 임상시험 결과 ······ 218
1) 실험목적 ······ 218
2) 실험방법 ······ 219
3) 실험결과 ······ 219

제6장 유산균의 다양한 산업적 이용 / 223

1. 유산균은 산업적으로 어떻게 이용되고 있나? ······ 223
1.1 유가공 산업에서의 유산균 이용 ······ 223
1) 발효유 ······ 223
2) 치 즈 ······ 224
3) 젖산-알코올 발효유 ······ 224
4) 발효버터와 발효크림 ······ 225
1.2 유산균 정장제(整腸劑) ······ 225
1.3 길항물질(bacteriocin) 생산 ······ 225
1.4 전통 발효식품에 유산균 이용 ······ 226
1) 된장, 간장에 유산균의 작용 ······ 226
2) 김치 및 절임식품 ······ 227
1.5 의약품 개발에서의 유산균 이용 ······ 227
1) 유산균 정장제 ······ 227
2) 신규 의약품 개발에 이용 ······ 228
1.6 화장품에서의 유산균 이용 ······ 229
1.7 가축 사료에 이용 ······ 229
1) 가축의 사료첨가제 ······ 229
2) 사일리지에 이용 ······ 229

2. 김치 및 절임식품 ······ 230

3. 육제품의 유산균 발효 ······ 233
4. 된장과 간장의 유산균 작용 ······ 235
5. 유산균에 의한 수산물 발효 ······ 236
6. 가축용 사일리지(Silage)에 이용 ······ 237

제7장 KBS-TV 무엇이든 물어보세요 / 239

1. 생방송 KBS 2TV "무엇이든 물어보세요"에 출연하다 ······ 239
2. 유산균과 발효유의 궁금한 것 - 질문과 답변 ······ 243
1) 발효유의 적절한 음용시간은 식전 또는 식후 언제가 좋은가요? ······ 243
2) 발효유의 매일 먹는 적정량은 어느 정도인가요? ······ 245
3) 농후 발효유 중 떠먹는 타입과 마시는 드링크 타입의 요구르트 차이점이 무엇인가요? ······ 246
4) 김치를 먹는 한국인이 발효유를 굳이 먹어야 하나요? ······ 246
5) 당뇨병이 있는 사람도 발효유를 먹어도 괜찮은가요? ······ 247
6) 우유를 먹으면 속이 더부룩하고 안 좋은데 발효유는 먹어도 괜찮나요? ······ 247
7) 발효유는 생후 언제부터 먹을 수 있나요? ······ 248
8) 유통기한이 지난 발효유 제품은 효과는 없나요? ······ 248
9) 발효유를 얼려 먹거나 데워 먹어도 괜찮나요? ······ 249
10) 발효유는 매일 계속 먹어야 하나요? ······ 249
11) 우유와 요구르트 영양성분의 차이점은 무엇인가요? ······ 250
12) 액상 발효유와 농후 발효유의 차이점은 무엇인가요? ······ 250
13) 아이들이 발효유를 섭취하면 충치의 발생과 연관성이 있나요? ······ 251
14) 한국인의 전통술인 막걸리에는 어느 정도의 유산균이 함유되어 있나요? ······ 253

15) 요구르트를 먹으면 다이어트에 도움이 되나요? ……………… 253
16) 더운 여름철에 요구르트의 은박지 뚜껑이 팽팽하게 부풀어 있는 것을 먹어도 되는지요? ……………… 254
17) 유산균이 위산이나 담즙산에 죽으면 장에서 아무런 효과가 없는가요? ……………… 254
18) 유산균 발효유가 설사와 변비의 정반대 현상에 효과가 있다고 하는 근거는 무엇인가요? ……………… 255
19) 유산균 발효유는 몸에 어떻게 좋은 것인가요? ……………… 255
20) 발효유와 다른 유제품을 섞어 먹어도 되는가요? ……………… 256
21) 유산균 발효유는 소화 흡수에 도움이 되나요? ……………… 256
22) 「야쿠르트」와 「요구르트」는 어떻게 다른가요? ……………… 256

제8장 한국 유산균 발효유 역사를 개척한 한국야쿠르트 / 257

1. 성실하고 상냥한 '야쿠르트 아줌마' ……………… 257
1.1 한국야쿠르트의 보배 '야쿠르트 아줌마' ……………… 257
1.2 '야쿠르트 아줌마'들의 봉사활동 이야기 ……………… 260
2. 한국 유산균 발효유 기술개발의 산실 - 중앙연구소 ……………… 264
2.1 한국야쿠르트 중앙연구소 설립 이야기 ……………… 264
2.2 한국야쿠르트 중앙연구소의 역할과 업적 ……………… 268
2.3 경기도 기흥 종합연구소 시대를 열다 ……………… 274
2.4 중앙연구소가 국가 공인시험・검사기관 인증 획득 ……………… 277
2.5 한국야쿠르트 중앙연구소는 교수 양성소입니까? ……………… 279
2.6 중앙연구소 투자는 윤덕병 회장의 의지와 철학 ……………… 280
3. '건강사회 건설'을 실천하는 한국야쿠르트 ……………… 281
3.1 한국 최초로 발매한 '야쿠르트 알리기' ……………… 281
3.2 야쿠르트의 용기는 폴리스티렌 수지 ……………… 283

3.3 고객을 감동시키는 한국야쿠르트 ········· 285
3.4 국내 최초의 발효유회사 한국야쿠르트의 출범 ········· 287
3.5 한국야쿠르트의 창업정신과 기업철학 ········· 289
3.6 한국야쿠르트의 사회공헌 활동 ········· 290

참고문헌 / 295

에필로그 / 297

제1장

장 건강 파수꾼 - 유산균 이야기 -

1. 유산균의 최초 발견

유산균은 미생물의 한 종류로서 사람의 맨눈으로 볼 수 없는 작은 생명체이다. 사람의 맨눈으로 볼 수 있는 크기는 대략 1mm 내외이고, 더 작은 크기의 미생물을 보기 위해서는 현미경으로 수십 배~수천 배로 확대해야 볼 수 있다. 미생물은 세균(bacteria), 바이러스(virus), 곰팡이(fungi), 조류(algae), 원생동물(protozoa) 5가지로 대별된다. 세균은 보통 광학현미경으로 관찰이 가능하지만, 바이러스는 미생물 중에서 크기가 가장 작아서 전자현미경을 이용해야 관찰이 가능하다.

유산균의 존재에 대한 개념이 확립되기 시작한 것은 19세기 말 미생물에 대한 과학기술이 발전하면서 시작되었다. 유산균은 1857년 프랑스의 유명한 미생물학자 루이스 파스퇴르(Louis Pasteur, 1807~1893)에 의해 포도주 제조과정 중에 최초로 발견됐다.

그 당시 프랑스는 전통적으로 맛과 품질이 좋은 포도주 생산이 산업의 주축이었다. 포도주는 잘 익은 포도를 적당히 으깬 후에 통 속에 넣고 발효시키면 효모는 포도 속의 당분을 이용하여 알코올 발효를 통해 알코올이 생성되어 향기로운 포도주가 만들어진다. 포도주는 만들 때마다 포도의 발효가 잘되는 것이 아니라 어느 때는 시큼하게 신맛이 나는 경우가 생겼다. 이렇게 신맛이 나는 포도주는 냄새도 나쁘고 맛도 없어 상품성이 떨어져 포도농장 주인들은 포도주를 담글 때마다 몇 통씩 폐기해 손해를 보곤 했다. 포도농장 주인들은 어떻게 하면 포도주가 신맛이 나지 않고 항상 맛 좋은 포도주가 될 수 있을까 고심하게 되었다.

미생물학자인 파스퇴르는 포도즙이 포도주로 변하는 과정이 효모라는 미생물에 의한 발효 과정임을 알아냈다. 효모는 포도 속의 당분을 이용하여 발효를 통해 알코올을 만들어 포도주를 만들어 내는 반면, 유산균은 당분을 젖산으로 바꾸어 포도즙을 시게 만든다는 사실도 알게 되었다. 이렇듯 유산균은 처음 발견 당시에는 질 좋은 포도주를 망쳐놓는 성가시고 귀찮은 해로운 미생물로 인식되었다. 파스퇴르가 유산균에 의한 젖산발효 보고서를 프랑스의 과학 아카데미에 게재하여 유산균의 존재가 맨 처음 세상에 알려지게 되었다.

그 후, 파스퇴르는 포도주의 변질을 방지하고 품질이 좋은 포도주를 얻기 위한 해결 방법으로 60℃에서 30분 정도 가열하는 저온살균법을 제시하여 농민들의 오랜 골칫거리를 해결하였다.

지금도 우유에서 저온 장시간 살균법은 병원성 미생물을 사멸할 목적으로 63℃~65℃에서 30분 이상 가열하는 파스퇴르식 저온살균법(pasteurization)이 사용되고 있다. 1899년도에 파스퇴르 연구소의 앙리 티씨에(Henry Tissier, 1866~1926)는 산소를 싫어하는 혐기성 유산균인 비피더스균(*Bifidobacterium*)을 모유를 먹고 자란 어린 아이의 장내에서 처음으로 분리하였으며 이 세균을 바실러스 비피더스(*Bacillus bifidus*)라고 명명하였다.

비피더스(Bifidus)의 뜻은 "둘로 나뉜(divided in two)" 또는 "가지가 있는(branched)"이라는 뜻의 라틴어원에서 나온 것으로, 현미경상으로 관찰할 때에 균의 모양이 Y자 모양으로 나타나는 경우가 있어 그렇게 명명하였다

그 이듬해인 1900년도에 오스트리아 그라츠(Graz) 대학의 독일인 소아청소년과 의사 에른스트 모로(Ernst Moro, 1874~1951)는 모유 대신 조제분유를 먹고 자란 유아의 장내에서 다른 유산균을 발견하여 바실러스 아시도필러스(*Bacillus acidophilus*)라고 이름 지었다. 아시도필러스(*acidophilus*)란 신맛을 좋아하는(acid-loving) 균이라는 의미를 가지고 있다.

20세기로 들어와 러시아 태생의 생물학자 엘리 메치니코프(Elie Metchnikoff, 1845~1916)가 프랑스의 파스퇴르 연구소에 근무하면서 불가리아 사람들이 장수하는 이유를 역학조사 하는 과정에서 그들이 늘상 섭취하는 발효유 "야후르스(yahourth)"에 원인이 있다고 하는 "불로장수설"을 주장하였다. 그는 1907년 발효유에서 유산균을 분리하여 락토바실러스 불가리커스(*Lactobacillus bulgaricus*)라고 명명하였다.

1908년에 그의 저서 『생명의 연장(The Prolongation of Life)』에서 유산균의 인체 유용성을 과학적으로 밝히면서 유산균 발효유 과학의 새로운 기원을 이룩하였다. 이를 계기로 발효유의 세계적인 소비 확산에 커다란 기여를 했다. 그는 사람이 발효유 섭취를 통해서 인체에 장내 유익균을 증식시키고, 생성된 유기산과 대사산물에 의해서 유해균의 증식을 억제하여 노화를 지연시켜 건강 장수할 수 있다고 주장했다. 그는 1908년 대식세포의 연구로 노벨의학상을 수상했다.

그 후 1916년에 올라 옌센(Orla-Jensen)은 치즈(Cheese)에서 락토바실러스 카제이(*Lactobacillus casei*) 균을 분리했는데, 그 후 카제이 유산균은 우유, 발효유, 사람의 장내, 구강 이외 사일레지 등에도 다양하게 분포됨을 확인했다.

일본 교토대학의 의사였던 시로다 미노루(Shirota minoru 1899~1982)는 1929년 사람의 위액이나 담즙에 강한 유산균 락토바실러스 카제이를 일본인의 장내에서 분리하여 배양하는 데 성공했다. 그리고 그 유산균을 자신의 이름을 따서 락토바실러스 카제이 시로타(*Lb. casei Shirota*) 균주라고 명명했다. 일본야쿠르트회사가 이 균을 종균으로 사용하여 「야쿠르트(Yakult)」라는 상품명의 액상 발효유를 발매했다. 그 후 여러 연구를 통하여 카제이 시로다균이 인체에 유용한 효과를 보이는 프로바이오틱스(probiotics) 균으로 인정받았다.

우리나라에서는 (주)한국야쿠르트회사가 1971년 락토바실러스 카제이 시로다균을 이용하여 국내 처음으로 액상발효유 야쿠르트를 생산, 판매하기 시작해 현재에 이르고 있으며, 야쿠르트 제품의 종균 공식 명칭은 락토바실러스 카제이(*Lb. casei*) YIT9018로 명명했다.

이후 1950~1960년대 후반에 이르러서야 산소가 없는 상태에서 균을 키울 수 있는 혐기성 배양기술이 개발되어 장내 균총(micro-flora)과 유산균에 관한 연구가 활발히 진행되었고, 분자생물학적 기술이 진보하여 미생물의 분류학(microbial taxonomy)이 크게 번성하였다. 또한 장내세균에 대한 과학업적들이 계속 축적되어 가면서 인체에 유용한 유산균들에 대한 연구가 더욱 활발해졌다.

저자가 (주)한국야쿠르트 중앙연구소장으로 재직하던 시절에 국내 주요 병원의 협조하에 모유를 먹고 있던 생후 7일~3개월 된 건강한 한국인 영유아의 분변에서 보통 유산균과는 달리 산소가 있으면 잘 자라지 못하는 혐기성균으로 배양이 까다로운 비피더스균(*Bifido-bacteria*)을 분리 배양하였다. 그 후 여러 단계의 시험을 거쳐서 비피도박테리움 롱검(*Bif. longum* HY8001)으로 명명하였다. 1995년 10월 국내 처음으로 한국형 비피더스균을 선발 육종하여 종균으로 산업화하는 데 성공했다. 그 당시 발매 중이었던 떠먹는 요구르트 「슈퍼-100」과 드링크요구르트 「메치니코프」의 제품에 비피더스 종균이 혼합된 제품을 생산했고, 그 후 개발된 신제품에도 비피더스균을 종균으로 활용했다.

그 당시 국내에서는 비피더스균이 함유된 관련 제품이 외국에서 수입되거나 국내에서 생산 발매된 바가 없었으므로 한국인 유래의 순수한 토종의 비피더스균을 분리할 수 있었다. 그 후 분리한 한국형 비피더스균은 한국야쿠르트에서 발매 중이었던 떠먹는 요구르트 「슈퍼-100」과 드링크 요구르트 「메치니코프」의 제품에 비피더스균을 종균으로 혼합하여 국내 처음으로 제품을 생산하기 시작했다. 이와 같이 배양하기가 까다로운 비피더스균이 종균으로 개발됨으로써 그 후에 개발되는 모든 한국야쿠르트 발효유 신제품에 비피더스균을 종균으로 활용하기 시작하였다.

지금까지 이 세상에 밝혀진 유산균은 대략 300~400여 종류가 알려졌으며, 그 중 10% 정도인 30~40여 종류가 주로 발효유, 치즈 등의 낙농 제품을 비롯하여 프로바이오틱스, 사료 첨가제, 유산균 식품 등 기타 발효 산업에 폭넓게 사용되었다.

2. 유산균은 어떤 특성을 가진 미생물인가?

유산균(Lactic acid bacteria)은 포도당 또는 유당과 같은 탄수화물을 분해 이용하여 필요한 에너지와 영양소를 얻어서 활동하며, 최종 산물로 젖산이라고 하는 시큼한 신맛을 생성하는 세균을 말한다. 유산균은 인간이 이용할 수 있는 가장 유익한 미생물의 한 종류로서 현대 과학이 발달하기 오래 전부터 인류는 유산균이 가지고 있는 독특한 성질들을 의식적 혹은 무의식적으로 이용하여 왔다.

유산균은 사람이나 포유동물의 입, 소화기관, 질 등에서 서식하면서 사람과 동물의 건강과 인류의 생활에 직·간접으로 밀접한 관계를 맺고 있는 유익한 공생체의 하나로 동물 및 식물체, 하천, 토양 등 자연계에 널리 분포되어 있다.

이들 유산균은 요구르트, 치즈 등과 같은 발효 유제품을 중심으로 각종 발효식품을 만들어 주는 데 주도적인 역할을 하는 세균이다, 그 외 각종 장류, 김치, 발효소시지, 의약품 및 가축의 사료 첨가제, 화장품의 원료 등에 이르기까지 인류 생활에 광범위하게 활용되어 오고 있다.

1) 유산균은 어떤 특성을 가지고 있나?

유산균은 단백질을 흡수하기에 좋은 상태로 잘게 분해하지만 부패시키지는 않는다. 그람(Gram) 염색반응에서 자주색으로 염색되는 양성을 보이며, 포자(endospore)를 형성하지 않는다. 현미경으로 유산균을 관찰하여 보면 운동성이 없어 움직이지 않으며, 색소를 만들지도 않는다. 배양 시에 영양소 요구성이 까다로워 다른 균에 비하여 쉽게 배양되지 않는 고급스러운 균이다. 유산균은 산성(acid)에 내성이 있어 위장에서 잘 살아 남으며, 과산화수소 분해효소를 생산하지 않는다.

2) 형태 및 크기

유산균은 둥근 공 모양의 구균(coccus)과 막대기 모양의 간균(rod)으로 크게 구별된다. 유산균은 맨눈으로 관찰이 불가능하므로 현미경을 통해서만이 관찰이 가능하다. 크기는 구균은 대략 직경이 0.5～1.0마이크로미터(㎛) 간균은 0.5～1.5×2～5마이크로미터 정도의 것이 일반적이다(그림 1-1 참조).

(주: 마이크로미터(㎛)는 100만 분의 1m 길이)

3) 발효 형태

유산균은 산소가 있거나 없어도 성장할 수 있는 통성혐기성균(通性嫌氣性菌)과 산소가 있으면 생육이 어려운 혐기성균(嫌氣性菌)으로 구별하기도 한다. 일반적으로 유산균은 산소의 존재 여부에 관

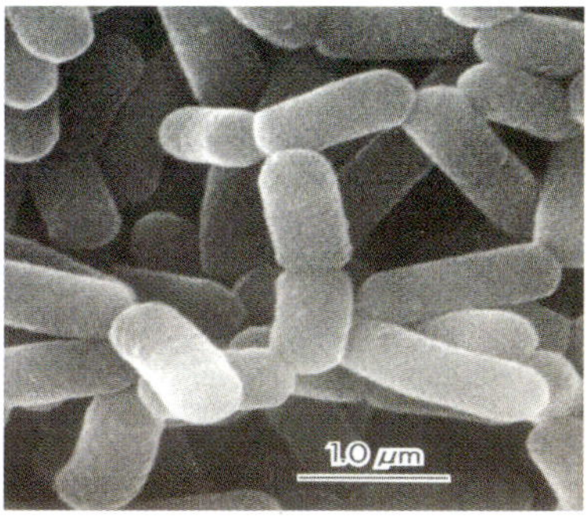

유산간균

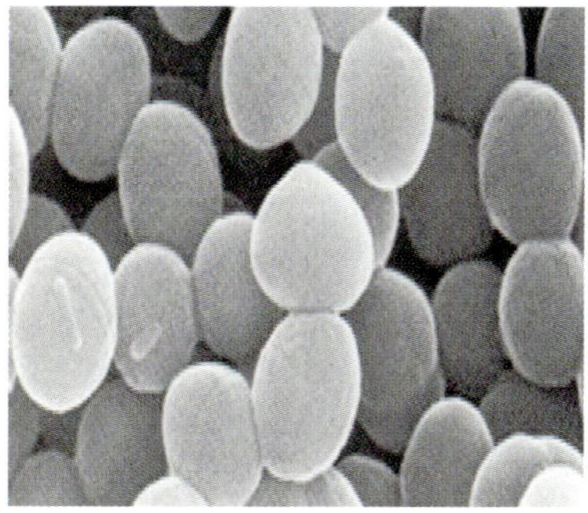

유산구균

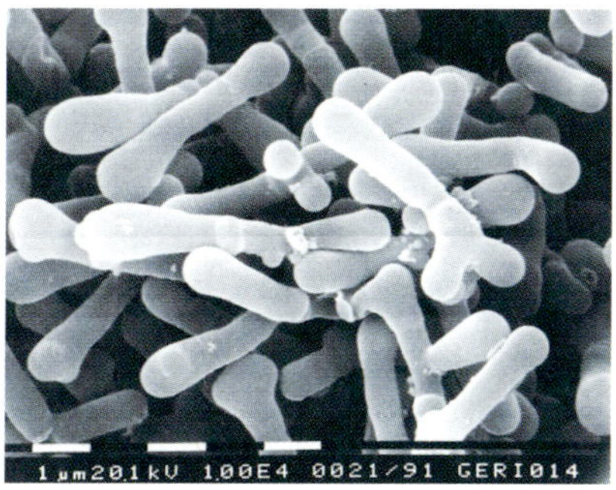

비피더스균

그림 1-1. 유산균의 전자현미경 사진

계 없이 성장할 수 있는 통성혐기성균이 주종을 이루고 있다. 그러나 비피더스균은 산소가 있으면 잘 자라지 못하는 혐기성균이다. 유산균은 포도당이나 유당을 발효하여 대부분 젖산만을 만드는 호모(Homo) 발효 유산균과 젖산 이외에 초산, 에틸알코올, 탄산가스 등을 부수적으로 소량 생산하는 헤테로(Hetero)발효 유산균으로 구분하기도 한다.

4) 유산균의 분류

유산균은 분류학상 일반적으로 7개 속(genus)으로 대별하여 분류한다. 둥근 공 모양의 구균(*coccus*) 형태는 락토코커스(*Lactococcus*), 염주알 모양의 연쇄상구균(*Streptococcus*), 류코노스톡(*Leuconostoc*), 페디오코커스(*Pediococcus*), 엔테로코커스(*Enterococcus*)와 막대기 모양의 간균(rod) 형태는 락토바실러스(*Lactobacillus*)와 비피도박테리아(*Bifidobacterium*)로 분류하기도 한다.

락토바실러스는 우유의 유당이라는 락토(Lacto)와 막대 모양이라는 바실러스(bacillus)가 결합하여 생긴 명칭으로 우유 속에 있는 유당을 분해하는 막대 모양의 균이라는 뜻이다. 락토바실러스 아시도필러스(*Lb. acidophilus*)에서 아시도필러스(acidophilus)는 산(acid)을 좋아한다는 필러스(philus)가 합쳐져서 '산을 좋아한다'는 의미이다.

5) 분 포

유산균은 사람이나 동물의 소화관, 생우유, 요구르트, 치즈, 유산균 음료, 발효 버터 등과 같은 발효 유제품과 김치, 피클과 같은 야채 발효, 발효소시지, 젓갈류, 제빵, 된장과 간장과 같은 장류에도 다양하게 분포되어 있다.

유산균은 프로바이오틱스 생균 제제, 정장제, 건강보조식품, 화장품의 원료, 가축과 양어사료 첨가제로 활용되는 생균제제, 가축의 김치라고 불리는 사일레지(Silage) 등 농산물에 이르기까지 다양하게 응용되고 있다. 유산균은 하천수, 호수 및 토양 등 자연계에 널리 분포되어 있으며, 유산균은 인류의 생활에 직・간접으로 밀접한 관계를 맺고 있는 유익한 공생체임을 알 수 있다.

6) 생육온도

유산균의 생육온도는 영하의 온도에서는 가사 상태로 존재하며, 냉장고 온도 부근인 0～4℃에서는 생육이 정지되고, 8℃ 이상에서는 활동이 서서히 시작된다. 사람의 체온과 비슷한 37℃ 전후에서는 가장 활발하게 활동하고 증식한다. 그러나 45℃ 이상 온도가 상승함에 따라서 생육이 억제당하다가 60℃ 이상이 되면 생존하지 못하고 대부분이 사멸된다.

발효유 제품 제조에 이용되는 유산균들은 일반적으로 35~37℃ 범위에서 잘 자라는 중온성 유산균들과 45℃ 부근에서도 잘 자라는 고온성 유산균들이 거의 주종을 이루고 있다.

7) 유산균의 이용

20세기로 들어와 프랑스의 파스퇴르연구소에 근무하던 러시아 태생의 생물학자 일리야 메치니코프(Elie Metchnikoff, 1845~1916)가 불가리아 사람들이 장수하는 이유를 그들이 늘 상식하는 발효유에 원인이 있다고 하는 "불로장수설"을 주장하였다. 1908년에 발간된 그의 저서 『생명의 연장(The Prolongation of Life)』에서 사람이 늙는 것은 장내의 부패균 등 유해균이 증식해서 암모니아, 인돌, 페놀, 스카톨, 유화수소 등 인체에 유해한 독성 물질을 만들어 내기 때문이라고 하였다. 그는 유산균이 함유된 발효유를 섭취하면 이를 막을 수 있다고 주장하였다. 메치니코프가 유산균의 인체 유용성을 과학적으로 밝히면서 발효유의 세계적인 소비 확산에 크게 기여하는 계기가 되었다. 그리하여 우리는 메치니코프를 "유산균의 아버지"라고 부른다. 메치니코프는 '대식 세포설'의 연구로 1908년 노벨생리의학상을 받기도 하였다.

유산균은 젖산발효에 의해 생성된 젖산으로 식품을 산성화함으로써 발효식품의 보존성을 향상시키고, 젖산을 비롯한 대사산물에 의해 풍미가 증진된다. 유산균이 생성하는 젖산과 박테리오신(bacteriocin)과 같은 길항물질 등의 생성으로 인체 유해미생물의 생육이 억제된다. 비타민과 같은 인체 유용물질의 합성에 의한 영양 및 건강 증진 효과를 목적으로 광범위하게 이용하여 오고 있다.

3. 유산균은 장 건강의 파수꾼이다

사람은 모태에서 태아상태로 있을 때는 무균상태이나 태어나는 순간 호흡과 동시에 모유나 우유를 섭취하면서 다양한 종류의 미생물이 장내로 들어가서 정착하기 시작한다. 출생 후에 장내에 제일 먼저 정착하는 균은 우리 몸에 유해한 대장균, 장구균, 식중독을 일으키는 클로스트리디움균과 포도상구균이 먼저 정착한 이후 1～2일이 지나서 유익균인 유산 간균과 비피더스균이 정착하기 시작한다(그림 1-2).

비피더스균이 출현하면 유해균들은 생육이 억제되어 감소하는 경향을 보여주며, 비피더스균이 주요 균으로 우위를 점한다. 사람의 일생 장내세균의 분포도 조사에 의하면 비피더스균은 출생 후 이유기까지 우점균 상태를 유지하다가 성인이 되고 노년기에 들어서 많은 감소 추세를 보여준다.

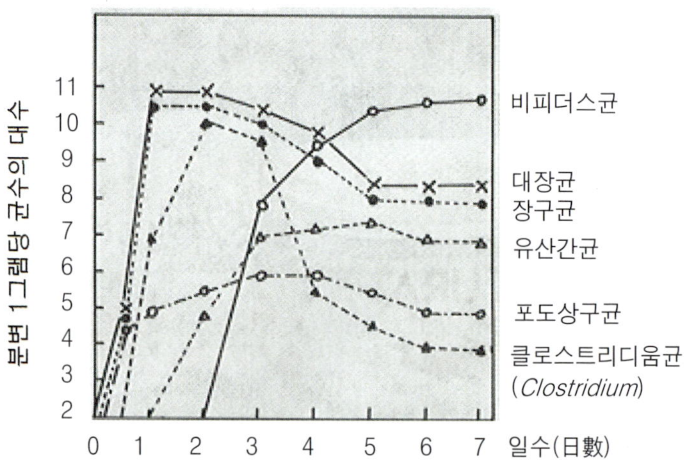

그림 1-2. 신생아 생후 7일까지의 장내 균총 변화

(자료 : 미쓰오카 도모타리 : 장내 세균학 잡지, 2002년 15권 2호)

이유기를 지나서 유해균인 박테로이데스, 유박테리아와 혐기성 장구균이 우위를 점유한다. 성인이 되면서 대장균과 웰치균도 증가 추세를 보여준다. 그러나 유산 간균은 우점균으로 존재하지 못하고 대장균과 웰치균보다도 낮은 분포를 보여준다. 출생 후 6개월에서 1년 이내에 면역의 70%가 결정되며, 3세까지 섭취하는 음식에 따라 평생 살아갈 장내 미생물의 종류와 양이 결정된다.

비록 어릴 때 건강한 장 환경을 조성했다 하더라도 나이가 들면 몸속 유산균 같은 유익균이 줄어들기 시작한다. 따라서 성인으로 갈수록 유산균의 외부 섭취가 더욱 필요한 시기가 된다. 유익균이 줄어들면 장 기능이 약화하고, 면역세포 기능이 저하되면서 면역성 질환, 감염성 질환에 쉽게 걸리게 된다.

이처럼 사람은 태어나는 순간부터 유산균과 장내 미생물이 상호간 아주 밀접한 관계를 맺으면서 일생을 함께 살아가고 있다. 미생물은 거의 모든 곳에 살며, 지구상에 존재하는 많은 생명체의 활동에 많은 영향을 끼친다. 유산균은 사람과 동물의 입, 소화기관과 질(Vagina), 식물체의 표면, 동물체의 장내 각종 젖산발효 식품과 발효사료, 하천수, 호수, 토양 및 공기 중에 널리 분포되어 있다.

우리의 몸속 미생물은 음식물의 분해, 흡수에 관여할 뿐만 아니라 전신 건강에 다양한 영향을 끼친다. 21세기 들어 장내세균을 배양하지 않는 분석법으로 인간 장내 미생물 균총의 전체적인 구조가 밝혀졌다. 지금까지 발견된 미생물은 대략 1,000여 종 이상으로 추정하고 있다. 건조 분변 1g당 약 1조 마리 정도가 되는 것으로 알려졌다. 우리 장에는 인체의 세포 숫자보다 수십 배 더 많은 숫자의 장내 미생물이 살고 있으며, 용적으로 보면 분변의 1/3～1/2를 균이 차지하는 것으로 추정한다. 우리 몸속의 미생물만의 무게는 대략 1.5～2kg 정도로 본다. 미생물은 장에 가장 많이 분포되어 있으며, 미생물들의 조합에 따라 온몸 건강이 좌우되는 것으로 보고되었다.

최근 의학계에서는 소장과 대장을 제2 뇌라고 부르기도 한다. 그렇게 부르는 까닭은 장과 뇌가 밀접하게 연결돼 있어 감정을 느끼고 판단을 할 때 영향을 준다고 한다. 특히 미생물들은 뇌에 영향을 주는 호르몬도 분비하는데 행복 호르몬으로 알려진 세로토닌 같은 물질이나 불안감을 없애 주는 호르몬 등, 뇌에서 분비되는 여러 신경전달 물질이 장에서도 미생물에 의해 만들어져 뇌에 영향을 준다고 알려졌다. 장 미생물 구성을 바꾸기 위해서 건강한 사람의 대변 안에 있는 미생물을 특수 처리해 장내 미생물 용액을 만들어 이를 내시경이나 관장을 통해 장이 안 좋은 다른 사람 몸에 이식하는 치료법이 응용되고 있다.

비만, 당뇨병, 천식, 아토피, 대장암, 유방암 이외 크론병, 궤양성대장염과 성인병도 장내 미생물에 의한 영향을 받는 것으로 알려졌다. 이처럼 현대 질병은 소화관 내 염증성 질환을 비롯하여 대사성질환, 나아가서는 우울증, 치매 같은 정신질환에 이르기까지 넓혀지고 있다.

최근에 이러한 질병이 뱃속에 사는 장내 미생물에 의한 영향이라는 증거가 드러나면서 장내 미생물이 건강관리에 중요한 사항으로 등장하고 있다. 건강한 삶을 누리기 위해서는 자신의 뱃속에 자리 잡은 장내 미생물과 건전한 공생관계를 유지해야 한다는 것이 밝혀지고 있다. 결론적으로 '장(腸)이 편해야 마음도 편하고 몸이 건강하다'고 할 수 있다. 유산균은 소화기관의 장 점막과 질 점막을 보호해 주며, 섭취한 음식물의 소화를 돕고 장내의 부패세균 증식을 억제하고 유해물질의 생성을 감소시켜 준다.

4. 유산균은 우리 생활의 유익한 동반자

인류는 유산균의 존재를 알기 오래 전부터 유산균이 만들어 주는 발효식품들을 먹으면서 살아왔다. 유산균은 요구르트와 치즈를 포함한 각종 발효유와 발효 빵, 발효소시지, 오이피클, 김치, 포도주, 간장과 된장, 발효수산물 등을 만들어 주고 식품의 저장성을 향상해주는 산업적으로 중요한 미생물이다.

미생물의 다양성과 다재다능함은 인간의 건강과 먹거리 문제를 해결해 줄 좋은 후보이다. 우연히든 고의든 인간의 삶을 향상하고 인류의 발전을 위하여 수천 년 동안 미생물을 활용하여 왔다. 유산균은 발효되어 발효유나 치즈 또는 김치 등과 같은 발효식품을 만든다. 효모는 빵을 부풀게 하고, 당을 분해하여 술을 만든다. 역사의 기록에 의하면 고대 이집트의 가정에서는 곰팡이가 핀 빵을 보관하여 상처나 상해를 입는 경우에 사용하였는데 이것이 아마도 항생제 페니실린의 첫 사용이었을 것이다.

맨눈으로 볼 수 없는 작은 미생물의 세계는 보이는 것보다 안 보이는 것이 더 많아서 미생물학의 영역은 엄청나게 크고 넓다. 기본적인 미생물 연구는 전염병과 질병의 예방 및 치료에 대한 의료상의 연구, 인간의 먹거리에 대한 식품에 관한 식품 미생물의 연구와 생활환경과 다양한 산업적 연구 등 범위가 아주 넓다. 따라서 우리는 미생물이 없으면 살 수가 없을 만큼 다양하게 직간접으로 연관을 맺으며 함께 살아가고 있다.

지구상에 있는 자연 서식지들에는 미생물이 존재하며, 미생물의 활동에 가장 많은 영향을 주는 인자들은 대략 영양분, 온도, pH, 유효한 물의 양, 대기 가스, 빛, 압력 그리고 다른 생물들이다. 하나의 미생물에 대한 기본 생장온도는 그 미생물의 생장온도 범위와 가장 잘 자라는 최적 온도를 나타내 준다. 유산균이 잘 자라는 최적온도는 사람의 체온에 가까운 35～40℃ 범위이다. 유산균은 영양분과 필요한 환경조건이 갖추어지면 대사활동이 왕성하게 활성화되고 증식하게 된다.

유산균은 우유 속에서 배양하면 우유 중의 유당을 이용하여 젖산을 만들어 낸다. 이 젖산에 의해 우유의 pH가 4.6 정도로 저하되면 우유는 순 두부와 같이 엉긴 젓이 되는데 이것이 요구르트다. 이처럼 유산균은 인간이 이용할 수 있는 가장 유익한 미생물의 한 종류로 오랜 역사를 두고 유산균 발효유 제품을 중심으로 각종 발효식품, 장류, 주류, 김치, 젓갈, 발효소시지, 정장제, 화장품, 가축의 사료 첨가제 및 사일리지 등에 이르기까지 인류 생활에 광범위하게 활용되어 오고 있다.

유산균은 사람의 소장과 대장 같은 장내에 주로 서식하면서 당분과 영양소를 이용하여 젖산을 만들어 장내 환경을 산성으로 변화시킨다. 유산균은 장에서 유해한 균의 증식을 억제하고 장의 활동을 원활하게 해주며, 우리 몸에 이로움을 주는 유익한 균이다. 또한 유산균이 생산한 유기산은 장벽을 자극하여 장의 연동운동을 촉진함으로써 배변활동에 도움을 준다. 유산균은 불규칙한 생활습관으로 인해 불안정해진 현대인의 장내 환경을 정상화하여 장을 튼튼하게 작용하도록 도움을 준다. 이처럼 유산균은 노력하는 자를 배반하지 않으며, 유산균에 의한 장 건강 유지는 우리들 건강 장수의 필수 불가결한 요소이다.

유산균은 사람과 동물의 장내에서 생장하면서 장내에 존재하는 해로운 미생물의 증식을 억제한다. 또한 유해 미생물이 생산하는 암모니아, 인돌, 스카톨, 유화수소 등과 같은 각종 유해물질과 암 발생에 관여하는 효소의 생성을 억제한다. 이처럼 유산균은 정장작용을 통하여 장을 건강하게 유지해줌으로써 우리 신체의 건강을 증진한다.

유산균은 설사와 변비를 개선하여 주고, 특히 항생물질이나 항암제 치료 후에 발생하는 설사는 유산균 투여로 더 효율적으로 치료된다. 유산균이 생산하는 젖산과 길항성 물질은 장에서 질병을 일으키는 병원균의 증식을 억제한다. 유산균은 질염과 면역성 질환을 치료하는 미생물로서 중요성이 대두되고 있다.

요즈음 현대인이 선호하는 신선식품 또는 낮은 온도처리 식품들은 부패 및 식중독 미생물에 취약하다. 유산균은 이러한 식품의 저장성을 높여 주고, 병원균의 증식을 억제해 주는 보호미생물로서 관심이 집중되고 있다.

유산균에 의해 생성된 젖산은 과실 추출물이나 시럽, 청량음료 등에 새콤한 맛을 내는 재료로 이용되고 있다. 또한 젖산은 공업용으로도 이용되어 염색할 때에 색깔을 선명하게 하고, 가죽을 가공할 때 탈회제로 이용되기도 한다. 생분해성 비닐이나 플라스틱을 생산해 주는 원료로서 우리 생활에 다양하게 널리 이용되고 있다.

오늘날 유산균이 세계적인 관심을 끄는 이유는 인류가 많이 소비하는 여러 종류의 중요한 발효식품을 만들어 주는 중요한 미생물로서 뿐만 아니라 유산균의 여러 가지 생리적 기능이 우리에게 중요한 의미를 갖고 있기 때문이다.

유산균은 다양한 식품들을 안전하게 저장하는 데 중요한 역할을 하였다. 유산균은 우리의 건강을 지켜주면서 저장성이 높고 맛있는 여러 가지 발효식품을 만들어 주기 때문에 우리의 생존과 건강에 중요한 세균이며, 인류가 지구상에 출현한 이후 계속 우리와 함께 살아왔고, 앞으로도 더욱 귀중한 친구로서 함께 살아가야 할 동반자 미생물로 인식되고 있다. 이처럼 유산균은 인류와 생사를 같이 하면서 동고동락해온 유익한 건강작용을 증진해 주는 눈에 보이지 않는 귀중하고 좋은 동반자이다.

5. 유산균의 분류와 이름 짓기

18세기 중반에 린네(Linnaeus)에 의해 발전된 자연분류법은 생물간의 유사성에 그 기초를 두었다. 진화론을 주장한 찰스 다윈(Darwin) 이후에 학자들은 생물의 진화적 근친도를 생물분류에 도입하기 시작하면서 계통 발생학적 분류가 대두되기 시작하였다. 모든 미생물은 속(genus)과 종(species)의 2개의 이름으로 이명법을 이용하여 명명한다. 사람으로 말하면 속은 부모로부터 물려받은 성씨를 의미하고, 종은 부여받은 이름을 의미한다.

유산균을 포함한 미생물의 분류는 미생물의 특성을 규명하고 다양한 종류의 미생물을 체계적으로 정리하는 일이다. 미생물의 분류는 미생물의 상호 연관성과 동질성을 기초로 하여 분류하고, 국제규약 근거에 의하여 이름을 붙여 명명한다. 새로이 분리된 균은 동정(identification)하여 분류군에 지정하는 절차를 거치게 된다.

분류학상 분류체계의 순서는 문(門)-강(綱)-목(目)-과(科)-속(屬)-종(種)으로 단계별로 구분하여 명명한다. 분류학의 기본 단위는 종(種)으로서 단일 계통의 유전적 유사성이 매우 높아 동일 조상을 가지고 있으며, 표현 형적인 유사성이 높은 집단의 미생물군이다. 그러나 1개의 종(species) 안에서도 몇 가지 특성이 다른 변이 종을 아종(亞種, subspecies)이라 부르며, 균주(strain)는 실질적인 미생물의 개체이다.

유산균의 이름을 짓는 명명법은 분류체계의 순서에 따라서 속명(genus)과 종명(species) 그리고 균주명(strain)으로 구성된다. 유산균 명명법은 다음과 같다.

"속명(genus) + 종명(species) + 균주명(strain)"이다. 예를 들면 한국야쿠르트에서 생산하는 액상발효유 「야쿠르트」를 생산하는 유산균은 락토바실러스 카제이균(*Lactobacillus casei* HY 2782)이다. 여기서 락토바실러스는 속명이고, 카제이는 종명, HY 2782는 균주명이다. HY는 한국야쿠르트의 약어이며, 2782는 균 번호를 의미한다. 균주명은 특정 균주의 효능을 결정짓는 부분이다. 이처럼 유산균을 새로이 발견하고 분리하여 이것을 체계적으로 분류하고 새롭게 명명하는 것은 복잡하고 매우 까다롭다.

유산균을 분류하기 위해서는 우선 일차적으로 세포의 형태와 그람 염색상태, 운동성 여부, 성장 최적온도, 배양할 때 영양요구 정도, 탄수화물 발효상태를 확인하고 이차적으로 유전자 분석을 하여 체계적으로 계통을 분류하게 된다. 유전자 분석기술이 알려지기 전에는 유산균의 일반 성상과 발효 형식과 생리적인 특성의 차이에 따라서 분류하였다. 따라서 분류의 결과가 명확하지 않아서 자주 혼동이 발생하기도 하였다. 그 후 세포벽의 성분, 세포의 지방산 조성 등을 참고로 응용하였다.

요즈음 분자생물학 기술의 발전과 더불어 DNA와 RNA의 유전자 구조분석이 발전하고 16S rRNA(ribosomal Ribonucleic acid)의 구조와 염기 조성까지 유산균의 새로운 분류법으로 응용되면서 한층 발전된 모습으로 분류체계를 확립하였다. 16S rRNA는 미생물에서 여러 세대가 지나더라도 변화가 매우 적은 유전물질임을 알게 되었다. 16S rRNA 염기서열 정보에 기초한 분류는 단일 유전자뿐만 아니라 미생물의 계통분류에 긴요하게 이용하고 있다. 이처럼 분자생물학 기술이 발전하여 미생물의 분류가 더욱 신뢰성을 확보하게 되었다.

유산균이라는 명칭은 보통명사이며, 그 종류는 이제까지 발견된 것만도 수백 종에 달한다. 균의 형태를 크게 구분하면 막대모양인 것을 유산 간균, 공 모양인 것을 유산구균으로 나눈다. 유산균의 공통적인 특성은 탄수화물을 발효 이용하면서 젖산을 주로 생산하는 세균이다. 그람(Gram) 염색반응에서 양성이고 포자를 형성치 않으며 비운동성이다. 때로는 젖산 이외에 초산, 소량의 에탄올과 탄산가스 등도 생성하기도 한다. 발효유와 발효 산업에 이용되는 유산균은 수십여 종에 이른다.

이러한 분류 기준에 따라서 유산균을 유산 간균 3개의 속, 유산구균 9개의 속으로 모두 12개의 속(genus)으로 구분하고 있다. 한 개의 속(genus)에는 여러 종류의 종(species)으로 다시 나눈다. 하나의 종에는 다시 수많은 균주(strain)로 분류된다. 예를 들면 사람을 구분할 때 피부색에 따라서 황인종, 백인종, 흑인종으로 구분하고, 황인종은 국적에 따라서 또는 몽고점과 같은 신체적 특징으로 구분한다. 한국사람 중에서도 남녀구분, 박 씨 이 씨 김 씨 등 성씨로 구분되고, 지역별, 개인별 주민등록으로 구분하는 것과 마찬가지이다. 사람도 개인에 따라서 개성과 능력과 습관이 모두 다르듯이 차이가 있다. 유산균도 종에 속하는 수많은 균주가 존재하며, 이들은 독특한 개별성을 갖게 된다.

여러분이 만약 지금까지 발견되지 않은 새로운 유산균을 발견하였다면 그것을 발견한 사람의 이름과 시험연구 결과를 정리하여 국제세균 분류위원회에 제출하여 기존의 등록된 것과 분명한 차이가 있음을 인정받으면 된다. 새로운 유산균이라는 것을 증명하는 것을 동정이라고 한다. 새로운 유산균은 발견한 사람의 희망에 따라서 그가 분리한 새로운 유산균의 이름을 붙일 수가 있다. 미생물의 분류학을 체계적으로 정리한 책은 버기스 매뉴얼(Bergey's Manual of Systematic Bacteriology)이다.

예를 들면 한 업체가 사용하고 있는 유산균을 허락 없이 임의 사용할 경우에 그것이 동일 균주라는 것을 유전자 분석 등 여러 과정을 거쳐서 과학적으로 규명이 가능하다. 식품에서 중요하게 여기는 유산균 속(genus)에는 락토바실러스(*Lactobacillus*), 락토코커스(*Lactococcus*), 연쇄상구균 스트렙토코커스(*Streptococcus*), 엔테로코커스(*Enterococcus*), 페디오코커스(*Pediococcus*), 류코노스톡(*Leuconostoc*), 비피도박테리아(*Bifidobacterium*)가 있으며, 그 밖에 카노박테리움(*Carnobacterium*), 우에노코커스(*Oenococcus*), 테트라지노코커스(*Tetragenococcus*), 베고코커스(*Vagococcus*) 봐이셀라(*Weisella*)가 있다(그림 1-3, 1-4, 1-5, 1-6, 1-7).

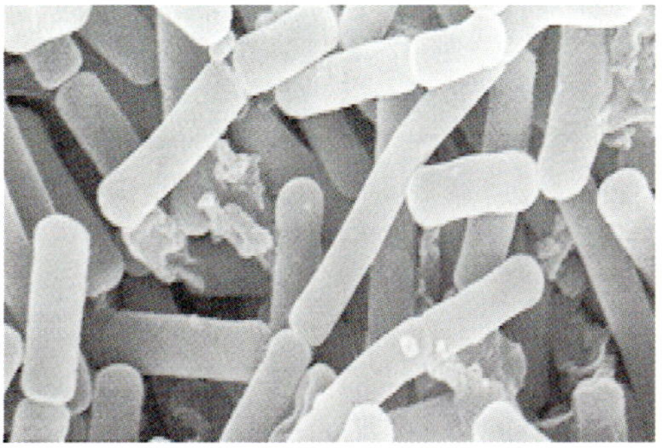

그림 1-3. 유산간균 락토바실러스

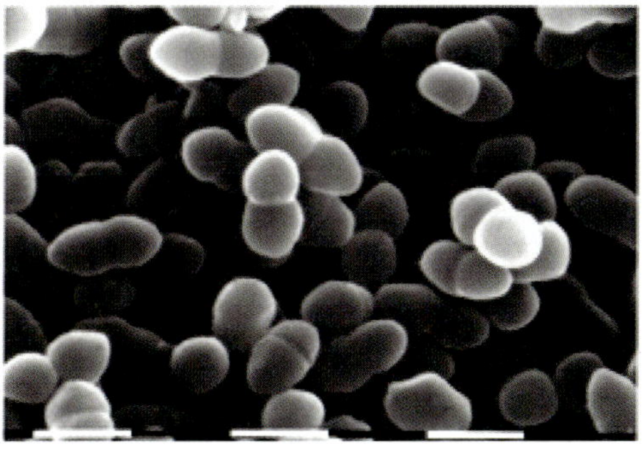

그림 1-4. 유산구균 락토코커스

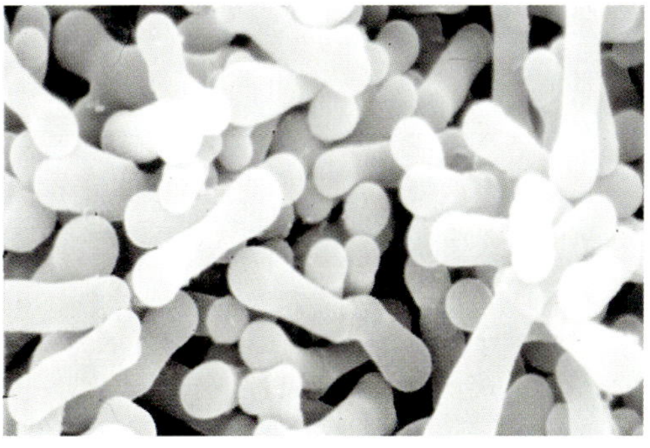

그림 1-5. 비피도박테리움

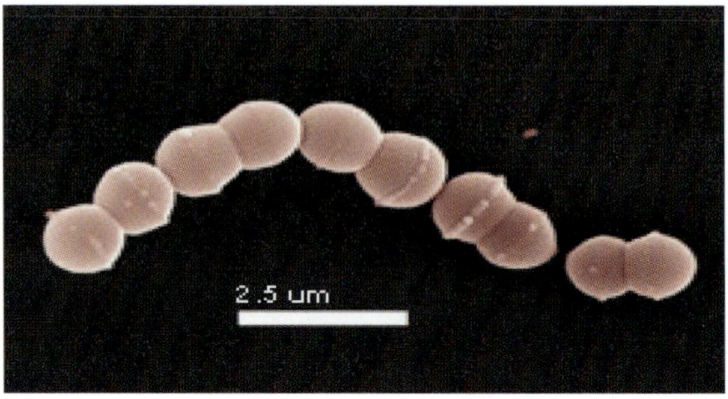

그림 1-6. 연쇄상 구균 썸머필러스

(자료 : Robert Hutkins, University of Nebraska)

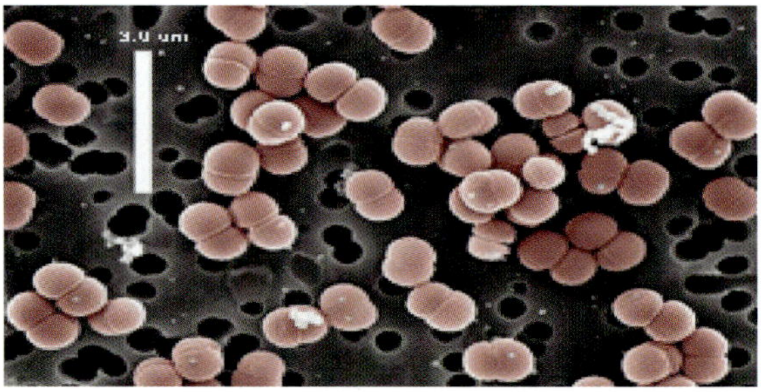

그림 1-7. 페디오코커스

(자료 : Jeff Broadbent, Utah State Univ.)

6. 유산균의 생균수 계수 요령

현미경으로만 관찰이 가능한 그 많은 유산균 수를 어떻게 셀 수 있을까? 유산균은 하나의 세포로 구성된 미생물로서 세포 하나하나가 독립적인 생명체로 살아가고 있다. 발효유는 1mL에 대략 1억에서 10억여 마리의 유산균이 생존하고 있는데, 이들을 계수하는 요령은 말처럼 간단하지 않다. 유산균은 온도, 영양소, 산소 여부, pH 등 기타 생육에 적합한 조건이 되면 증식하게 된다.

우선 유산균을 배양할 배지(culture medium)를 준비한다. 배지는 유산균을 키우는데 필요한 영양소를 골고루 혼합하고 한천(agar)을 1.5~2.0% 첨가한다. 한천배지(agar medium)는 고압증기 멸균기에서 121℃에서 15분간 멸균한다. 이 멸균된 배지를 약 45℃ 정도 온도에 보관하여 배지가 굳지 않도록 유지한다. 배지에 들어있는 한천은 45℃ 이하로 내려가면 굳어지는 성질이 있다.

검사하고자 하는 발효유 시료가 액체의 경우는 1mL를 반고체는 1g을 취한다. 검사할 시료는 멸균한 생리식염수나 펩톤 식염 완충 희석액을 이용하여 10배, 100배, 그 이상 단계별로 십진 희석한다. 시료의 단계별 희석요령은 한 개의 배양접시(petri dish)에 유산균 집락(colony) 수가 30~300마리(colony forming unit / CFU) 정도 나타나도록 희석한다. 단계별로 희석한 동일 검사시료 1mL씩을 정확하게 취하여 각각 2개의 배양접시에 넣는다. 이때 미리 준비하여 놓은 한천배지 15~20mL를 취하여 배양접시에 미리 넣은 검사 시료와 한천배지가 골고루 잘 섞이게 한다.

이렇게 검사할 시료와 한천배지가 골고루 잘 섞이게 한 다음 상온에서 배양접시의 액체배지가 고체 배지로 굳어지도록 기다린다. 굳어진 평판배지가 담긴 배양접시는 뚜껑이 아래로 향하도록 뒤집어서 37℃로 조정하여 놓은 미생물 배양기에 넣어 48시간 정도 배양한다. 유산균 한 마리는 계속 분열 증식하여 배양접시에 좁쌀처럼 유산균의 집락을 형성하여 맨눈으로 볼 수 있도록 자란다. 즉 유산균 집락 한 개는 유산균 한 마리를 의미한다. 이렇게 좁쌀 크기로 커진 유산균 집락 한 개는 대략 10억 마리 정도의 유산균이 모여서 만들어 낸 집단이다.

희석한 검사 시료는 배양접시에 나타난 30~300개 범위의 유산균 집락 수를 계수한다. 배양접시는 동일한 검사 시료의 희석시료에서 미리 두 개로 만들어 놓은 배양접시에 나타난 집락 수를 계수하여 평균값을 구하여 희석한 배율로 곱하여 계산한다. 이 숫자가 실제로 유산균 발효유에 살아 있는 1mL에 함유된 유산균 생균수다.

한 개의 배양접시에 집락이 30~300개 범위로 들어오도록 조정하여야 한다. 한 개의 배양 접시에 집락 수가 너무 많거나, 너무 적으면 시료의 희석 배율을 조정하여 한 개의 배양접시에 집락이 30~300개 정도가 되도록 희석 배율을 조정하여 오차를 최소로 줄이는 것이 학계의 일반적인 상식으로 되어 있다.

여러 종류의 유산균을 혼합하여 발효유를 제조하였을 때 제품의 생균수 검사는 동일한 한 가지 배지를 사용하여 배양하면 각각의 균을 제대로 계수하기가 어렵다. 2종류 이상의 종균을 사용하는 경우에는 각각의 유산균이 생육하는 조건이 서로 다를 경우 다른 배지를 사용하여 계수한다. 따라서 배지는 유산 균종의 특성에 맞도록 잘 자라는 조건을 맞추어 배지를 사용하여 배양하고 검사하여야 한다.

특히 발효유에 유산균과 비피더스균을 혼합하여 종균으로 사용하였을 때는 비피더스균이 잘 자라는 배지를 사용하고 산소를 싫어하는 혐기성균이므로 혐기적인 조건에서 배양하고 검사하여야 비피더스균을 정확하게 계수할 수가 있다. 발효유에 유산균과 비피더스균이 함께 들어 있는 발효유를 검사할 경우 '엑스-알파-갈 색소' 성분을 배지에 넣고 배양하면 염색물질이 비피더스균의 세포벽에 결합하여 비피더스균의 집락은 진한 청색으로 유산균은 백색으로 나타나 쉽게 판별할 수가 있어 편리하다.

배양접시는 재질이 유리나 플라스틱으로 만든 원형의 얇은 접시로 그것에 꼭 맞는 뚜껑이 있는 용기이며, 독일의 펫트리(R. J. Petri)가 고안하였다. 미생물이나 동물조직의 평판배양에 널리 사용하고 있다. 크기는 여러 가지가 있으나 지름 10cm, 깊이 1.8cm의 것을 널리 사용한다.

우리나라는 1980년대 초반까지도 미생물 배양접시는 유리 재질로 만든 배양접시가 주종을 이루었다. 유리로 만든 배양접시는 실험에 다시 이용하기 위해서 이미 사용된 배지를 제거하고 세척한 후 건조한다. 건조된 배양접시는 건열멸균기에서 180℃의 고온에서 1시간 이상 유지하여 멸균한 다음 실험에 이용하였다. 이런 과정을 거치다 보니 시간과 인건비가 다수 소요되었다. 그래서 그 당시 미생물 실험을 위해서는 사전에 유리로 만든 배양접시와 피펫의 확보가 우선시 되었다.

그 이후에는 우리나라가 석유화학공업의 발전으로 일회용 플라스틱 배양접시와 피펫 그리고 주사기 사용이 보편화 되었다. 그러나 초창기에는 플라스틱 제품이 비쌌기 때문에 한동안 유리로 만든 배양접시와 피펫이 함께 사용되었다. 처음에는 일회용 플라스틱 배양접시를 한 번 사용하고 버리기가 아까운 생각이 들기도 하였다. 그러나 요즈음에는 유리로 만든 배양접시와 피펫이 일회용 플라스틱 재질 제품으로 완전히 대체되어 편리하여졌다.

7. 한국소비자원의 유산균수 검사 규격미달 보도 유감

1) 사건 개요

1989년 7월 21일 한국소비자보호원(당시 경제기획원 산하기관으로 요즈음은 한국소비자원으로 개칭)은 시중에 판매되고 있는 유산균 발효유 제품의 안전성을 자체 시험한 결과 "16개 회사 31개 제품 중 10개 제품"이 보사부 규정 균수에 미달한 제품인 것으로 밝혀졌다고 각 신문과 방송사에 보도 자료를 배포했다. 이에 따라 1989년 7월 21일 MBC 라디오 정오 뉴스시간에 "발효유 유산균 수 규격미달"이라는 보도를 시작으로 일부 신문과 방송도 연이어 보도하였다.

어이없게도 우리나라의 액상 발효유의 대표격인 야쿠르트 제품도 유산균 수가 미달한 10개 제품에 해당하는 것으로 나타났다. 이 같은 황당한 보도 사실을 접한 저자가 근무했던 한국야쿠르트 중앙연구소에서는 공장과 홍보실 관계자들과 긴급하게 회의를 소집하고 대책을 논의하였다.

우선 연구소에서는 한국소비자원(이하 소비자원으로 기록)에서 검사한 것과 같은 날짜의 야쿠르트 제품을 수거하여 검사하였다. 유산균 수를 검사한 결과는 종전과 다름없이 규격보다 10배 많은 야쿠르트 제품 1mL당 1억 마리 이상의 유산균이 함유되어 있었다. 따라서 이번의 소비자원의 검사 결과는 분명히 제품에 문제가 있는 것이 아니고 검사를 잘못하였거나 검사 방법상에 문제가 있었을 것이라고 확신하였다. 왜냐하면 저자는 평상시에 야쿠르트 제품의 제조공정과 품질관리 그리고 유통과정을 너무 잘 알고 있었기 때문이었다.

따라서 당사에서는 소비자원이 검사한 결과에 이의를 제기하였고, 소비자원 원장 앞으로 1989년 7월 27일 공문을 보내어 당사와 공동으로 다시 검사할 것을 제의하였으나 소비자원은 공동검사 요구를 거절하였다. 저자는 소비자원을 방문하여 해당 업무를 담당하고 있던 S국장을 만나서 그간의 검사과정에 대한 설명을 들었다. 생균수 검사에 무엇이 문제였는지 파악하는 데 주력을 다 했다.

저자는 제품에는 생균수에 이상 없음을 확인하였다. 또한 본인은 소비자원이 발표한 "유산균 수의 보사부 규격 미달"이라는 검사 결과에 대해서 검사상의 실수가 있었거나 아니면 분석 방법상에 어떠한 문제점이 있지 않고서는 도저히 그런 결과가 나올 수 없다고 판단했다. 당사의 영업부 직원들과 야쿠르트 아줌마들의 야쿠르트에 대한 의구심을 풀어주기 위하여 국립검사기관인 서울시 환경연구소와 충남도청 위생과에 정식으로 검사 의뢰하였다. 검사 결과 제품에는 문제가 없음을 재확인하였다.

저자는 유산균 수의 검사 방법상의 일부 문제점을 발견하고 규정을 개정하였다. 유산균 검사 시료의 희석용액을 멸균 생리식염수 대신 멸균 인산 완충 희석액을 사용하였다. 멸균 인산 완충액을 시료의 희석액으로 사용하면 BCP 배지에서 유산균이 일정 시간(37℃에서 72시간) 배양하여도 배지에 혼입된 인산의 pH 완충력 영향으로 인하여 유산균이 증식하여도 고유의 황색 집락을 잘 형성하지 못하였음을 알았다. 따라서 유산균 수가 실제 균수보다 현저하게 적게 계수되고 있음을 알게 되었다. 이런 비교 실험 결과로 소비자원에서 적용한 검사법이 유산균 수가 균일하게 검출되지 못하고 실제로 제품에 함유된 유산균 수가 비교적 낮은 수준으로 검출되었던 것이었다.

저자는 실험 결과를 첨부하여 보사부와 한국식품공업협회에 식품공전의 유산균 수의 측정 시 시료 희석액을 멸균 인산 완충 희석액 대신 멸균 생리식염수를 사용하도록 규정을 개정하여 줄 것을 정식으로 건의하였다. 그 후 건의사항의 타당함을 인정한 식품의약품안전처에서는 식품공전을 다음과 같이 개정하였다. "발효유에서 유산균수 측정 시 MRS 배지를 사용하고, 비피더스균은 BL 한천배지를 사용하여 유산균의 집락을 계수한다. 시험용액 제조 희석액은 멸균 생리식염수 또는 펩톤 식염 완충액을 사용하도록 규정을 개정"하였다.

그림 1-8. 1989년도 발간 식품공전

발효유의 유산균수 검사 규정이 개정된 이후 정상적인 발효과정을 거친 유산균 발효유는 유산균 수의 규격 미달이라는 소비자들의 불신 의혹은 더 받지 않게 되었다.

2) 소비자원을 방문하여 담당자를 만나다

저자는 우선 발효유의 유산균 수를 검사하였다는 소비자원을 방문하여 해당 업무를 담당하고 있던 S국장을 만나서 그간의 검사과정에 대한 설명을 듣기로 어렵게 약속받았다. 저자는 소비자원의 방문에 앞서 공장 품질검사실에서 야쿠르트 제품 품질관리를 위해서 공정단계별로 매일매일 작성했던 야쿠르트 제품의 유산균수 검사기록과 제조공정 단계별 검사 자료와 관련 연구문헌도 준비한 후 방문하였다.

저자가 소비자원의 S국장에게 준비해 갔던 여러 가지 검사 자료와 공장의 야쿠르트 생산과 품질관리 검사 자료를 공정단계별로 제조과정을 알기 쉽게 설명했다. 특히 야쿠르트 제품은 발효생산 과정 중에 유산균 수가 일정 수준 이상으로 유지되지 않으면 제품이 되지 않으며, 제품 안에 유산균 수가 많고 적음에 따라서 생산비용의 차이가 없으므로 굳이 제품에 유산균 수를 적게 할 이유가 없음을 차근차근 설명하여 주었다.

그리고 기회가 되면 당사의 중앙연구소와 공장을 방문하여 제품 검사와 생산 공정과 품질검사를 어떻게 하고 있는지 현장을 보여주고 싶다고 말했다. "백 번 듣는 것보다 한 번 보는 것만 못하다"는 말이 있듯이 현장을 한번 보면 생각이 달라질 것이라고 견학을 제의하였다. S국장은 검사결과에 대하여 불합격한 제품의 다른 회사의 직원은 "전화로 폭언과 함께 겁박하고 상스러운 언어로 불만을 표출했는데" 저자는 다른 회사 사람과는 달리 관련 자료에 근거하여 설명과 함께 이해를 시켜주고 진정성 있게 유산균에 대한 지식의 폭을 넓혀 준 것에 대한 고마움과 호의를 표시하였고, 빠른 시일 안에 공장 견학을 하겠다고 약속하였다.

3) 제품에 이상 없음을 확인하다

저자는 소비자원에서 검사한 것과 동일한 제조일자의 야쿠르트 제품을 영업직원의 협조를 받아서 수거하였다. 소비자에게 아직 배달되지 않았던 야쿠르트 제품을 출하과정 단계별로 다양하게 수거하여 생균수를 집중적으로 검사하였다.

심지어는 야쿠르트 제품이 공장에서 출하되어 물류소를 거쳐서 직매점이나 대리점으로 배달되었다가 은박지 뚜껑이 훼손되어 소비자에게 전달되지 못하고 상온에서 여러 날 유통기일을 경과하여 폐기하기 위하여 공장 폐수처리장으로 회수되어 돌아온 여러 형태의 폐기 직전 야쿠르트를 수거하여 생균수를 검사하였다. 검사 결과는 종전과 다름없이 보사부 규정보다 10배 많은 1억 마리 이상의 유산균이 여전히 살아 있음을 재확인하였다.

4) 회사의 품질관리

1971년 초창기부터 액상 발효유 야쿠르트의 유산균 수가 법적 기준은 1천만 마리 이상이지만, 실제로 사내 규격은 10배 많은 1mL당 1억 마리 이상으로 자체 규정을 높여서 품질을 관리해 왔다. 이 기준에 합격한 제품만을 생산 판매하여 왔기에 소보자원의 결과에 대하여 더욱 당혹감을 감출 수가 없었다.

중앙연구소에서는 소비자들과 제품을 전달 판매하는 야쿠르트 아줌마들의 야쿠르트에 대한 소비자원의 검사 결과 발표에 대한 의구심을 풀어주기 위하여 국립검사기관인 서울시 환경연구소와 충남도청 위생과에 정식으로 검사 의뢰하였다. 이 두 개의 기관에서도 야쿠르트의 유산균수 검사 결과는 제품 1mL당 유산균수 1억(10^8/mL) 마리 이상의 높은 수준을 유지하고 있음이 확인되었다. 따라서 제품에는 문제가 없음을 재확인하였다.

5) 유산균수 검사 방법상의 문제점 발견하고 규정을 개정하다

야쿠르트 생산 초창기에는 유산균 발효유 제품의 유산균 검사는 농수산부의 축산물가공처리법규 적용을 받아왔다. 축산물가공처리법규는 제품의 유산균 검사를 위해서 시료의 희석용액은 멸균 생리식염수로 사용하도록 규정하였다.

그러다가 1985년 7월 이후부터는 유산균 발효유 제품의 유산균 검사 관할 업무가 보사부로 이관되면서 식품위생처리법규의 적용을 받게 되었다. 식품위생처리법규에서는 유산균검사 시료의 희석용액을 멸균 생리식염수 대신 멸균 인산 완충 희석액을 사용하도록 했다. 소비자원이 유산균 검사에 택한 시험방법은 식품공전(한국식품공업협회 발간 1989년도)으로 검사할 시료는 멸균 인산 완충 희석액을 사용하여 희석하게 되었다.

멸균 인산 완충 희석액의 제조는 인산 2수소 칼륨(KH_2PO_4)을 증류수 또는 생리식염수에 용해하여 사용하도록 2가지 방법이 제시되어 있었다. 이번 소보자원에서는 2가지 방법 중 인산 2수소 칼륨을 증류수에 첨가하여 제조한 멸균 인산 완충 희석액만을 사용하였으며, 멸균 생리식염수로 만든 희석액을 사용하여 검사 결과를 확인하지는 않았다.

일본의 경우는 위생법시험의 모법이라고 할 수 있는 일본식품위생소6법(1986년도)에는 멸균 생리식염수를 사용토록 기록되어 있다. 미국의 경우 유제품 검사 표준방법에는 멸균 인산 완충 희석액 제조시에 미생물의 종류에 따라서 미생물의 대사 저해작용을 방지하기 위하여 황산 마그네시움($MgSO_4$)을 첨가하여 희석액을 만들어 사용하고 있다.

당사의 연구소와 공장에서는 식품공전 상에 제시한 멸균 인산 완충 희석액의 제조 2가지 방법과 당사에서 평소 사용하여 오던 검사시료의 희석용액을 멸균 생리식염수로 하는 3가지 방법을 상호 비교실험하였다.

멸균 인산 완충액을 시료의 희석액으로 사용하면 BCP 배지에서 유산균이 일정 시간(37℃에서 72시간) 배양하여도 배지에 혼입된 인산의 pH 완충력 영향으로 인하여 유산균이 증식하여도 고유의 황색 집락을 잘 형성하지 못하였음을 알았다. 따라서 유산균 수가 실제 균수보다 현저하게 적게 계수되고 있음을 알게 되었다. 이런 비교실험 결과로 소보자원에서 적용한 검사법이 다른 2가지 방법보다 유산균 수가 균일하게 검출되지 못하고 실제로 제품에 함유된 유산균 수가 비교적 낮은 수준으로 검출되었다.

소비자원이 아무리 식품공전 상의 규정대로 검사한 결과라고 주장하고 있지만, 식품공전 상에 제시한 2가지 방법의 하나의 방법만을 채택하지 말고 다른 방법으로도 최소한 한 번쯤 확인 실험을 하였더라면 야쿠르트 이외에 대부분의 타사 제품도 이러한 규격 미달이라는 결과는 없었을 것이라고 판단되어 너무 아쉬움이 많이 남았다.

이와 같은 사례를 종합해 볼 때 우리나라의 식품공전도 유산균 수의 측정 시 시료의 희석한 물을 멸균 인산 완충 희석액 대신 멸균 생리식염수를 사용함이 좋을 것으로 판단되었다. 좋은 검사방법이란 그 검사하고자 하는 대상을 정확하게 검출할 수 있을 때 적합성이 인정되기 때문이다.

그리하여 저자는 실험 결과를 첨부하여 보사부와 한국식품공업협회에 식품공전의 유산균수 측정 시 시료 희석액을 멸균 인산 완충 희석액 대신 멸균 생리식염수를 사용하도록 규정을 개정하여 줄 것을 정식으로 건의하였다. 그 후 건의사항의 타당함을 인정한 식품의약품안전처에서는 식품공전을 다음과 같이 개정하였다.

「발효유에서 유산균수 측정 시 MRS 배지를 사용하고, 비피더스균은 BL 한천배지를 사용하여 유산균의 집락을 계수한다. 시험용액 제조 희석액은 멸균 생리식염수 또는 펩톤 식염 완충액을 사용하도록 규정을 개정」하였다.

발효유의 유산균수 검사 규정이 개정된 이후 정상적인 발효과정을 거친 유산균 발효유는 유산균수의 규격 미달이라는 소비자들의 불신 의혹은 더 받지 않게 되어 마음이 뿌듯하였다.

(* 이 글은 저자가 1989년 7월 한국야쿠르트 월간지 사보에 "우리 제품의 우수성에 확신을 가집시다." 라는 제목으로 투고하여 게재되었던 글을 일부 편집 수정하여 다시 게재한 것임)

8. 유산균을 공격하는 박테리오파지

1) 박테리오파지(Bacteriophage)란?

박테리아를 숙주균(host)로 하여 증식하는 바이러스(virus)를 박테리오파지 또는 간단히 파지(phage)라고도 일컫는다. 바이러스는 일반 미생물과는 다르게 살아있는 생세포에서만 증식하는 것이 특징이다. 감염하는 숙주세포에 따라서 동물바이러스, 식물바이러스, 곤충바이러스 그리고 세균바이러스를 박테리오파지 또는 파지 등으로 부르기도 한다.

박테리오파지의 파지(phage)라는 어원을 살펴보면 '박테리아를 잡아먹는다.'는 의미가 있으며, 따라서 세균을 녹이는 용균(lysis)이라는 의미로 통용되고 있다. 막대기 모양의 유산간균을 숙주로 하는 박테리오파지는 1934년 코펠로프(Kopeloff)가 하수구에서 락토바실러스 아시도필러스균과 락토바실러스 불가리커스균의 박테리오파지를 처음 분리한 것으로 알려졌으며, 그 후 여러 장소에서 수많은 유산간균

박테리오파지가 분리 보고되었다.

2) 박테리오파지의 형태 및 특성

박테리오파지는 박테리아에 기생하는 바이러스의 일종으로서, 미생물 중에서 그 크기가 제일 작아서 세균을 관찰하는 광학현미경으로는 관찰이 불가능하며, 수만 배율 이상 확대가 가능한 전자현미경을 통해서 그 형태를 관찰할 수가 있다. 박테리오파지의 형태는 다양하며, 대표적인 것은 머리, 꼬리, 그리고 꼬리 섬유(Tail fiber)로 3부분으로 구분하기도 하지만, 머리 부분만 있는 것도 있다.

박테리오파지의 특성은 일반 미생물과는 달리 몇 가지 독특한 특징을 가지고 있다.

첫째로 숙주 세균이 살아있는 생세포에서만 증식이 가능하고, 독자적인 증식은 하지 못한다. 둘째로 박테리오파지는 세균에 대한 감염범위가 좁아서 야쿠르트 종균 카제이 YIT 9018에 감염하는 박테리오파지는 다른 유산균에는 감염하지 않는다. 셋째로 박테리오파지의 증식속도는 세균보다 빠르다. 1개의 박테리오파지는 숙주세포에서 일시에 새로운 박테리오파지가 수십~수백 배로 증식된다.

3) 박테리오파지의 증식과정 6단계

박테리오파지의 증식은 숙주세포가 증식하는 과정과 함께 동시에 증식하며, 숙주세포에 감염하여 증식되는 과정은 대략 6단계로 구분할 수가 있다.

- 1단계 : 박테리오파지가 숙주의 세포벽에 흡착하는 단계
- 2단계 : 핵산(DNA 또는 RNA)을 숙주세포에 주입한다.
- 3단계 : 핵산을 세포 내에서 복제, 증식한다.
- 4단계 : 핵산 물질을 싸는 외곽 단백질을 합성한다.

• 5단계 : 각 부분을 조립하여 완성된 박테리오파지가 된다.
• 6단계 : 숙주세포가 용균(lysis)되면서 새로이 완성된 박테리오파지가 숙주세포 밖으로 방출되어 나온다.

위와 같이 박테리오파지가 숙주세포에 흡착하여 일정 시간 동안 세포 안에서 6단계를 거쳐서 증식하게 되는데, 여기에 소요되는 시간을 잠복기라고 부른다. 잠복기가 끝나면 세포 안에 새로이 성숙한 박테리오파지가 숙주세포를 파괴하여 일시에 다수가 세균 밖으로 방출된다. 방출된 박테리오파지는 새로운 숙주 균에 감염되며, 이와 같은 증식과정을 반복하여 숙주 균을 완전히 용균하여 사멸시킨다.

4) 박테리오파지의 종류

박테리오파지는 생리적 특성에 따라서 숙주균(host)에 흡착하여 반드시 용균작용을 일으키어 숙주균을 사멸시키는 독성파지(virulent phage)와 숙주균의 염색체 유전자에 파지 유전자가 잠재적으로 존재

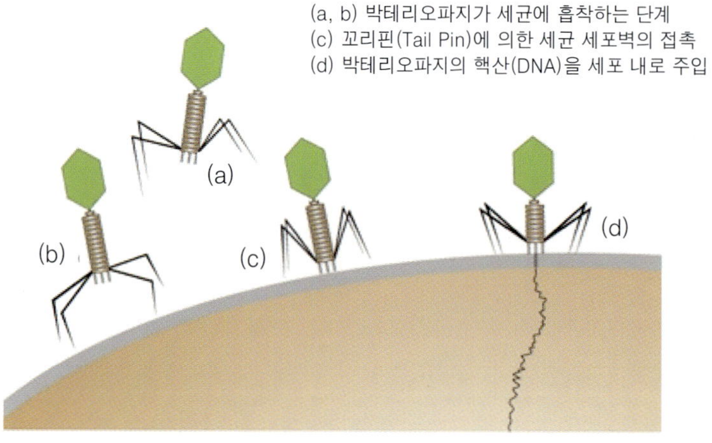

그림 1-9. 파지가 유산균에 달라붙는 모습

하는 프로파지로 구분한다. 프로파지는 숙주균의 분열증식 과정에 평소에는 아무런 변화가 없다가 외부 환경의 변화(자외선, 온도, 항생물질 등 특수 요건)에 의해서 독성파지로 바뀌어 발효에 종종 중대한 감염문제를 일으켜 엄청난 경제적 손실을 일으킨다.

독성파지가 프로파지보다 증식력이 강하여 대부분 숙주균을 단기간에 용균하여 사멸시킨다. 장시간 발효가 소요되는 유산균 발효유나 특히 치즈 제조과정에 종종 문제가 되는 것은 주로 독성파지이다. 그러나 때로는 프로파지가 발효유의 배양과정 중에 어떤 특수한 환경요인의 변화에 의해서 독성파지로 전환되는 경우가 있어 세심한 주의를 필요로 한다.

5) 유산균의 종균 관리와 파지 감염 대책

유산균 발효유나 치즈 제조에 박테리오파지가 감염되면 유산균이 용균되어 사멸되므로 유산균이 증식할 수 없게 된다. 따라서 유산균의 증식이 중지되어 젖산이 생성되지 않아 발효유나 치즈를 제조, 생산할 수 없게 된다.

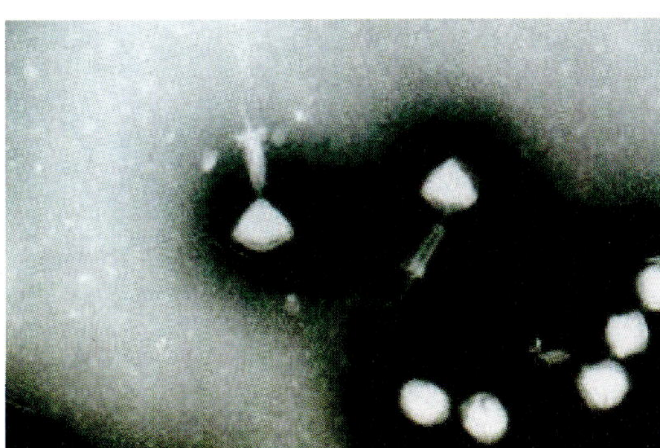

그림 1-10. 유간간균 독성파지의 1종류
(전자현미경 7만 5천 배율)

유산균 발효유의 원료유로 사용하기 위하여 살균하였어도 사멸되지 않고 살아서 남아 있던 내열성 세균이나 포자 형성하는 잡균은 아주 소수가 남아 있게 된다. 유산균 발효가 멈추어 젖산 생성이 되지 않으면 일부 남아 있던 소수의 내열성 세균이나 포자를 형성하는 잡균은 원료유에서 서서히 증식하여 유산균을 배양하려던 배양탱크가 잡균의 증식으로 가스 발생과 함께 부패하여 폐기해야 한다.

박테리오파지에 감염된 종균을 인지하지 못하고 발효유 제조 시 종균으로 사용하게 되면 더 빠른 속도로 증식되는 파지의 감염으로 유산균은 용균되어 전체가 사멸된다. 파지가 감염된 배양탱크는 유산균발효유 제품으로 생산되지 못하고 모두 폐기 처분해야 하므로 커다란 경제적 손실을 보게 된다. 따라서 종균의 독성파지 감염 여부의 철저한 사전검사와 관리 그리고 보존 등 매우 철저한 종균 관리를 하여야 한다.

일반적으로 떠먹는 농후 발효유나 드링크 발효유는 배양시간이 2일 정도로 짧고, 혼합 균주를 사용하기 때문에 파지감염 발생 문제는 제기되지 않는다. 그러나 배양기간이 약 6일 정도로 장기간 발효시키는 액상 발효유 야쿠르트와 같은 단일 종균으로 배양하는 유산균이나 숙성기간이 장기간을 필요로 하는 치즈의 제조과정에는 박테리오파지가 발생할 확률이 높기 때문에 종균의 철저한 관리가 요구된다.

한국야쿠르트 중앙연구소에서는 오랜 연구 끝에 야쿠르트 종균 카제이 YIT 9018의 염색체 DNA에 내재하고 있는 프로파지 유전자를 제거하는 데 성공하였다. 1990년 9월부터 중앙연구소에서 개량된 야쿠르트 종균 카제이 HY 2782균을 야쿠르트 생산 종균으로 각 공장에 공급하여 오고 있다. 외부에서 독성파지가 감염만 되지 않는다면 종균 잠재적으로 지니고 있는 프로파지 유전자가 어느 특별한 요인으로 독성파지로 전환되어 유산균 배양 과정상에 문제가 발생하지 않아서 제품을 안정되게 생산할 수 있게 되어 얼마나 다행스러운 일이 아닐 수 없었다.

6) 결 론

유산균 발효유의 제조 시 박테리오파지의 감염으로 인한 배양사고는 경제적으로 커다란 손실을 가져오므로 특별한 주의가 요망된다. 박테리오파지의 감염방지는 크게 종균의 감염과 배양과정 중에 이차적인 감염으로 대별된다. 야쿠르트 종균의 철저한 관리가 요구된다. 배양 중의 배양탱크 내 감염방지를 위해서는 작업자의 위생관리와 아울러 오염원이 될 만한 곳을 철저히 소독하거나 오염원을 사전에 제거해 버리는 것이 바람직하다.

9. 야쿠르트 발효 중 최초의 박테리오파지 감염사고

야쿠르트 제품 생산을 시작하여 5년이 지나간 1976년 6월 어느 날 야쿠르트 균을 배양하던 배양탱크 10개 중에서 4개가 유산균을 공격하는 바이러스 박테리오파지[이하 파지(phage)라고 표기]가 감염되었다. 그 중에서 파지의 감염 정도가 심했던 배양탱크 한 개는 유산균의 발효가 중지되었다.

배양 중이던 원료유 액 내부에서 완전히 사멸되지 않고 생존하였던 내열성이 균이 다시 증식하면서 생성되는 가스 발생으로 인하여 배양탱크의 상부 에어필터(air filter)가 부착된 구멍을 통하여 배양액이 배양탱크 밖으로 분출되었다. 파지가 감염되었던 배양탱크의 배양액은 살균하여 전량 폐기처분 되었다.

이러한 파지 감염사고는 한국야쿠르트가 설립한 이후 5년 만에 처음으로 경험하는 막대한 경제적 손실을 가져왔던 최초의 파지 감염사고였으며, 말로만 무섭다고 들어온 것보다도 심각한 최초의 쓰라린 아픈 경험이었다. 연구소가 신설된 지 불과 2개월도 안 되어서 발생한 파지 감염 사고였다.

저자도 파지에 대한 경험이 별로 없었고, 연구소 개설 초창기라서 시설이 불충분한 상태였지만 파지에 대한 감염방지 대책 연구는 무엇보다도 아주 시급한 상황이었다. 이 사건 이후 파지연구가 연구소의 최우선 연구과제로 부각되었다. 연구소에서는 파지에 대한 철저한 종균의 감염검사와 연구를 통하여 1978년까지 야쿠르트 제품생산에 문제가 될 만한 파지 감염사고는 없었다.

야쿠르트 생산에 사용되고 있는 '락토바실러스 카제이 YIT 9018' 종균은(이하 카제이 YIT 9018로 표기) 국내 다른 회사의 종균과는 달리 6일 동안 장기간 배양하여야 야쿠르트 제품을 생산할 수가 있는 특수 유산균으로 장기간 배양으로 인하여 파지 감염문제가 발생할 수가 있다. 그러나 다른 회사에서 사용하고 있는 유산균은 2일 정도로 단기간 배양으로 발효유 제품 생산이 가능하기 때문에 야쿠르트 생산 종균처럼 파지 발생 문제가 없었다.

그림 1-11. 배양탱크의 파지 감염으로 배양액이 배양탱크의 상부로 분출된 모습

10. 야쿠르트 발효 초기 단계부터 파지검사로 위기를 극복

경기도 의왕에 있던 야쿠르트 최초 공장이 평택으로 확장 이전하여 1년 정도 경과한 1979년 7월에 배양탱크 1개가 파지(프로파지가 감염되었음을 나중에 규명됨)가 감염이 의심이 간다고 공장에서 연구소에 연락이 왔다. 파지 감염이 의심스러운 발효유 배양탱크는 배양 2일째에 유산균이 정상적으로 발효가 되지 못하고 젖산 생성이 미약함을 확인하였다. 파지감염 여부를 검사하니 프로파지가 감염된 초기 상태에 있었음을 알 수 있었다.

그래서 파지가 오염된 초기 단계의 배양탱크는 다시 살균하고 야쿠르트 종균을 재접종하여 배양을 시작하여 보니 정상적으로 유산균 수가 증가하고, 젖산 생성도 정상조건에 가깝게 발효가 진행되었다. 배양탱크가 프로파지에 감염 징후가 조기에 발견되면 발효 탱크를 다시 살균하고 야쿠르트 종균을 재접종하여 배양하면 정상적으로 발효되는 노하우를 터득하였다. 그 후에는 배양탱크가 또다시 파지가 감염으로 인하여 배양에 문제 되는 일이 없이 위기를 잘 극복하였다.

그 후에 파지의 감염 근본 원인을 철저히 규명하여 원인을 제거하자는 의견이 임원 회의에서 심각하게 논의되었다. 1986년도의 평택 공장 파지감염 원인이 공장의 위생관리 소홀로 외부로부터 파지가 감염되었는지, 아니면 종균의 공급에서 발생한 종균의 문제인지 원인을 규명해서 향후 이러한 문제가 다시 제기되지 않도록 대책을 수립하고자 하였다. 원인 규명을 위해서 임원 회의에서 논의된 첫 번째 방안은 한국야쿠르트 중앙연구소장이 파지 감염된 시료를 가지고 일본 야쿠르트 연구소에 가서 파지 전문가로 알려진 사쿠라이 박사와 공동으로 연구하여 원인을 규명하자는 의견이 제기되었다.

그러나 저자는 "일본야쿠르트의 사쿠라이 박사를 한국으로 초청하여 공장의 현장 상황도 직접 보고 여러 가지 여건 상항을 파악하면서 공동으로 조사하는 것이 좋겠다."는 저자의 수정 제의가 받아들여져 일본 야쿠르트에 출장 갈 필요가 없게 되었다. 파지 감염 원인이 어떻게 밝혀지는가에 따라서 야쿠르트균 발효과정 중 외부로부터 파지 감염으로 판명되면 공장의 생산 관계자가 곤란한 일을 당하게 되고, 종균의 공급상에 문제가 있었다면 연구소의 종균 취급자가 문책을 당해야 하는 어려운 상황에 접하게 되었다.

11. 야쿠르트균의 파지 감염원인 규명을 일본야쿠르트 전문가와 공동조사

일본야쿠르트 연구소의 파지 전문가로 알려진 사쿠라이 박사를 국내로 초청하여 저자와 공동으로 평택공장에서 야쿠르트 종균의 파지 감염 원인을 규명하기 시작하였다. 우선 그간의 파지 감염사고의 현황을 설명하고, 감염된 시료를 단계별로 채취하여 보관하고 있던 시료를 검사하였다.

이때 사쿠라이 박사는 저자에게 파지검사 지시균으로 락토바실러스 카제이 YIT 9029 균주(이하 카제이 YIT 9029로 표기)를 건네주었다. 사쿠라이 박사는 "이 균은 야쿠르트 종균 자체에 잠재적으로 내재하여 있는 프로파지 유전자로 연유된 파지가 발생이 되었는지 여부를 판별하는 검사용 지시균으로 사용하라고 알려 주었다." 사쿠라이 박사는 저자에게 이 검사용 지시균을 야쿠르트 제품 생산 종균으로는 사용하지 않겠다는 각서를 요구하였다. 본인은 사쿠라이 박사 요구에 다소 의아해 하면서 각서를 써주고 프로파지 검사용 지시균 '카제이 YIT 9029' 균주를 분양받았다.

그 동안 한국야쿠르트 중앙연구소에서는 야쿠르트 종균의 파지 감염검사의 지시균으로 락토바실러스 카제이 YIT S-1(이하 카제이 YIT S-1으로 표기) 균주만을 사용하여 왔었다. 그러나 앞으로는 카제이 YIT 9029 균주를 이용한 2종류의 지시균으로 이중으로 검사하게 되어 더욱더 철저한 파지감염 검사를 할 수 있게 되었다. 야쿠르트 종균의 파지감염 검사에 카제이 YIT S-1 균주는 외부로부터 감염된 독성파지 검사의 지시균이고, 카제이 YIT 9029 균주는 프로파지 검사의 지시균으로 사용되는 차이점이 있었다.

이번의 평택공장 배양탱크에 파지 발생 원인에 대한 사쿠라이 박사와 저자가 공동으로 어렵게 원인을 규명한 결과는 외부에서 독성파지가 야쿠르트 종균에 감염이 되어 발생한 사고가 아니었음이 밝혀졌다. 이번의 파지 발생은 야쿠르트 제품 생산에 종균으로 사용하고 있는 카제이 YIT 9018 종균 자체에 내재되어 잠재적으로 존재하고 있었던 프로파지 유전자가 독성파지로 전환되어 발생하였던 프로파지임이 규명되었다.

따라서 공장 생산 관계자나 연구소에서 종균을 공급하는 연구원 누구도 잘못이 없음이 밝혀져서 관계자를 문책할 사항이 아니어서 여간 다행한 일이 아닐 수 없었다. 이러한 사실이 규명되기 이전에는 파지 사고가 발생하면 공장 생산 관계자들만 문책을 받아 왔었다.

12. 프로파지 사고를 미리 극복한 일본야쿠르트

일본야쿠르트 회사는 파지감염 문제가 없이 야쿠르트 제품을 안정적으로 잘 생산하고 있다는 사실을 당시 한국야쿠르트 본사에 파견하여 근무하고 있던 일본인 다쿠찌(田口) 부사장을 통해서 넌지시 알게 되었다. 다쿠찌(田口) 부사장은 한국야쿠르트 중앙연구소에서 파지 검사 결과와 아울러 공장의 파지감염 실태를 매년 정기적으로 일본야쿠르트 본사에 보고하여 왔었다.

저자는 사쿠라이 박사와 당사의 평택공장 파지감염 사고 공동조사 후 2년이 지나서 일본야쿠르트 본사에서 개최하는 유산균 관련 심포지엄 참석차 일본야쿠르트 회사에 다녀 올 기회가 있어 사쿠라이 박사를 만나보고 그간의 파지감염 공동조사 수고에 대한 감사 인사를 하였다. 저자는 사쿠라이 박사와의 대화중에 일본야쿠르트는 오래 전부터 야쿠르트균 배양 중에 파지감염 사고가 없이 야쿠르트를 잘 생산하고 있음을 알게 되었다. 그래서 저자는 귀국길에 일본야쿠르트 제품들을 분석할 마음으로 일본야쿠르트에서 생산되어 시판중인 일본 야쿠르트를 포함한 여러 종류의 발효유 제품을 구입하여 귀국하였다.

귀국 후 저자는 연구원에게 일본야쿠르트 제품의 성분 분석과 아울러 종균을 분리하도록 지시하였다. 일본야쿠르트 제품에서 분리한 종균은 여러 가지 면밀한 조사를 통해서 얻은 결과는 놀랍게도 사쿠라이 박사가 2년 전 평택공장 파지 공동 조사차 방문하여 저자에게 건네주며 야쿠르트 제품 생산에 사용하지 않기로 각서를 써주고 분양 받은 '카제이 YIT 9029' 균주를 종균으로 사용하고 있음을 실험을 통하여 확인하였다.

일본야쿠르트는 야쿠르트 제품 생산에 독성파지의 원인이 되는 프로파지 유전자가 제거된 카제이 YIT 9029 균주를 종균으로 사용하고 있어 배양 중에 제품 생산에 프로파지 유전자로 기인한 감염 문제가 없이 안정적으로 제품을 생산하여 왔던 것이다. '아하~' 그래서 사쿠라이 박사가 저자에게 카제이 YIT 9029 균을 분양하여 주면서 프로파지 검사 지시균으로만 사용할 것과 제품 생산에는 사용하지 않겠다고 약속한 각서를 받아간 이유를 뒤늦게 알게 되었다.

일본야쿠르트의 카제이 YIT 9029 균주는 독성파지 검사 지시균으로 사용하였던 '카제이 YIT S-1' 균주에서 프로파지 유전자를 제거한 유산균을 개량한 종균이었다. 그래서 우리 중앙연구소에서는 야쿠르트 생산 종균으로 사용하고 있는 카제이 YIT 9018 균체 내부에 잠재적으로 존재하고 있다가 발효 과정의 환경변화에 따라서 독성파지로 전환하는 프로파지 유전자를 제거하는 연구를 착수하여 야쿠르트 종균을 개량하기로 마음먹었다.

13. 한국과 일본야쿠르트의 종균개발 경쟁

13.1 (제1탄) 한국야쿠르트가 야쿠르트 종균의 프로파지 유전자 제거에 성공하다

저자가 근무하던 중앙연구소에서는 몇 년간의 연구 끝에 드디어 자체 기술로 야쿠르트 종균 카제이 YIT 9018에 내재하고 있던 프로파지 유전자를 제거하는 데 성공하였다. 그 결과 야쿠르트 종균 카제이 YIT 9018균의 성공적인 개량으로 종균의 프로파지로 감염되는 사고를 근원적으로 해결하기에 이르렀다.

그동안 야쿠르트 균의 배양 중에 종종 프로파지 발생으로 회사에 경제적으로 커다란 손실을 끼쳤던 프로파지 발생의 주범 '야쿠르트 종균 카제이 YIT 9018'균에 내재하고 있던 프로파지 유전자를 제거하는데 드디어 우리도 성공하였다. 그리하여 새롭게 개량하여 태어난 종균을 락토바실러스 카제이 HY 2782(이하 카제이 HY 2782로 표기)로 명명하였다.

실험과정을 간략히 소개하면 대략 다음과 같다. 우선 야쿠르트 종균으로 사용하여 오던 카제이 YIT 9018균에 유전공학적 방법을 이용하여 온도 변화에 따른 감수성 변이균을 일차적으로 선발하였다. 이 중에서 유산균에 존재하는 염색체 DNA에서 프로파지 유전자만이 제거된 수백 개의 균주를 선별 분리하였다. 새로이 선별 분리한 유산균 중에서 프로파지 유전자만 제거되고 야쿠르트 종균 고유의 생리적 특성과 능력을 온전히 갖추고 있는 본래의 카제이 YIT 9018 균주와 아주 유사한 특성을 가진 균을 여러 과정을 거쳐서 수십 개의 균을 선발하였다.

최종 돌연변이 발생을 유도하여 선발한 유산균 중에서 모균(母菌)과 아주 가까운 형질을 가진 균의 증식 능력, pH 변화, 산 생성 능력, 당 발효 능력 면에서 모균과 아주 유사한 성상과 기능을 갖춘 균을 최종 선발하였다. 가장 중요한 유전정보를 가진 염색체 DNA는 모균주와 동일한 크기를 보여 주었고, 프로파지 유전자가 소실되었어도 유산균 고유의 성상을 보여주는 염색체 DNA 크기는 큰 차이가 없어 보였다. 새로이 분리한 균을 수십 차례 다양한 실험을 반복 확인 결과 새로이 개량한 카제이 HY 2782균은 저자가 바라던 문제의 프로파지 유전자만 제거되었고, 본래의 모균과 같은 유산균의 본래 고유 기능은 안정되게 갖고 있음을 확인할 수 있었다.

이리하여 드디어 우리가 바라고 고대하던 프로파지 유전자가 제거된 개량된 야쿠르트 종균을 새롭게 우리의 연구진에 의하여 탄생하는 개가를 이룩하여 종균의 프로파지 감염사고를 근원적으로 해결하였다. 새롭게 개량된 야쿠르트 종균을 '락토바실러스 카제이 HY 2782'로 명명하였다. 따라서 야쿠르트 배양 중에 유산균 자체 내부의 프로파지 유전자가 독성파지로 전환되어 야쿠르트 종균을 용균(lysis)하여 사멸되는 경우가 없이 유산균 배양을 함으로써 야쿠르트 제품을 안정하게 생산할 수 있게 되었다.

새로이 개발한 프로파지 유전자가 제거된 야쿠르트 종균 카제이 HY 2782는 여러 차례 시험생산을 거쳐 야쿠르트 생산 종균으로 사용하기 시작하였다. 독성파지가 외부에서 감염만 되지 않으면 야쿠르트를 안정하게 생산할 수 있는 기반이 마련되어 그간의 프로파지로 기인된 커다란 문제점이 해결되어 야쿠르트 제품 생산에 안정을 크게 기여하는 쾌거를 이룩하였다.

13.2 (제2탄) 한국야쿠르트 종균 HY 2782와 일본야쿠르트 종균 YIT 9029의 차이점 규명

1) 일본야쿠르트 회사로부터 종균 차이점 규명 요청을 받다

1994년 12월에 일본야쿠르트회사의 대표 취재역으로 활동하던 '마쓰 소노 히사미' 회장이 별세하여 당사의 윤덕병 회장과 이은선 사장이 조문 차 일본야쿠르트를 방문하였다. 그 당시에 일본야쿠르트 사장으로부터 한국야쿠르트 이은선 사장에게 한국야쿠르트회사가 야쿠르트 제품 생산 종균으로 사용 중인 카제이 HY 2782 균주가 일본의 카제이 YIT 9029와 같은 종균으로 생각된다며 사실 여부를 해명하여 달라는 요구를 받았다는 것이다.

일본야쿠르트는 한국에 이미 몇 년 전에 "유산균 음료의 제조법" (당시 공고번호 88-2178 / 등록번호 27730)에 대한 특허를 출원하여 등록한 바 있으며, 특허 출원 제품에 사용한 종균이 카제이 YIT 9029이었다.

윤덕병 회장과 이은선 사장은 일본 회장의 조문을 마치고 귀국한 이후 저자를 본사로 들어오라는 호출을 회장 비서를 통하여 전달받았다. 본인은 무슨 일로 회장이 호출하였는지 궁금하기 짝이 없었다. 평상시 같으면 연구소장은 늘 바쁘게 연구하는 사람이니 연구소가 있는 경기도 의왕연구소에서 서울 본사로 오라는 호출은 별로 하지 않고 시간을 절약해야 한다고 늘 말씀하였다. 그래서 특별한 업무가 아니면 전화로 말씀하였다.

저자는 본사의 윤덕병 회장과 이은선 사장을 뵙고자 서둘러 본사에 갔다. 저자는 윤덕병 회장에게 인사를 드리자 "바쁘게 연구하는데 이렇게 오라고 해서 미안하다" 고 말씀하시며 윤덕병 회장이 저자를 직접 불러서 말씀하신 취지는 다음과 같았다.

"우리가 야쿠르트 종균으로 개량하여 지금 사용하고 있는 카제이 HY 2782 균주가 일본의 야쿠르트 종균 카제이 YIT 9029 균주와 동일한 균인지 아니면 진정 다른 균인지, 차이점을 확실히 규명이 가능한지 질문을 하였다" 말씀 중에 여러 차례 걸쳐서 확인 당부하면서 "우리가 이 점을 확실히 규명하지 못하면 일본 측의 종균을 우리가 무단으로 사용한 결과가 되고, 균주 사용에 대한 특허료 이외 야쿠르트 종균으로 사용한 대가를 변상하여야만 한다는 사항이었다." 나는 그 소리를 듣는 순간 "그렇지 이미 예상하였던 일이 왔구나" 하고 생각하였다.

"예! 회장님, 분명히 이 두 개의 종균은 서로 성질이 다른 균으로 차이점을 확실히 규명할 수 있으니 너무 염려하지 않으셔도 됩니다." 라고 말씀드리니 크게 안도하는 모습이었다.

2) 일본야쿠르트 회사로 출장 가서 두 균의 차이점을 설명하다

저자는 카제이 HY 2782 균주의 종균 개량에 참여하였던 책임연구원과 같이 일본야쿠르트의 본사가 위치한 일본 동경(Tokyo)에 1995년 1월 17일부터 1월 21일까지 4박 5일 일정으로 "당사에서 개발한 야쿠르트 종균 카제이 HY 2782와 일본야쿠르트 종균 카제이 YIT 9029의 차이점 규명"을 위해서 일본야쿠르트의 요청으로 출장을 다녀오게 되었다.

일본야쿠르트는 저자에게 일본 출장 출발 1주일 전에 일본야쿠르트 연구소에서 공동 실험을 하여 달라고 요청하였다. 그리하여 저자는 일본야쿠르트 연구소에 실험으로 증명할 수 있는 실험도구를 사전에 준비하여 줄 품목 목록을 전달하여 주었다. 그러다가 출장 출발 2일 전에 다시 일본 측에서 수정제의가 왔는데 실험은 그만 두고 설명만 하여 달라고 하는 연락을 받았다.

3) 일본야쿠르트 본사에서 설명회의 개최

겨울철 쌀쌀한 날씨에 1995년 1월 20일 오전 10시에 일본야쿠르트 본사의 회의실에서 한국야쿠르트에서 개량한 "야쿠르트 종균 카제이 HY 2782와 일본의 야쿠르트 종균 카제이 YIT 9029의 차이점 규명"에 관한 회의 내용은 다음과 같다.

회의 참석자는 한국 측에서는 저자와 책임연구원과 함께 2명이 참여하였는데, 일본 측에서는 중앙연구소 박사 연구원 2명, 해외부 3명, 개발부 3명 모두 8명이 대거 참여하였다.

4) 회의 진행 개요

회의에서 일본 측 해외부 총무과장은 모두 발언에서 한국야쿠르트 중앙연구소장 백영진 박사는 일본어로 설명이 가능한 것으로 한국에 파견 근무 중인 다꾸치 부사장으로부터 전달받았다며 일본어로 설명할 것을 요구하였다. 그러나 본인은 "어설픈 일본어보다는 영어로 설명을 할 계획이며, 오늘 여기에 참석한 여러분들은 영어로 말해도 이해 할 수 있는 분들이라고 생각한다."고 양해를 구하고 영어로 설명하겠다고 말하였다. 혹시 매우 곤란하다고 생각되면 여기에 있는 누구든지 통역을 하여 주었으면 좋겠다고 말하였다.

설명의 핵심은 한국야쿠르트가 개발한 카제이 HY 2782균은 모균인 카제이 YIT 9018균에서 개량하였고, 일본이 개량한 카제이 YIT 9029균은 카제이 S-1을 모균으로 하여 프로파지 유전자를 제거한 균주이다. 상기 개량된 2개의 균주에서의 커다란 차이점은 프로파지에 대한 감수성이 다른 특징을 갖고 있다.

파지감염 여부를 검사하는 액체배지에서 프로파지에 대한 파지 감염도를 조사하여 보면 카제이 HY 2782는 용균현상이 나타나지만, 카제이 YIT 9029는 용균현상이 일어나지 않는다. 이것은 파지의 흡착 특이성이 다름을 말해 주는 것이다. 이러한 현상은 2개의 균주가 확연히 차이점이 있음을 보여주는 주요한 증명이 된다.

저자는 이 실험과정을 상세하게 설명하여 주었다. 실험방법과 자료도 넘겨줄 것이니 여기에 참여한 연구소 전문가들은 저자가 실험한 결과를 확인하여 줄 것을 요청하였다. 그리고 저자가 "실험한 결과와 상이하게 나타나면 한국야쿠르트 연구소에서 실험을 통하여 증명할 예정이니 일본측 연구원이 한국에 방문하여 주기를 바란다." 라고 말해 주었다.

그 후에 일본측은 저자가 설명한 실험과 동일한 결과를 확인하였다고 전달받았다. 그러나 카제이 S-1 균주나 카제이 YIT 9018 균주는 모균주가 락토바실러스 카제이 시로다 균이므로 같은 균이라고 옹색한 주장을 하였다. 그러나 일본측은 한국야쿠르트 연구소에서 개량한 카제이 HY 2782와 일본야쿠르트에서 개량한 카제이 YIT 9029 균주는 동일한 균주가 아님을 확실하게 확인하고는 더 이상 여기에 대하여 이의를 제기하지 않았다.

13.3 (제3탄) 한국이 일본야쿠르트의 종균개발 경쟁에서 승리하다

결론적으로 이번의 일본 출장 회의를 통하여 일본야쿠르트가 얼마나 단단히 벼르고 있었는지 확실하게 알 수 있었다. 일본 측 참석인원은 중앙연구소 2명, 해외부 3명, 개발부 3명 등 부서별로 주요 핵심 인원이 모두 8명이나 대거 참석하였다는 사실이다. 그리고 한국야쿠르트의 회장과 사장에게 일본야쿠르트의 회장 조문 시에 이야기를 거론하였다는 것은 얼마나 사안이 중대한 것인가를 잘 말해준 셈이었다.

만약에 우리가 개량한 카제이 HY 2782 종균이 일본의 개량한 카제이 YIT 9029 종균과 결정적인 차이점을 규명하여 놓지 않았더라면 우리가 어렵게 연구 개발하였던 종균 카제이 HY 2782균 개발은 허사가 되었을 것이다. 일본야쿠르트의 종균 무단 사용에 대한 특허료를 100% 지불하여야 하는 이외에 야쿠르트 제조에 종균으로 사용한 균주 사용료도 지불하라고 요청하는 일이 발생하였을 것이다. 이번 사건을 계기로 한국야쿠르트가 일본야쿠르트에 대한 야쿠르트 종균과 발효유 제품 개발에 대하여 기술적 차별화를 갖게 되는 좋은 계기가 되었다.

저자는 일본야쿠르트 사람들의 속성을 어느 정도는 잘 알고 있는 처지라서 우리가 개량한 카제이 HY 2782 종균을 언젠가는 자기들의 균을 무단 사용하였다고 주장할 것이라고 예상하였기에 일본측이 개량한 카제이 YIT 9029 종균과의 확실한 차이점을 사전에 규명하여 놓았다. 한국야쿠르트 연구소는 야쿠르트 종균에 잠재적으로 내재하고 있는 프로파지 유전자를 제거하는 연구를 성공적으로 완수함으로써 야쿠르트 종균의 프로파지 사고를 근원적으로 해결하였다. 이것은 한국야쿠르트 중앙연구소가 이루어낸 하나의 커다란 획기적인 성과라고 자부심을 가져도 좋은 연구 결과였다.

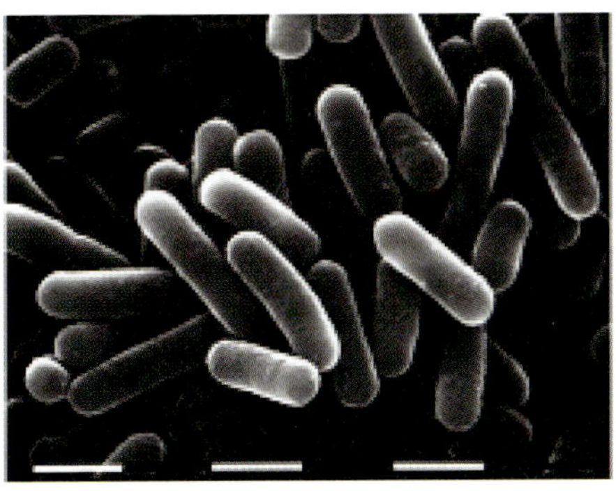

그림 1-12. 프로파지가 제거된 야쿠르트 종균 카제이 HY 2782(*Lb. casei* HY 2782)

한국야쿠르트 연구소가 설립된 1976년 이후부터는 종균 동결건조 보존에 대한 자체 기술 확보로 일본으로부터 동결 건조된 유산균 앰풀(Ampoule)을 더 이상 수입하지 않아도 되었다.

〈맺는말〉 한국야쿠르트 윤덕병 회장의 부탁을 실현하다

우리가 이룩한 연구 결과는 일본야쿠르트가 한국야쿠르트의 연구 수준을 재인식하는 좋은 계기가 되었다. 일본야쿠르트가 항상 자랑스럽게 이야기하고 있는 "야쿠르트라는 이름하에(under the name of Yakult)" 한국을 비롯한 아시아 지역 국가로는 태국, 홍콩, 대만, 필리핀, 싱가포르, 인도네시아와 중남미 국가로는 멕시코, 브라질과 태평양 국가로는 괌, 호주 이외 유럽으로는 네덜란드, 미주지역으로는 미국 등 13개 국가가 일본야쿠르트의 제품을 생산하고 있는데, 한국야쿠르트가 매출액이 제일 많고 독자적인 기술로 운영하여 왔다.

일본인의 우월감 인식에서 벗어나는 길은 오직 기술에서 뒤지지 않는 방법밖에 없다는 것을 다시 인식할 수 있었다. 그리하여 기술력을 통하여 일본을 능가하는 연구소로 거듭나야 하겠다는 재 다짐을 하여 보았다. 이것으로 일본과의 야쿠르트 종균 개발 경쟁은 일단락이 되었다.

한국야쿠르트 윤덕병 회장은 일본인과 일본을 너무 잘 알고 계셨기에 평상시에 연구소장인 저자에게 늘 입버릇처럼 "백영진 연구소장! 일본을 기술적으로 이길 수 있도록 극일(克日)하여 주시오!"라고 자주 하였던 말씀에 조금은 보답을 드린 것 같아 마음이 뿌듯하였다.

13.4 기술로 일본 누른 '유산균 박사'

저자에 관한 조선일보 기사(1997년 9월 27일)

西紀 1997年 9月 27日 土曜日 조선

기술로 일본 누른 '유산균박사'

22년간 한우물… 최근 한국형 유산균 개발

한국야쿠르트 중앙硏 白永振 소장

프로페셔널

『새 기술을 개발, 일본인들의 콧대를 꺾어 놓았을 때가 가장 짜릿한 순간이었습니다.』

기흥에 있는 한국야쿠르트 중앙연구소 白永振(백영진·51)소장은 75년부터 한국야쿠르트에서 22년째 「유산균 연구」 한우물을 파고 있다. 국내 최초 유산균연구소의 유일한 창립 멤버이고 교수들까지 자료를 의뢰해올 정도니 「최고의 유산균 박사」라는게 주위의 평가.

일본에서 種菌(종균)을 수입, 로열티를 지불하면서 생산을 하던 70년대 초반. 국내에는 아직 소비자들에게 「유산균」에 대한 인식이 부족해 『왜 돈을 받고 「균」을 파느냐』는 웃지못할 항의도 많았다고 한다. 『김치를 먹는데 요구르트를 왜 먹느냐』는 말도 잘못된 지식이라는 것이 白소장의 말. 김치에 있는 유산균은 위나 소장에서 거의 죽어버리기 때문이라고 한다.

『한국야쿠르트가 일본과의 합작회사이고, 로열티를 지불하고 있었지만 일본인들은 기술전수를 전혀 해주지 않았습니다. 연구소가 설립된 75년부터 로열티 지급을 중단하고 연구에 매달려 유해 바이러스의 공격에 강한 유산균을 자체 생산해내는데 성공했죠.』 이후 일본인들이 『우리 유산균 배양법을 베낀 것 같다』며 진상조사를 요구했을 때 차이점을 조목조목 짚어가며 일본인들의 콧대를 납작하게 해주었다고 한다. 『그때가 연구원 생활중 가장 보람있던 순간이었죠.』

白소장은 아시아 최고인 1인당 12~13ℓ의 요구르트 소비국이 된 우리나라의 요구르트시장 성장의 공로자중 1명. 떠먹는 요구르트인 「수퍼100」, 드링킹 요구르트인 「마쪼니」, 「메치니코프」 등 연이은 「히트작」을 만들었고 얼마전에는 한국형 유산균까지 개발, 지난 8월 국제학술 심포지엄에서 발표까지 했다. 『10년 넘게 꾸준히 매달린 연구의 결과죠. 우리가 개발한 비피더스균은 수입한 종균보다 한국인 장에서의 활동능력이 훨씬 뛰어나다는 것이 입증됐습니다. 마치 모유를 먹은 아이가 분유를 먹은 아이보다 잔병치레가 적은 것과 비슷하죠. 덕분에 미국이나 덴마크 등에서 종균을 수입하는데 드는 비용이 줄어들게 됐습니다.』

건국대 축산학과 出身으로, 연구소에 재직하면서 서울대 농대에서 박사학위를 취득한 「노력파」인 白소장은 그 자신이 외국에 갈때도 반드시 요구르트를 챙겨가는 요구르트 맨. 요구르트를 챙겨가지 않으면 금세 변비가 생기기 때문이라고 한다.

『국제 학술지에 활발한 발표를 통해 세계적으로도 인정받는 연구소를 만들어나가는게 꿈』이라는 白소장은 『공부하는 것이 천직이라 생각하고 있다』고 했다.

<李明振기자>

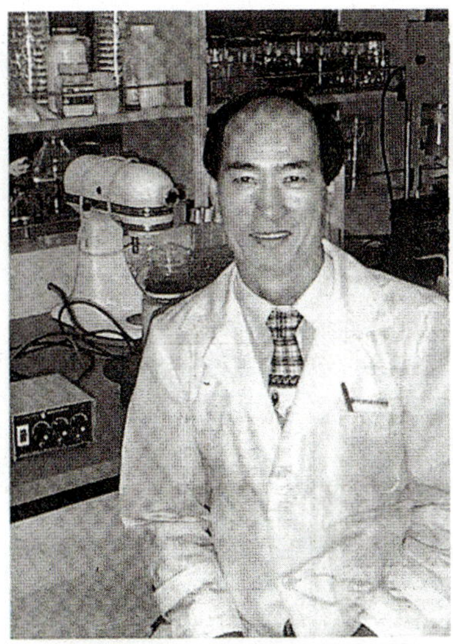

◇한국 야쿠르트 중앙연구소 白永振소장은 『연구직을 평생직장으로 생각해 왔다』고 했다. <李明振기자>

14. 토종 한국형 비피더스 종균의 산업화 성공

1) 서 론

발효유 산업에 널리 이용되는 유산 간균과 구균은 산소의 존재 여부에 관계없이 배양이 무난하여 커다란 어려움이 없이 발효유나 치즈 그리고 발효유 산업에 종균으로 이용하여 왔다. 비피더스균은 1899년에 프랑스 파스퇴르연구소에서 근무하던 티시에(Tissier)에 의해 모유를 먹는 갓난아이 분변에서 처음으로 분리 보고되었음을 앞에서 언급하였다.

여러 연구 결과 비피더스균은 인체의 장내에서 정장효과가 우수한 것으로 밝혀졌지만, 일반 유산균과는 달리 산소가 있으면 잘 자라지 못하는 혐기성균으로 배양방법이 까다로워 쉽게 발효유 산업에 종균으로 쉽게 응용되지 못하였다. 비피더스균은 일반 유산균과는 달리 형태면에서 Y형, U형, 주걱모양, 곤봉모양 등의 다양한 형태를 나타내는 막대기 모양의 간균으로 티시에(Tissier)는 발견 당시 이 세균을 바실러스 비피더스 커무니스(*Bacillus bifidus communis*)로 명명하였다. 비피더스균의 이와 같은 다양한 형태는 배지 내의 칼슘 함량과 배양조건의 산소에 대한 저항성과 관계가 있다고 알려졌으나, 실질적인 원인은 아직도 정확하게 규명되지 못했다.

2) 비피더스균의 분류

1924년에 올라 옌센(Orla-Jensen)은 비피더스균의 생리, 대사, 효소, 영양 요구성 등 연구를 통하여 비피더스균의 분류학적 기초를 확립하였다. 비피더스균에서 발견되는 알파 갈락토시데이스(α-galactosidase)와 알파 글루코시데이스(α-glucosidase) 등의 효소는 비피더스균의 분류와 동정에 중요한 지표로 사용되었다.

인체에서 분리되는 비피더스균 DNA의 % G + C 함량은 58%이었지만, 다른 균주들은 55～66%로 알려졌다. 비피더스균과 락토바시러스 유산균의 DNA는 % G + C 함량이 달라서 다른 속으로 분류되었다. 최근에 비피더스균의 분류와 동정에 DNA 탐침(probes) 및 DNA 지문이 많이 이용되었다.

디네르트(Dehnert)가 1957년 처음으로 비피더스균을 5그룹으로 분류하였다. 그 후 비피더스균은 1963년 로이터(Reuter)에 의해 사람의 장내에서 여러 종류가 새로이 분리되었고, 1969년에는 미쯔오카(Mitsuoka)와 1971년 스카도비(Scardovi) 등이 동물과 꿀벌의 소화관에서 또 다른 비피더스균을 분리하였다. 1974년 버기스 매뉴얼(Bergey's Manual) 제8판부터 비피더스균으로 독립된 속명으로 분류학상의 위치가 확립되었다. 1994년도까지 사람과 동물의 장내, 꿀벌의 꿀주머니 등에서 모두 32종의 비피더스균이 분리 보고되었는데, 앞으로 새로운 비피더스균의 분리는 계속되리라 예상된다.

3) 비피더스균의 숙주 특이성

비피더스균은 숙주 특이성이 있어서 사람과 동물, 곤충 등에 존재하는 균은 서로 다른 종으로 알려져 있다. 사람을 숙주로 하는 비피더스균는 10여 종으로 보고되었다. 이 중 인판티스(*Bif. infantis*)와 브레베(*Bif. breve*)는 유아의 장내에 존재하며, 아돌레센티스(*Bif. adolescentis*)는 성인의 장내에만 존재하는 것으로 알려져 있으며, 그 외에는 유아와 성인에 모두 존재하는 것으로 알려져 있다

4) 장내 균총과 비피더스균

사람은 태아로 있을 당시에는 무균상태나 분만 시의 산도(產道), 질, 공기, 먹는 음식 등을 통하여 외부의 세균에 감염된다. 출생 후 첫날부터 대장균, 장구균 및 클로스트리디움균 등의 부패균, 포도상

구균이 출현하여 장내에서 우위를 점유한다.

비피더스균은 출생 후 유아의 장내에서 2일 정도 지나 정착하는데 가장 많은 수가 발견되는 우점균으로 알려졌다. 생후 4~5일이 지나 비피더스균이 유아 장내 균총의 최우세균을 구성하게 되며, 비피더스균이 우세함에 따라서 다른 유해 세균군은 감소한다. 모유를 먹는 유아의 분변에서는 1g당 10^{10}~10^{11}의 비피더스균이 발견되었으며, 대장균군은 10^8~10^9, 장구균은 10^8, 유산 간균은 10^7, 클로스트리디움균은 10^4 이하로 아주 적은 수가 나타나는 것으로 알려졌다. 모유에 있는 올리고당은 비피더스균의 성장을 촉진하는 요소로 알려져 있다. 그 이후에 안정한 균형이 잡힌 장내 균총이 형성되었다.

조제분유를 먹는 유아의 장내에서는 모유를 먹는 유아보다 10분의 1 정도 낮은 수준의 비피더스균이 발견되었으며, 대장균과 장구균과 혐기성균의 유해균 수는 모유를 먹는 유아보다 더 많이 존재하는 것으로 보고되었다. 모유를 먹는 유아의 분변의 pH는 4.5~5.5 수준으로 산성을 나타냈지만, 조제분유를 먹는 유아의 분변의 pH는 5.7~6.7로 약산성 또는 중성에 가까운 편이다.

이처럼 사람의 장내 균총의 균형은 상당히 안정되어 있으나 질병에 걸리거나, 음식물의 현저한 변화, 여행, 그리고 연령에 따라서도 변화하는 것으로 알려졌다. 나이가 들수록 젊을 때 비교적 적었던 부패균의 한 종류인 웰시균, 대장균, 장구균도 증가하는 경향을 나타났다. 유산 간균도 약간의 증가 경향을 보여주나 우세했던 비피더스균은 뚜렷하게 감소하게 되는데, 이와 같은 현상은 노화현상에 따른 장내 균총의 일반적인 변화로 여겨진다.

5) 비피더스균의 장내 주요 서식처

성인의 소화관 부위별 장관 내 유산균의 분포도를 살펴보면 유산간균은 주로 소장 하부인 회장에서 최고의 수준을 유지하다가 대장에 넘어 가면서 다소 감소하는 경향을 나타낸다. 비피더스균은 소장의 하부인 회장에서 급속도로 증가하여 대장의 상부에서부터 최고 수준을 유지한다. 따라서 일반 유산균은 소장의 하부에서 많이 분포되어 있으며, 비피더스균은 주로 대장에 많이 분포되어 사람에게 유익한 정장작용을 하고 있음을 보여 준다.

최근 의학계의 보고에 의하면, 사람의 장내에는 100조(兆)개 이상의 세균들이 서식하고 있으며, 건조된 장내용물 분변 1g에는 약 1조 마리 이상의 세균이 존재하면서 여러 가지 건강에 영향을 미치고 있다. 그의 종류는 무려 1,000여 종을 초과하는 것으로 알려졌다. 장내 균총을 구성하고 있는 다양한 균 중에서 비피더스균을 포함한 유산균은 숙주에 대하여 유해한 대사산물을 생성하지 않으며, 유해세균의 증식을 억제하여 장내 균총을 유리하게 개선하는 것은 물론 소화기 계통의 각종 질환의 예방에도 기여하는 것으로 알려졌다.

비피더스균은 장관 내에서 젖산과 초산을 1 : 1.5 비율로 초산을 많이 생성하여 장내 pH를 저하해 장내 병원성 미생물과 부패 미생물 등의 증식을 강력하게 억제한다. 장내 유해세균이 생성하는 부패 산물을 억제하고, 생성된 독소를 무독화 한다. 설사 및 변비를 개선하여 주며, 정상 세균총의 유지 작용과 혼란한 세균총을 정상화하는 데 기여한다. 장내에서 정장효과가 우수하고, 특히 유아의 영양과 건강에 유익한 작용을 하는 것으로 알려졌다.

6) 제품화

비피더스균은 일반 유산균과 달리 산소를 싫어하는 혐기성균으로 배양이 쉽지 않으며, 영양 요구조건이 까다롭다. 비피더스균은 장내에서 정장효과가 우수함에도 불구하고 발효유 식품산업에 쉽게 이용되지 못하다가, 1949년 독일의 마이어(Mayer)에 의해 유아식품 제조에 최초로 사용되었다.

일본에서는 1971년에 모리나가 회사가 비피더스 롱검과 써모필러스 유산구균을 함유하는 비피더스 요구르트를 처음으로 생산하였다. 1977년에 비피더스균이 함유된 요구르트가 본격적으로 생산되기 시작하였다. 1978년에 일본야쿠르트 회사는 미루미루(MilMil) 제품에 비피더스균 브레베와 비피덤, 아시도필러스 유산균을 함유하는 액상 발효유를 생산하였다.

7) 토종 한국형 비피더스균을 선발하여 제품화 성공

저자가 한국야쿠르트 중앙연구소에 근무하던 당시에 "한국인의 장내 균총에 대한 연구"를 시작하여 한국인으로부터 비피더스균을 직접 분리, 선발, 육종하여 발효유 제품의 종균으로 사용하는 데 성공하였다. 1995년 10월 모유를 먹고 있던 한국인 생후 7일~3개월 된 건강한 갓난아이의 분변에서 비피더스균을 분리하였다. 분리한 비피더스균은 일차적으로 pH 2.3에서의 살아남는 내산성 시험을 하였다. 2차적으로 옥스갈(oxgall) 성분이 첨가된 BL 평판배지에서 형성된 비피더스균의 집락을 선발하고 내담즙 산성시험을 통과하여 생존하는 비피더스균을 선발하였다.

비피더스균이 함유된 유제품의 효능을 기대하기 위해서는 3가지 특정한 기준을 충족시켜야 한다. 첫째로 비피더스균은 식품의 제조공정과 저장기간 동안 생균 상태로 생존하여야 한다. 둘째로 비피더스균은 소화기의 분비물인 위산, 담즙 등에 내성이 있어야 살아서 위장을 통과하여야 한다. 셋째로 비피더스균은 장내에서 증식할 수 있어야 한다.

한국인 영유아로부터 내산성, 내담즙산성 비피더스균의 선발 결과 최종 5균주를 선발하였다. 이 균주들은 분류동정 결과 롱검 1 균주, 비피덤 2 균주, 브레베 2 균주로 확인되었다. 이 중에서 내산성과 내담즙산성이 강하고, 산 생성이 우수한 비피더스 롱검을 종균으로서 적합한지 집중적으로 시험을 하였다.

비피도박테리움 롱검 HY 8001균은 안전성을 시험한 결과 비병원성이고, 어떠한 종류의 유해한 부작용도 없었다. 또한 발암성 물질로 전환하는 유해 효소 '베타-글루큐로니데이스(β-glucuronidase)' 등 활성이 없는 안전한 균주임을 확인하였다. 그 외 콜레스테롤 저하 능력을 시험하였다. 산 생성 능력은 발효유 제조 시 이용되는 비피더스균의 바람직한 특징은 우유에서의 빠른 증식과 산 생성 능력이다,

이미 앞에서 비피더스균 선발 시 언급하였듯이 내산성 시험과 내담즙 산성을 재차 확인하였다. 이러한 일련의 시험과정을 거쳐서 최종 비피더스 롱검을 선발하고 비피더스 롱검(*Bif. longum*) HY8001로 명명하였다. 종균으로서의 조건에 부합하는지 다양한 실험을 거쳐서 토종 신토불이 한국형 비피더스균을 선발 육종하여 종균으로 산업화하는 데 성공하였다. 그 당시만 하여도 국내에서는 비피더스 관련 제품이 외국에서 수입되거나 발매된 바가 없었으므로 한국인 유래의 순수한 토종의 비피더스균을 분리한 셈이다.

8) 결론 및 요약

발효유, 정장제, 유산균 식품 등을 통한 비피더스균의 섭취가 건강에 유익하다는 연구 결과가 많이 보고되었다. 이들 제품의 제조에 사용되는 비피더스균은 소화과정을 거치면서 장내에 정착해야 하므로 내산성, 내담즙 산성을 기본적으로 가지고 있어야 한다.

중앙연구소에서는 한국인으로부터 내산성, 내담즙 산성이 있는 비피더스 롱검 HY8001을 분리하였으며, 이 균주가 콜레스테롤 저하능력, 산 생성 능력에 있어서 외국의 상업용 균주에 뒤지지 않음을 확인하였다. 그리고 효소활성 측정을 통해 발암효소를 생성하지 않는 안전한 균주임도 확인하였다. 또한 비피더스 롱검 HY 8001을 이용하여 한국형 비피더스 농축 종균을 제조, 산업화하는 데 성공하였다.

중앙연구소는 발효유 업계의 숙원이었던 한국형 균주 개발과 대량 생산을 달성함으로써 유산균 개발에 관한 국가 경쟁력을 갖추게 됨은 물론 유산균의 신토불이를 완성하였다. 비피더스균을 제품 생산에 상용화함으로써 세계에서 6번째로 자체 종균 생산시스템을 갖춘 한국야쿠르트가 특허 인증을 획득한 것은 미래 산업인 종균산업의 첫 물꼬를 텄다는 의미로도 받아들여졌다. 이로써 수입에 의존하던 유산 종균의 국산화를 통한 외화 절감효과는 1988년 당시 연간 약 80만 달러의 수입 대체효과를 가져왔다. 그 외 자체 생산을 통한 지속적인 연구기술 축적으로 유산균을 이용한 품질 향상과 제품개발을 도모할 수 있게 되었다.

이 한국형 비피더스 종균의 개발 성공으로 한국야쿠르트 회사에서 생산되고 있는 농후발효유 「슈퍼-100」을 비롯하여 드링크 발효유 「메치니코프」 제품을 위시하여 비피더스 롱검 HY 8001을 종균으로 사용하였다. 그 이후에 개발되는 발효유 제품뿐만 아니라 유산균 식품, 정장제, 사료 첨가제, 제빵 제조 등에 한국형 비피더스 종균을 이용한 제품 개발이 점점 확대될 것으로 예상한다.

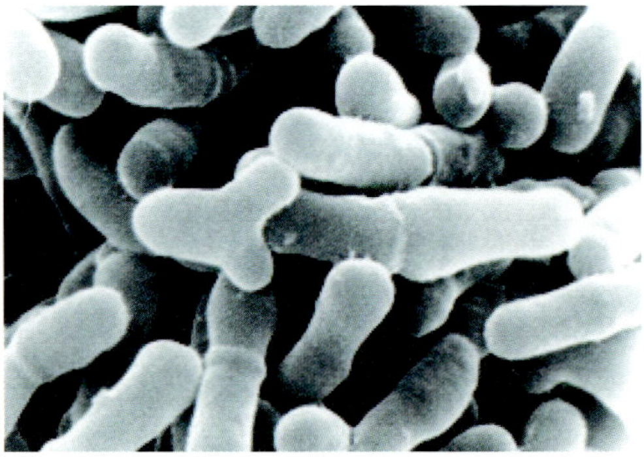

그림 1-13.한국형 비피도박테리움 롱검
(*Bif. longum* HY 8001)

(참고 : 상기 내용은 「한국형 비피더스균의 분리와 산업화」 제목으로 1997. 8월 22일 <제10회 유산균과 건강 국제학술 심포지엄>에 저자가 발표한 내용을 요약한 것임)

14.1 비피더스균의 건강증진 효과

1) 장내 균총(microflora)과 비피더스균

장내 균총은 구강, 위, 소장, 대장에서 항문까지의 외기도(外氣道)와 연속된 소화기관의 점막과 내용물에 서식하는 세균군의 총칭을 말한다. 사람은 태아로 있을 당시에는 무균상태이지만 분만 시의 산도, 질, 공기 등을 통하여 외계의 세균에 감염된다.

출생 후 1일째부터 분변에는 먼저 대장균, 유산 간균, 장구균, 및 클로스트리디움균 등의 부패균, 포도상 구균이 출현하여, 혼잡한 균총을 형성하며, 분변 1g당 세균 수는 대략 수천억~1조(10^{10}~10^{11}) 마리 정도에 도달한다. 비피더스균은 생후 2일 정도 지나서 검출되며, 생후 4~5일째에서는 비피더스균이 유아의 장내 균총의 최우세균을 구성하게 되고, 비피더스균이 우세함에 따라서 다른 세균군은 감소한다. 그 이후에 안정한 균형이 잡힌 장내 균총이 형성된다.

이처럼 사람의 장내 균총의 균형은 상당히 안정되어 있으나 꼭 절대적인 것은 아니다. 즉 질병에 걸리거나, 음식물의 현저한 변화, 여행, 그리고 연령에 따라서도 변화하는 것으로 알려졌다. 나이가 들수록 젊을 때 비교적 적었던 부패균의 한 종류인 웰시균이 상당히 증가하며, 유산 간균, 대장균, 장구균도 증가한다. 그러나 우세했던 비피더스균은 감소하게 되는데, 이와 같은 현상은 노화현상에 따른 장내 균총의 일반적인 변화로 여겨진다.

2) 유아 영양과 비피더스균

모유영양아(모유로 키운 영유아)는 인공영양아(조제분유로 키운 영유아)보다 소화불량, 세균과 바이러스에 의한 감염병에 잘 걸리지 않으며, 걸렸다 하여도 사망률이 낮다고 하는 보고가 있다. 이러한 원인이 무엇에 의한 것인지는 확실하게 밝혀져 있지는 않았지만, 하나는 모유에 함유된 면역글로부린, 라이소자임, 락토페린 등의 감염 방어 물질이고, 다른 하나는 모유영양아와 인공영양아의 장내 균총의 차이에 의한 것으로 본다.

유아의 분변을 검사하여 보면 모유영양아나 인공영양아의 어느 쪽도 비피더스균이 최우세균으로 나타나는 경우가 많지만, 모유영양아의 분변 균총은 90% 이상이 비피더스균으로 점유되어 있는데 반하여 인공영양아에 있어서는 20% 이하로 점유되어 있어 모유영양아의 1/4 이하 수준이며, 인공영양아의 장내 균총이 성인과 유사한 양상을 보여주고 있다.

3) 비피더스균의 장내 주요 서식처

성인의 소화관 부위별 장내 유산균의 분포도를 살펴보면 유산 간균은 주로 소장 하부인 회장에서 최고의 수준을 유지하다가 대장에 넘어가면서 다소 감소하는 경향을 나타냈다.

비피더스균은 소장의 하부인 회장에서 급속도로 증가하여 대장의 상부에서부터 최고 수준을 유지하였다. 따라서 일반 유산균은 소장의 하부에서 많이 분포되어 있고, 비피더스균은 주로 대장에 많이 분포되어 사람에게 유익한 작용을 하고 있음을 알 수 있다.

4) 비피더스균의 건강증진 효과

사람의 장내에는 100조(兆)개에 가까운 세균들이 서식하고 있으며, 그의 종류는 1,000여 종을 초과하는 것으로 알려졌다. 장내 균총을 구성하고 있는 균 가운데 비피더스균을 포함한 유산균은 숙주에 대하여 유해한 대사산물을 생성하지 않으며, 유해세균의 증식을 억제하여 장내 균총을 유리하게 개선하는 것은 물론 소화기 계통의 각종 질환의 예방에도 기여하는 것으로 알려졌다. 지금까지 보고된 비피더스균의 유용한 생리작용을 살펴보면 다음과 같으며, 이들의 작용은 유산 간균의 효과와 범주가 유사하다.

(1) 유해균의 증식억제 효과

비피더스균은 장관 내에서 유산 및 초산을 생성하여 장내 pH를 저하하여 장내 병원성 미생물과 부패미생물 등의 증식을 억제한다.

(2) 장내 부패산물 억제

장내세균은 미흡수의 단백질, 아미노산 및 요소 등으로부터 인체에 해로운 암모니아, 아민류, 페놀류, 인돌, 유화수소 등의 부패산물을 생성한다. 이와 같은 부패산물은 보통 세포독성을 가지며, 발암에 관여하는 위험인자로 알려져 있다.

무팅(Muting)은 임상시험을 통하여 간경변증에 수반되는 높은 암모니아 혈중환자에 비피더스균을 투여하여 혈중의 암모니아, 아민의 저하를 관찰하였다. 이것을 비피더스균이 장내 타 세균의 암모니아, 독성아민 생성을 억제하고, 중독성 물질의 생성량을 감소시킨다. 비피더스균은 이와 같은 부패산물의 생성과 발암물질의 형성을 억제하는 것으로 알려져 있다.

(3) 설사 및 변비의 개선

건강한 사람의 분변의 수분함량은 70～80% 정도다. 분변의 수분함량이 80% 이상으로 증가하면 설사라고 말하고, 반대로 수분함량이 70% 이하로 되어 배변할 때에 고통을 느끼는 것과 같은 상태를 변비라고 말한다.

설사는 소아청소년과 영역에서 극히 많은 질환이다. 설사증의 분변 균총은 그의 원인에 따라 변화의 차이가 인식되며, 통상 비피더스균과 박테로이데스 등의 혐기성균이 감소하고, 장내 세균과에 속하는 대장균, 장구균이 증가하는 경향을 나타냈다.

여러 가지 치료를 시도하였으나 치료가 잘 안 되는 소아의 난치성 설사 환자에 비피더스균의 생균 제제 및 비피더스균 발효유를 투여한 결과 균총이 정상화되고, 분변의 조성이 회복되었다고 보고하였다. 비피더스균의 투여에 의한 변비의 개선작용에 관해서는 명쾌하게 밝혀져 있지 않으나, 비피더스균의 투여에 의한 장내 균총의 개선과 장관 내에서 생성되는 각종 유기산이 주요한 역할을 나타내는 것으로 보인다.

(4) 비타민을 합성한다.

비피더스균은 비타민 B_1, B_2, B_6, B_{12}와 비타민 K 등을 합성한다. 특히 비타민 B_1을 잘 생성하며, 숙주에게 유리하게 작용한다.

(5) 각종 효소를 분비하여 소화를 촉진한다.

모유 영양아에서는 모유 중에 증식하는 비피더스균의 인단백질 분해효소가 모유의 알파 카제인(α-casein)을 탈인산하여 소화효소의 작용을 쉽게 받게 하며, 유아의 단백질 소화를 용이하게 한다.

(6) 장내 세균총 정상화에 기여한다.

정상 세균총의 유지 작용과 혼란한 세균총을 정상화하는 데 기여한다. 이처럼 비피더스균은 일반 유산균보다도 젖산 외에 초산을 생성하므로 유해 미생물의 증식억제 능력이 강하며, 장내에서 정장효과가 우수하고, 특히 유아의 영양과 건강에 유익한 작용을 한다.

14.2 비피더스균의 특성과 이용

1) 비피더스균의 특성

(1) 형태학적인 특성

비피더스균은 형태나 생리적으로 독특한 것으로 알려졌다. 비운동성이고 그람 양성균이며, 포자를 형성하지 않는다. 기본적인 형태는 막대모양의 간균이지만 Y형, U형, 주걱모양, 곤봉모양의 형태를 갖는 다양한 형태를 갖는 것이 특징이다. 이러한 다양한 형태를 갖는 것은 배지 내의 영양조건과 칼슘 함량 그리고 산소에 대한 저항성과 관계가 있다고 알려졌으나, 원인은 아직도 정확하게 규명되지 못했다.

(2) 생리학적(生理學的) 인 특성

① 비피더스균은 산소의 존재 하에서 생존을 못하는 혐기성균이다. 그러나 때로는 탄산가스(CO_2)의 존재 하에서 산소에 대한 약간의 내성을 갖는다. 산소에 대한 민감성은 비피더스균의 균종과 균주에 따라서 상이한 것으로 알려졌다.

② 비피더스균의 생육 적온은 36℃~38℃이나 어떤 것은 46.5℃에서도 생육이 가능하고, 일반적으로 20℃ 이하에서는 생육이 정지된다. 생육에 적합한 pH는 6~7이며, pH가 5.5 이하에서는 생장이 잘 안 되며, pH가 4.5 이하에서는 균이 급격히 사멸되는 것으로 알려지고 있다.

③ 비피더스균은 비교적 일반 유산균보다는 영양 요구조건이 까다로운 것으로 알려졌다. 우유의 유당, 모유에 많이 함유되어 있는 시스틴(cystine), 사람의 초유와 유청에서 얻어진 당단백질, 락투로스, 올리고당 그리고 단백질을 효소로 가수 분해하여 유도된 펩타이드류 등이 비피더스균의 성장을 촉진하는 것으로

알려져 있다. 비피더스균의 몇몇 균주는 우유에서 단백질 분해력이 미약함이 판명되기도 하였다.

2) 비피더스균의 이용

발효유에서의 비피더스균의 이용은 일반 유산균과는 달리 혐기성균으로 배양법이 까다로워 쉽게 산업화에 이용하지 못하였으나 1949년 독일인 마이어(Mayer)가 비피더스균을 유아식품 제조에 최초로 적용하는 데 성공하였다. 1965년경부터 비피더스균이 유아로부터 성인에 이르기까지 장내 균총을 구성하는 주요한 유산균의 한 종류로 정장작용에 중요성이 밝혀지면서 1968년 독일의 슐러(Schuler) 등이 우유에 일반 유산균과 비피더스균을 혼합 배양하여 발효유를 제조하였다.

국내에서도 저자가 ㈜한국야쿠르트 중앙연구소에 근무하던 1995년 10월 국내 처음으로 모유를 먹고 있던 한국인 영유아 분변에서 분리한 한국형 비피더스균을 선발 육종하여 종균으로 산업화하는 데 성공하였다. 그 후 여러 단계의 분류동정 시험을 거쳐서 비피더스 롱검 HY 8001로 명명하였다.

그때까지만 하여도 국내에서는 비피더스 관련 제품이 외국에서 수입되거나 발매된 바가 없었으므로 한국인 유래의 순수한 토종의 비피더스균을 분리한 셈이다. 그 당시 한국야쿠르트가 발매 중이었던 떠먹는 농후 요구르트 「슈퍼-100」과 드링크 요구르트 「메치니코프」의 제품에 비피더스균이 종균으로 혼합된 제품을 생산하였고, 그 후에 개발되는 모든 발효유 신제품에 비피더스균을 종균으로 활용하였다.

비피더스균은 발효할 때 젖산보다도 초산을 많이 생성하므로 제품화 할 때 비피더스균만을 단독으로 사용하면 초산 맛이 강하게 나타남으로 락토바실러스 유산균과 혼합하여 활용함이 좋다. 비피더스균이 함유되는 제품을 개발하려면 제품 내에서 생존력이 우수해야 하며, 맛과 풍미가 좋은 제품을 만들 수 있어야 한다. 특히 산소와 pH가 저장 중 비피더스균의 생존에 영향을 주므로 산소에 내성이 있는 균주를 선발하여 사용하고, 비피더스균이 많이 생존하도록 포장재와 포장방법을 잘 선택하여야 한다.

최근에는 비피더스균을 함유하고 있는 유가공제품 개발이 일반화되어 요구르트 이외 치즈, 사우어크림(sour cream), 버터밀크, 비피더스가 첨가된 우유, 조제분유, 과자, 아이스크림 등에도 비피더스균이 응용되고 있다. 앞으로 비피더스균에 관한 분자 유전학적인 연구, 보존 중의 생존 가능성 증진, 내산성이 강한 균주의 개량 등 과학적인 연구가 계속되어야 하겠다. 나아가 비피더스균이 여러 방면으로 다양한 식품에 개발 응용되어 프로바이오틱스 정장제, 의약품 개발, 건강기능보조식품 등에 더욱 다양하게 활용되리라 예측한다.

15. 유산균이 생산하는 항균물질 박테리오신

1) 서 론

지구상에서 생명력을 가진 거의 모든 생물은 맨눈으로 보이지 않는 미생물에서부터 동식물에 이르기까지 생명을 유지하기 위하여 각자에게 주어진 주변 환경에 잘 적응하면서 살아갈 수 있는 능력을 갖추고 있다. 미생물의 세계를 살펴보면 일반 생물계에서 볼 수 있는 것과 마찬가지로 미생물 상호 간에도 치열한 삶의 생존경쟁이 벌어지고 있음을 알 수 있다.

미생물이 생육 과정 중에 생성하게 되는 각종 대사산물이 사람에게 해로운 물질로 작용하게 되면 유해한 미생물이요, 반대로 유산균과 같이 유용한 작용을 하는 미생물을 유익 미생물이라 하여 다양한 발효산업에 응용하고 있다. 인류에게 유익한 작용을 하는 것으로 잘 알려진 유산균도 알고 보면 다른 미생물의 생육을 억제하는 대사물질로 작용하게 됨을 알 수 있다. 특히 몇몇 유산균은 독특한 항균물질을 생산하여 다른 미생물의 증식을 억제하고 있음을 알 수 있다.

미생물이 생산하는 화학물질로서 다른 미생물의 생육이나 대사작용을 억제하는 물질을 항균물질 또는 길항물질이라고 말한다. 박테리오신은 박테리아 자체가 스스로 만들어 내는 항균물질이다. 즉 여러 박테리아가 있을 때 자기가 살고 다른 세균의 증식을 억제하거나 죽이기 위해 항균물질을 만들어 내는 것이다.

유산균에 의한 길항작용은 이들의 대사산물에서 유래하며 잘 알려진 길항물질로는 젖산과 초산 등의 유기산, 과산화수소, 다이아세틸 등이 있으며, 그 외에 박테리오신 또는 박테리오신 유사물질로 알려진 단백질성 물질이 있다. 이 중에서도 항균성의 박테리오신은 각종 부패성 및 병원성 미생물을 억제하면서 발효식품의 저장성과 안전성을 높이는 데 기여하고 있다. 유산균은 pH를 저하하는 유기산 및 박테리오신이라는 항균물질을 생성하며, 면역세포와 상호작용하여 면역체계를 조절하는 역할을 한다.

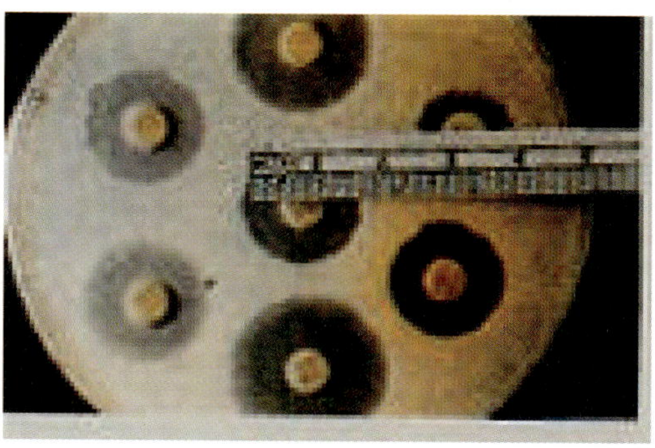

그림 1-14. 유산균이 생성한 항균물질로 인하여 대장균 증식이 억제된 모습(투명한 둥근 부분)

2) 유산균이 생성하는 항균물질 박테리오신

박테리오신(Bacteriocin)은 천연의 무독성 방부제로 많은 그람 양성 세균과 그람 음성 세균에 의해 생산되는 단백질 또는 단백질과 탄수화물의 복합체로 구성되어 있는 항균성 단백질이다. 세포 외로 분비되는 단백질 또는 펩타이드계 항균물질로서 생산 균주와 근연관계에 있는 미생물을 죽이거나 생육을 억제하는 물질이라고 알려져 있다. 1925년 그라치아(Gratia)가 처음으로 발견했다. 박테리오신은 고온에서도 활성을 유지하며 광범위한 pH에서 안정하고 무독, 무색, 무취이다.

박테리오신과 항생제의 차이점은 항생제가 2차대사 산물인데 반해 박테리오신은 자기의 유전자로부터 생합성 되는 것이므로 유전자 분석 및 조작을 통하여 분자적 수준에서 생산량을 최대화하는 데 쉬울 뿐만 아니라 분자적 변이를 통하여 더욱 우수한 박테리오신을 합성할 수 있다는 점이다. 항생제는 사람에게 투여 시 부작용이 있다는 단점이 있으나, 박테리오신은 인체에 섭취되면 소화기 내의 여러 단백질 분해효소에 의해 분해되므로 인체에 무해하고, 잔류성이 없는 장점이 있다. 식품 등의 생물학적 보존제 및 발효식품의 생물 제어제로서 이용이 증대되고 있다.

산업적 응용으로 박테리오신은 천연 단백질로서 식품에 있어서 최소의 열처리와 저온 유통으로 안정성을 확보할 수 있는 수단으로 인식되고 있다. 발효유 제품, 알코올 발효음료, 통조림 제품, 냉장 및 냉동제품, 고추장, 된장 등의 장류 식품, 두부, 김치류, 약주, 탁주 등의 전통식품 변질 및 산패방지, 어패류의 신선도 유지, 과실 및 야채류의 저장성 향상에 다양하게 응용할 수 있다. 따라서 최근에는 천연의 식품 보존제로서 활용하기 위한 연구가 활발히 진행되고 있다.

박테리오신의 응용으로 인한 기대 효과는 신선식품의 저장성 향상과 화학 보존제에 대한 소비자 불안감 해소, 가축질병 예방으로 생산성 향상, 고품질 신제품 개발이 가능하다. 박테리오신의 효능으로는 항균 및 항암활성, 충치예방 및 여드름 또는 염증 등을 억제한다. 응용연구로는 항균성 단백질 제조, 박테리오신 코팅필름 개발, 김치의 보존 연구가 수행되었다.

현재 산업적으로 실용화되고 있는 박테리오신으로 알려진 니신(nisin)은 약 50개국에서 가공치즈, 야채, 과일의 통조림, 발효유 제품 등에 식품 보존제로서 사용되고 있다. 미국에서는 1988년 이래 식품의약처(FDA)에서 안전성이 인정된 식품첨가물로 사용하고 있으나 우리나라에서는 아직 니신을 식품첨가물로 허용하지 않고 있다. 국내에서도 김치류, 젓갈류 등 전통 발효식품에서 유래한 유산균들이 생산하는 박테리오신의 식품부패 관련 병원성 균주들에 대한 억제효과 등이 보고되고 있다.

최근 일본이나 구미 각국에서는 박테리오신의 산업화 연구가 활발히 이루어지고 있으며, 식품 보존제로서의 활용 연구뿐만 아니라 항생물질 내성균의 억제, 충치 예방, 항염증 억제 등 의약분야의 연구에 박차를 가하고 있다. 앞으로 새로운 박테리오신을 집중적으로 탐색하여 새로운 항균성 천연 보존제 또는 생물 조절제로 개발하면 세계시장으로 진출할 가능성은 매우 높다.

유산균도 일반 미생물과 같이 항균물질을 생성하여 다른 세균의 생육을 억제하고 있다는 중요한 기능이 알려지게 된 것은 1974년 매틱(Mattic)과 허쉬(Hirsch)에 의하여 둥근 공 모양을 한 유산 구균인 락토코커스 락티스 ATCC 11454 균에서 처음 발견되었다.

유산균에 의한 병원성 세균의 생육을 억제하는 작용은 유산균이 생성하는 젖산과 초산 기타의 유기산에 의한 pH 저하와 과산화수소의 생성에 의한 것으로만 그간 알려져 왔으나, 유산균에 관한 연구가 본격적으로 진행되면서 각종 유산균이 생성하는 항균물질의 특성과 구조가 밝혀지게 되었다.

3) 유산 구균이 생성하는 박테리오신

(1) 니신(Nisin)

니신은 치즈와 발효유제품 제조에 유산균 스타터(starter)로 널리 이용되고 있는 락토코커스 락티스 ATCC 11454 균이 생산하는 세균 발육 억제물질을 말한다. 니신은 유산균이 생산하는 항균성 펩타이드 또는 단백질이다. 그람 양성 박테리아의 박테리오신은 1928년에 락토코커스 락티스 ATCC 11454 균주에서 니신이 발견되었고, 식품 보존제로서의 기능이 알려지게 되었다.

일반적으로 박테리오신은 동종 또는 유사한 균종의 세포 표면 흡착부에 흡착하여 작용하는 펩타이드 항균물질로 알려졌다. 이 물질은 독성이 없고 장내에서 단백질 분해효소 트립신과 장내 상재균에 의해 쉽게 분해되며, 식품변패의 주요 원인이 되는 내열성 포자 생성균에 대해 강력한 증식 억제작용을 가지므로 가공치즈 등 유제품, 육제품의 변패 방지와 통조림 식품의 보존, 기타 식품의 보존 및 품질 향상을 위해 이용 가치가 높다.

니신(Nisin)은 많은 나라에서 식품에 사용이 허가된 박테리오신이며, FAO/WHO는 사람의 체중이 70kg의 경우는 하루에 60mg 이하로 섭취하도록 권고하고 있다. 니신은 아미노산으로 이루어진 펩타이드 분자로서 유해세균에 대한 강한 살균력을 갖고 있다. 무독성이고 알레르기 유발의 위험이 없으며, 안전한 것으로 알려져 있다.

니신(Nisin)은 34개의 아미노산으로 구성되며, 분자량이 약 3,354 정도의 폴리펩타이드로서 분자의 형태 및 아미노산 조성에 따라 몇 가지 모양으로 분류하기도 한다. 니신의 가열에 대한 안정성은 pH 4.8에서 100℃에 120분간 끓이거나 121℃에서 60분간 가열해도 약간의 활성 저하를 나타내었으나, pH 7.4에서는 급격한 활성 저하를 나타내었다. 식품에 대한 니신은 외국에서 치즈나 통조림의 제조 등에 보존료서 사용되고 있다. 완제품의 유통과정 중의 변패를 막고, 원료 운반 중의 신선도 유지기간을 연장하며, 또한 부패 미생물을 사멸 또는 발육을 억제함으로써 공정과정 중의 열처리 강도를 저하시키기 위한 것이다.

(2) 디플로콕신(Diplococcin)

디플로콕신을 생성하는 유산균은 락토코커스 락티스 균주로서, 치즈 제조에 종균으로 사용되고 있다. 디플로콕신은 니신과 유사한 기능을 가지나 일부의 유산 구균에 대해 저해작용을 나타내며, 다른 그람 양성균이나 음성균에는 발육억제 능력이 별로 없는 것으로 알려졌다. 특히 디플로콕신은 100℃의 몇 분간의 짧은 시간 가열에도 활력이 쉽게 상실될 정도로 온도에 민감한 성질을 나타내고 있다. 따라서 니신만큼 상품화될 정도로 널리 연구되어 있지 않다.

4) 막대기 모양의 유산 간균이 생성하는 항균물질

(1) 불가리칸(Bulgarican)

이 항균물질은 각종 발효유의 제조에 널리 이용되고 있는 락토바실러스 불가리커스 균이 생성하는 것으로, 1976년에 샤하니(Shahani) 등이 분리하여 병원성, 비병원성 균을 억제함을 보고하였다. 1983년에는 레디(Reddy) 등이 연구한 결과 열에 비교적 안정한 항균물질임을 보고하였다.

이 불가리칸은 pH 2.2 정도의 강산성 범위에서 120℃ 부근의 가열에도 안정성을 나타냈고, 활성에 큰 변화가 없는 것으로 보고되었다. 이 항균물질은 그람(Gram) 양성균과 음성균에도 생육 억제력이 있지만, 일부의 곰팡이 종류와 효모에는 억제력이 없는 것으로 판명되었다.

(2) 락토시딘(Lactocidin)

락토시딘은 발효유의 종균으로 널리 이용되고 있는 락토바실러스 아시도필러스 균이 생성하는 길항물질로서 아시도필린(Acidophilin)이라고도 부른다. 이 아시도필러스균은 각종 발효유 제조에 많이 이용되고 있기 때문에 이 균의 길항작용에 관해서는 오래 전부터 관심의 대상이 되었다. 락토시딘의 존재는 1959년 빈세트(Vincet) 등에 의해 최초로 보고된 이후 식품 부패균과 식중독균, 대장균과 고초균에 대한 길항작용이 있음이 알려지게 되었고, 특히 그람 음성균에서 양성균보다 민감하게 억제되었음도 보고되었다.

(3) 기타 유산균이 생산하는 박테리오신

유산균이 생성하는 항균물질은 위에 예시한 것 이외에도 김치 속에 많이 존재하는 유산균 락토바실러스 프란타럼 C-11 균은 프란타리신(plantaricin A)을 생산하고, 프란타럼균은 락토린을 생성하며, 혐기성 유산균 비피더스균은 항균물질로 비피딘(Bifidin)을 생성한다. 유산균 발효유에 많이 이용되고 있는 락토바실러스 카제이는 카제이신, 락토바시러스 헬베티크스균은 헬베티신을 생산한다.

락토바실러스 루테리(*Lb. reuteri*)는 루테린(Reuterin) 항균물질을 기타 유산균에서도 항균물질의 생성에 관한 연구가 계속 진행됨에 따라 더욱 다양한 유산균의 항균물질이 계속 밝혀지리라고 본다. 유산균에 의해 생성된 항균물질의 섭취로 인한 인체 내에서의 무해성은 유산균 사용 역사와 더불어 자연적으로 증명된 셈이다. 특히 니신(Nisin)은 유럽에서 식품첨가물로 공인되어 사용되고 있다.

그러나 우리나라에서는 식품첨가물로 아직 허가되어 있지 않다. 따라서 안전성과 외국의 이용 사례와 니신의 강력한 유해 미생물에 대한 방부효과 등을 생각하여 볼 때 우리나라와 같은 식품의 유통 이용 체계를 가진 나라에서는 니신을 비롯한 각종 유산균의 길항물질의 응용범위는 넓고 개척할 여지가 많다고 생각된다.

16. 유산균도 상호 잘 어울리는 짝꿍이 있다

자연계에 존재하는 여러 종류의 미생물 중에는 각종 질병을 일으키는 병원균, 식품의 부패균, 장내 유해세균과 같은 해로운 미생물이 생육하고 있는가 하면, 인류에게 직간접으로 유익한 작용을 하는 미생물도 있다. 유익한 미생물 중에는 유산균 이외에는 누룩곰팡이, 술을 만드는 효모, 항생물질을 생산하는 세균, 콩과작물에서 질소를 고정하는 근류균, 식초 제조용 세균, 폐수 및 공해물질을 분해하는 세균 등 여러 가지를 들 수 있다.

젖산, 알코올 발효유에 사용되는 효모와 유산균은 각종 발효식품 제조에 필수 불가결한 세균으로 발효과정 중에 젖산과 특유의 향미를 생성하여 식품의 품질조절에 관여하고 있다. 유산균은 인체의 소화기관에서도 유해세균을 억제함으로써 장을 튼튼하게 하여 사람의 건강유지에 기여하는 바가 크다. 이처럼 중요한 역할은 유산균의 왕성한 증식에 의한 것이며, 활력이 감퇴하면 유산균으로서 생명력은 감소한다.

1) 유산 간균과 유산 구균의 상호 공생작용

자연계에 존재하는 미생물은 다른 미생물과 상호작용을 하면서 생존을 유지하고 있다. 미생물의 상호작용에는 서로의 생육을 촉진하는 공생작용이 있지만, 상대편의 생육을 억제하는 길항작용도 있다. 미생물을 이용한 산업에 있어서 미생물의 공생 작용은 중요하며, 이 작용에 의하여 생산 능력을 향상할 수 있다. 특히 유산균의 경우에 서로 다른 유산균을 적절하게 혼합 배양할 경우, 두 종류의 균주의 상호 작용에 의하여 생육이 촉진되는 현상은 오래 전부터 알려진 사실이다.

농후발효유의 스타터 균주로 널리 쓰이는 락토바실러스 불가리쿠스균과 연쇄상 유산 구균 썸머필러스균은 농후 발효유 제조 시 각각의 균을 단일 배양했을 경우 보다 혼합 배양하였을 때가 젖산 생성이 빨라지며, 우리가 먹기 좋은 품질이 양호한 농후발효유가 되는데 이것이 바로 유산균의 공생작용의 원리를 이용한 것이다.

이러한 공생관계는 불가리커스균이 먼저 우유 단백질을 분해하여 생성된 발린, 히스티딘, 메싸이오닌, 글루탐산, 류신 등의 아미노산이 썸머필러스균의 생육을 촉진하고, 또한 썸머필러스균의 당분 대사작용에 의하여 생성되는 개미산, 피루브산 등이 불가리쿠스균의 생육을 촉진하기 때문이다.

이처럼 유산균의 상호작용에 의하여 젖산 생성이나 생육이 촉진되는 현상에 관여하는 물질은 아미노산, 유기산, 펩타이드, 아미노펩티다제, 락타제 등으로 밝혀졌으며, 앞으로도 많은 연구가 계속되어 유산균의 활력 증진에 많은 도움이 되리라 믿는다.

2) 유산균과 효모의 공생작용

유산균은 효모(Yeast)와 공생하는 경우에 생육이 촉진되거나, 장기간 보존에도 생존이 가능한 것으로 알려졌다. 효모는 유산균이 생성한 젖산을 이용하기 때문에 요구르트나 치즈에 있어 유산균의 생존을 도와주고 있다.

유산 간균 단독으로는 생육할 수 없는 배지에 양조 제조용 효모를 혼합 배양하면 유산 간균이 생육한다는 보고가 있는가 하면 효모 추출물이 유산 구균 락티스균의 생육을 촉진했다고 하는 연구 보고도 있다. 유산균과 효모에 의한 발효유의 대표적인 제품으로 케피어와 쿠미스를 들 수 있다.

케피어는 코카서스 지방에서 옛날부터 우유, 양유, 산양유로 만들었으며, 쿠미스(kumiss)는 중앙아시아, 시베리아 지방에서 주로 말 젖을 유산균과 효모에 의한 알코올 발효시켜 만든 발효유의 하나이다. 이들의 제품은 공통으로 젖산 이외에 알코올, 탄산가스를 포함하는 것이 특징이다.

3) 비피더스균의 활력 증진물질

모유를 먹고 자라는 유아의 장내에 우세하게 존재하면서 장내의 각종 유해세균의 증식을 억제하여 유아의 건강에 크게 기여하는 것으로 알려진 유산균이 비피더스균이다. 비피더스균은 일반 유산균과는 달리 배양 시에 산소가 존재하면 증식이 잘 안 되는 혐기성균으로 배양이 까다롭고 영양요구가 복잡하다. 최근에는 비피더스균의 배양기술이 향상되어 당사의「슈퍼-100」이외에 여러 종류의 발효유 제품에도 비피더스균이 종균으로 사용되고 있다.

비피더스균은 배양이 까다로워 발효유 산업에 대한 생육을 촉진시키기 위해 다양한 연구가 활발히 진행되고 있기 때문에 금후에는 비피더스균을 응용할 발효유 제품 이외에 정장제 개발, 건강식품 개발, 의약품 개발에도 응용될 전망이다.

비피더스균의 생장은 여러 가지 요인에 의해서 촉진되는 것으로 알려지고 있다. 모유 중에 존재하는 것으로 알려진 글루코스 아민과 시스틴 성분은 비피더스균의 활력을 증진하는 것으로 알려졌다. 그 외 비피더스균의 생육 촉진인자로는 발효유에 널리 첨가하는 올리고당, 유당의 유도체인 락투로스, 단백질을 효소로 가수분해하여 유도된 펩타이드류 등을 예로 들 수 있다.

4) 유산균의 활력 증진물질

액상 발효유 제조 시 유산균의 활력 유지는 제품 생산의 관건이 되고 있다. 따라서 발효유의 원료에 항생물질이 잔류되어 있으면 유산균의 발육을 저해할 수 있으므로 원료유의 검사에 유의하여야 한다. 발효유의 원료유 중에 일반 미생물 수가 많으면 첨가한 스타터 유산균의 생육이 억제되므로 원료유의 세균 오염을 최소로 한 양질의 원료유를 선택하여야 한다.

유산균의 생육을 촉진하는 물질에 대한 연구는 여러 연구자에 의하여 많이 밝혀져 있다. 그 중 대표적인 물질을 예로 들면 카제인을 트립신에 의하여 분해한 카제인 분해물은 특히 락토바실러스 카제이균의 생육을 촉진시켰다. 유산균에 따라서는 배지에 망간(Mn), 칼슘(Ca)과 같은 무기물의 첨가도 활력 증진에 효과가 있는 것으로 나타났다. 그 외에 효모 추출물, 클로렐라 추출물 등을 첨가하면 유산균의 생육이 촉진되었다.

이상에서 유산균의 활력 증진에 관한 사항을 중심으로 정리하였다. 유산균은 앞으로 식품, 의약품, 동물사료 첨가용 생균제제, 항암제, 정장제, 항생제 등 다양하게 개발되었거나 개발되고 있으며, 각 용도에 맞는 유산균을 적절히 배양하는 연구가 체계화되고 정립되어야 하겠다.

제2장

건강장수 식품 -발효유 제품 종류별 소개-

1. 발효유의 기원과 유래

발효유(Fermented milk)는 일반적으로 우유, 산양유, 마유 등과 같은 포유동물의 젖을 원료로 하여 살균한 후 유산균이나 효모 또는 이 두 가지 미생물을 스타터(종균)로 하여 발효시킨 것으로, 여기에 향료, 과즙, 감미성분 등을 첨가하여 음용하기에 적합하게 만든 제품을 의미한다.

우유와 발효유 제품은 인류 문화가 발전하기 오래 전부터 현재에 이르기까지 중요한 식품으로 되어 있다. 발효유 제품은 식품, 의약품, 신에게 바치는 제물 및 화장품으로서 뿐만 아니라 식품 보존의 수단으로서 널리 이용되어 왔다.

인류가 언제부터 유산균과 밀접한 관계를 맺으며 살아왔는지 정확히 알 수 없으나 아마도 문자기록이 남겨지기 이전부터인 것으로 밝혀지고 있다. 신화, 전설 및 성경에서 유산균 발효를 이용하여 식품을 만들었다는 기록이 있으며, 이에 관한 한 전설은 주로 유제품에 관한 것이 많다. 한 전설은 천사가 발효유가 담긴 항아리를 가지고 인간에게로 내려왔다고 전해졌다. 구전으로 전해지는 이야기로 고대

불교 신자였던 터키인이 자신을 수호하는 별과 천사에게 요구르트를 바쳤다고 하였다.

성경은 창세기 18장 1~8절에 "아브라함이 세 천사의 방문을 받았을 때 엉긴 젖과 우유를 대접하였다"는 기록이 있다. 신명기 32장 14절에 발효되어서 엉긴 소젖과 염소젖에 대한 기록이 있다. 기원전 3,200년경 고대 이라크의 유물에서 치즈, 요구르트 등의 발효유 제품에 대한 기록이 나타났다. 이러한 기록으로 보아 인류가 유산균을 이용한 식품을 섭취한 것은 오랜 역사를 가지고 있음을 알 수 있다.

발효유는 동지중해와 페르시아 만 지역과 시리아 서부에 있던 옛나라 페니키아(Phoenicia) 시대(BC. 3,000년경) 이전에 유래되었다. 유목시대를 거쳐 그 후에 중동지역을 거쳐 유럽지역으로 전파되었고, 북으로는 몽골지역, 남동쪽으로 인도로 전파되었다. 발효유는 오늘날에도 인류가 즐겨 먹는 식품이 되었다. 현대인이 즐겨 먹는 주요 발효유 제품으로는 요구르트, 치즈, 아시도필러스 밀크(Acidophilus milk), 발효크림, 발효버터 밀크 이외에 케피어, 쿠미스 등을 들 수 있다. 발효유의 역사로 볼 때 가장 대표적인 것은 요구르트(yogurt)이다.

1) 발효유의 유래

발효유의 기원에 대한 대표적인 유래는 유목민들이 신선한 우유를 가죽부대로 만든 용기에 넣어 사막을 이동하던 중 우유가 사막의 더운 기후에서 우유 속의 존재하는 유산균에 의해서 자연 발효되어 우유가 순두부 같이 엉기게 되었는데, 이것이 자연적인 발효유의 탄생이라고 본다.

인류가 언제부터 요구르트를 먹기 시작한 것인지 확실히 알 수 없으나 아마도 인류가 소를 가축화하여 소젖을 먹은 시기로 보고 있다. 이라크 우르 지방의 한 고분에서 발견된 기원전 3,500년경으로 추정되는 벽판(영국 대영박물관 보관)에서 우유를 짜서 거르고 보관하는 과정이 새겨져 있다. 그때 이미 요구르트와 같이 발효된 발효유를 먹었을 것으로 추정한다.

요구르트는 고대 터키인들이 유목민으로 살았던 아시아 지역에서 유래되었다고 한다. 8세기경에 터키어로는 요구루트(Yogurut)라고 했는데, 11세기 이후부터 요구르트(yogurt)로 부르게 되었다.

발효유의 과학적 효능은 19세기에 들어오면서 파스퇴르 등에 의한 미생물학의 발달로 서서히 알려지게 되었다. 파스퇴르 연구소에 근무하고 있던 러시아 태생의 생물학자 메치니코프는 불가리아 지방에 장수자가 많고, 더욱이 그곳에서는 요구르트를 많이 먹고 있음에 주목하였다. 발효유를 섭취함으로써 그 중에 포함된 유산균이 장내에 이식되어 장내 부패균과 질병을 일으키는 세균의 증식을 억제하고, 그 결과 장내 유해균의 독소생성과, 생성된 독소를 무독화하여 노화를 방지한다고 하였다.

메치니코프는 1908년 「생명의 연장(The prolongation of life)」이라는 논문에서 이른바 발효유에 의한 건강 장수설을 발표하여 유산균 발효유 과학성을 학술적으로 처음 입증하였다. 그리고 메치니코프는 대식세포를 발견한 공로로 1908년 노벨생리의학상을 수상하였다.

그림 2-1. 알 우베이드(Al Ubaid)에서 발견된 조각판

오늘날에는 전 세계적으로 요구르트는 영양상으로 완전에 가까운 우유를 원료로 하여 만들고, 유산균 발효에 의해 영양상으로 우수하고, 건강증진 효과가 뛰어난 식품으로 그 가치가 인정되었다. 그 후 요구르트를 이용한 식품의 소비가 확산되었고, 건강증진 수단으로서의 요구르트와 발효유에 대한 관심이 증가하였다.

2) 발효유의 정의와 규정

유산균 발효유는 앞에서 언급하였듯이 우유를 원료로 하여 유산균이나 효모 또는 이 두 가지 미생물을 종균으로 발효시킨 후 감미료, 과실 등을 첨가하여 음용하기에 적합하게 만든 제품을 의미한다. 유산균만으로 우유를 발효시킨 제품으로 요구르트, 아시도필러스 밀크 등이 있으며, 유산균과 효모를 함께 발효시킨 제품으로 케피어, 쿠미스 등을 들 수 있다. 요즈음 요구르트의 주요 원료는 탈지유, 부분탈지유, 균질유 및 탈지분유 등을 주원료로 사용한다.

국제낙농연맹(IDF : International Dairy Federation)은 요구르트에 관한 규정을 2001년 뉴질랜드의 오클랜드 총회에서 당초 1963년 기존의 규정을 완화시킨 새로운 표준을 설정하였다. 기존의 규격에서는 유산 간균인 락토바실러스 불가리커스와 유산 구균인 연쇄상구균 썸머필러스를 종균으로 사용해야만 발효유로 인정하던 것을 완화하여 다른 유산균과 다른 형태의 컬쳐(culture)를 사용해도 되는 것으로 규정을 변경하였다. 요구르트, 아시도필러스 밀크, 케피어, 쿠미스 등의 발효 유제품에서의 우유 유래 원재료를 50% 이상 사용할 경우에도 발효유로 인정하기로 합의하였다.

오늘날 제조 이용되고 있는 발효유의 형태는 원료유, 무지유 고형분(우유에서 지방 성분을 제외한 고형분), 미생물의 종류, 생균수, 지역 등에 따라서 다양하지만 발효의 근본이 되는 최종 발효산물의 차이로 크게 2가지로 구분한다. 일반적으로 발효유는 유산균에 의한 유산균 발효가 주축이 되고 있지만, 유산균과 효모를 동시에 발효시켜 부분적으로 약 1% 내외의 알코올이 함께 만들어지는 젖산-알코올 발효유로 구분하기도 한다.

우리나라 발효유의 정의는 식약처에서 고시한 식품공전의 발효유 항목에서 밝히고 있다. 발효유란 원유 또는 유가공품을 유산균 또는 효모로 발효시킨 것을 말한다. 국내의 발효유는 무지유 고형분(solid-not-fat / SNF) 함량, 유산균 수 또는 효모 수를 기준으로 하여 액상 발효유, 농후 발효유로 대별된다.

농후 발효유는 떠먹을 수 있는 발효유(Stirred yogurt)와 마실 수 있는 드링크 발효유로 구분한다. 성분 규격으로는 무지유 고형분이 액상 발효유는 3.0% 이상이나, 농후 발효유는 8.0% 이상이어야 한다. 액상 발효유는 유산균 수 또는 효모 수가 1mL당 1천만(10^7)마리 이상, 농후 발효유는 1억(10^8)마리 이상이 되어야 한다. 대장균은 음성으로 규정하고 있다.

3) 발효유 형태

원료유가 유산균으로 발효가 진행되면 원료유의 유당 성분이 분해 이용되어 젖산으로 전환되면서 원료유가 pH 4.6 이하로 저하되면 단백질이 응고되어 순두부처럼 엉겨서 우유 응고물이 생성된다. 우유 응고물을 파쇄 시키지 않은 상태에 과실을 첨가하여 만들면 떠먹는 교반형 요구르트가 되지만, 우유 응고물을 분쇄한 후 균질하여 과즙을 첨가하면 마시는 형태의 드링크 요구르트가 된다.

떠먹는 타입이나 드링크 타입 요구르트는 형태가 다를 뿐이지 무지유 고형분이 함량이나 유산균 수는 동일하다. 일반적으로 한국에서는 떠먹는 타입보다는 드링크 타입 요구르트의 소비가 높았다. 유럽이나 북미의 요구르트는 과실이 첨가된 떠먹는 요구르트가 대부분이지만, 한국과 일본 등 동남아 지역에서는 과즙을 넣어 마시는 형태의 드링크 요구르트가 많이 소비되며, 최근에는 유럽과 북미 지역 등에서도 액상 요구르트 판매가 느는 추세다.

2. 국내 최초의 액상 발효유 「야쿠르트」의 탄생

2.1 한국 최초 액상 발효유 「야쿠르트」의 생산 역사

1) 한국야쿠르트의 출범

1960년대 말 건국대학교 축산대학 교수로 근무하던 윤쾌병 교수는 우리나라의 축산의 미래는 우유 가공업에 달려 있다고 생각하였다. 윤쾌병 교수는 건국대 축산대학과 일본대학의 학생 교류 협정이 시작되면서 일본을 자주 왕래하다가 일본에서 우유를 발효시켜 만든 야쿠르트가 인기리에 판매되는 사실을 알게 되었다.

윤 교수는 우리나라에 남아도는 우유를 처리할 방법의 하나가 되겠다고 생각하였다. 이때 같은 생각을 하는 집안 친척인 사업가 윤덕병 회장을 만나서 미래의 한국 낙농과 국민보건을 위한 국민 건강음

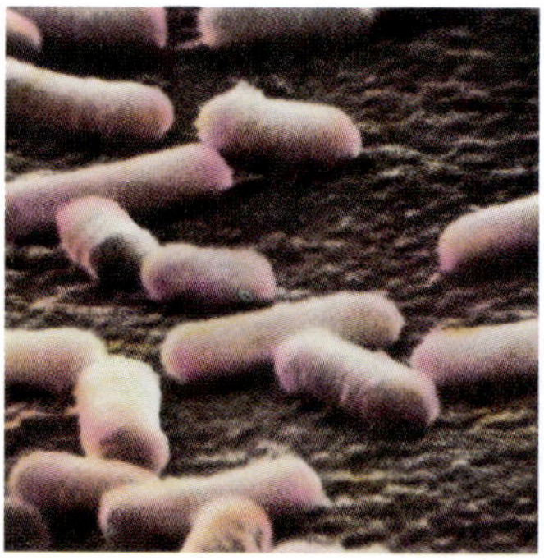

그림 2-2. 야쿠르트 종균 락토바실러스 카제이(*Lb. casei*) YIT 9018

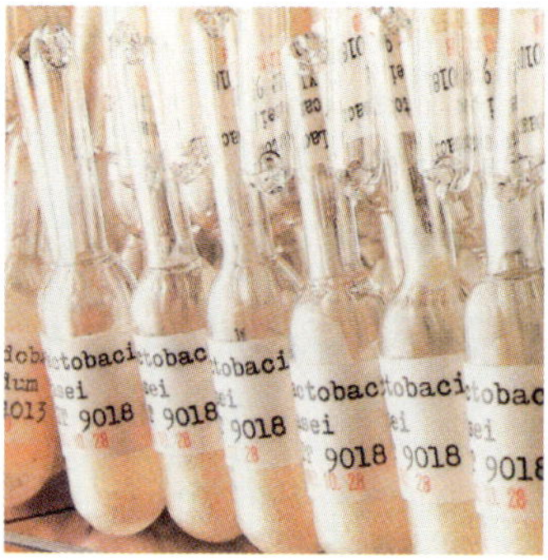

그림 2-2(1). 야쿠르트 종균 보관용 앰풀(*Lb. casei*) YIT 9018

료인 유산균 발효유를 만들어 새로운 사업에 진출해 보자는데 의견 일치를 보았다.

1929년 일본의 의사였던 시로다 미노루 박사가 사람의 위장을 통과하여 장내에서 생존할 수 있는 락토바실러스 카제이 시로다 균주(*Lb. casei* Shirota)를 분리, 배양하였다. 1935년 일본야쿠르트 회사가 카제이 시로다 균주를 이용한 유산균 액상 발효유 「야쿠르트(Yakult)」를 판매하여 왔다. 당시 일본에서는 시로다 미노루 박사에 의해 개발된 보건음료 「야쿠르트」가 일본 사람의 약 12%가 음용할 정도로 인기리에 판매되고 있었다.

1969년 11월 27일 한국야쿠르트는 서울 무교동 사무실에서 회사 설립 등기를 마쳤다. 한국야쿠르트의 기업 이념은 "건강사회건설"로 정하였다. 한편, 기업 이념을 달성하기 위한 행동지침으로 사훈을 "건강, 성실, 근면"으로 내세웠다. 같은 해 12월 경기도 의왕시 왕곡동 449번지에 공장용지 4,580평을 사들여 1971년 6월 30일 공장이 준공되었다. 드디어 여러 어려운 상황을 극복하고 1971년 8월 10일에 우리나라 최초로 유산균 액상 발효유 「야쿠르트(Yakult)」 제품이 생산된 역사적인 날이 되었다. 관악산이 보이는 수려한 경관을 자랑하는 안양공장은 서울-수원 간의 국도변에 위치하여 교통 사정이 좋았다.

2) 야쿠르트의 최초 생산 개시

우리나라 최초의 유산균 액상 발효유 「야쿠르트(Yakult)」는 락토바실러스 카제이 유산균을 탈지유와 탈지분유를 원료로 6일 동안 장시간 발효시킨 후, 맛 좋게 음용하도록 천연향료와 감미료만을 첨가하였다. 야쿠르트 제품 바닥에 침전됨이 없어 일체의 안정제(CMC나 PGA 등)의 첨가 없이 65 mL 용량의 새콤달콤한 야쿠르트를 개발한 것이다.

준공 당시의 안양공장 생산 능력은 1일 약 30만 본 수준으로 계획되어 건축되었으나, 차츰 생산시설을 늘려 1977년에는 1일 약 100만 본 정도까지 야쿠르트를 생산하게 되었다. 이것이 오늘날 국내의 엄청난 유산균 발효유 시장을 넓히는 계기가 되었다.

액상 발효유는 규정상으로 무지유 고형분(우유에서 지방 성분을 제외한 고형분) 3.0% 이상, 유산균 생균수 1mℓ당 1천만 마리 이상으로(실제로는 1억 마리 이상 함유됨), 주로 탈지유와 탈지분유를 용해하여 제조되었다. 제품의 용량은 대부분이 65mℓ가 주종이며, 용기는 폴리스티렌(polystylene) 수지가 일반적이다. 합성수지 용기는 인체에 무해하고, 무미·무취하다는 점에서 야쿠르트 용기로 가장 적합하였다.

액상 발효유는 한국, 일본, 대만, 필리핀 등 동남아시아 지역에서 많이 소비되고 있으며, '94년도에 유럽지역에서는 네덜란드가 액상 발효유를 시판하기 시작하였다. 국내에서는 3종류의 발효유 제품 가운데서 아직도 액상 발효유의 소비가 가장 많은 품목이다.

그림 2-3. 한국 최초의 발효유 「야쿠르트」
(1971년 8월 10일 발매)

1971년도 8월 10일에 유산균 음료가 처음 시장에 등장했을 때만 하더라도 사람들 사이에서는 "일부러 돈을 내고 균이 살아있는 음료를 사 먹다니!!…"라는 부정적인 인식이 한동안 퍼져 있어 그다지 환영받지 못한 음료였다. 게다가 반드시 냉장 유통되는 유산균 음료의 특성상 냉장고를 갖춘 소위 "있는 사람들이나 갖춰 놓고 먹을 수 있는 음료"라는 선입견으로 유산균 음료에는 비싼 물품세(지금의 특별소비세)를 부과하는 바람에 유산균 음료 병마다 한동안 일일이 물품세 인지를 붙여서 판매하기도 하였다.

3) 발효유의 식품공전 규정 명문화에 기여

처음으로 유산균 발효유가 생산되자 정부 어느 기관에서 담당해야 하는지조차 몰랐다. 정부 내에서는 농수산부냐, 보건사회부냐를 놓고 서로 의견이 분분했다. 이에 한국야쿠르트에서는 야쿠르트가 축산물인 유제품이니까 농수산부에서 관장하는 것이 좋겠다고 의견을 제시했다. 이에 농수산부에서 관장하도록 결정이 내려졌다.

유산균 발효유가 생산되자 보건연구소에서는 실제로 살아 있는 균이 규격에 맞는지 알아보기 위해 제품을 검사하기 위하여 수거해 갔다. 그러나 유산균이 전혀 검출되지 않았다는 통보가 전해졌다. 이에 한국야쿠르트 직원이 직접 보건연구소를 방문하여 확인 작업에 들어갔다. 놀랍게도 보건연구소 연구원들 누구도 야쿠르트 제품 내에 살아있는 유산균 수를 측정하는 방법을 모르고 있었다. 그리하여 한국야쿠르트 직원이 어떤 방법으로 유산균수를 확인하고 측정하는지 방법을 알려 주었다.

검사하는 방법을 알고 나서 당시 보건연구소 연구원들은 균이 많이 나온다는 사실에 놀라기도 하였다. 정부 검사기관의 기술 수준이 이 정도였으니 일반 기업의 기술력은 말할 것도 없었다. 한국야쿠르트가 정부 기관을 지도하고 교육했다고 할 정도로 이 분야의 기술 수준은 낙후한 상태였다.

법적 기준을 정하고 관리 감독해야 할 당국의 기술 수준이 미약하다 보니 전문성을 갖춘 일반 회사가 이를 앞장서서 이끄는 역할을 하게 되었다. 그뿐만 아니라 식품공전의 미생물 권장 규격 명문화 작업에도 기여하게 되었다. 오늘날 유가공 분야의 눈부신 발전은 이렇듯 웃지못할 에피소드를 견뎌내고 이룩한 성과이다.

한국야쿠르트는 생산 초기부터 신선한 제품 전달에도 노력을 기울였다. 그 결과 탄생한 것이 냉장보관 시스템(Cold Chain System) 방식이었다. 법적으로 발효유는 섭씨 0～10℃로 냉장 보관하여야 하며, 유통기한은 당시 7일간으로 규정되어 있었다. 따라서 냉장보관 상태로 제품을 소비자에게까지 전달해야 하는데, 그 방법이 바로 냉장보관 시스템이다.

공장에서 제품생산 이후 저온창고를 거쳐 보냉차량으로 영업장 냉장고에 입고하였다가, 야쿠르트 아줌마를 통하여 소비자에게 직접 신속하게 "손에서 손으로" 전달하는 독특한 방문판매 방식을 선택하여 지금도 고수하고 있다.

2.2 국내 발효유 시장의 경쟁시대 개막

한국야쿠르트 회사가 1971년 「야쿠르트」를 처음 발매 이후 꾸준한 홍보로 인해 발효유는 건강음료라는 인식이 저변으로 확대되자 발효유 시장에 많은 변화가 일어났다. 1970년대 후반부터 국내의 생활수준이 점차 향상되면서 기호식품의 패턴이 크게 달라지기 시작했다. 가공식품이나 음료보다는 천연 음료나 건강에 좋다는 식품을 찾는 경향이 뚜렷해졌다. 한국야쿠르트의 꾸준한 홍보로 인해 발효유는 건강음료라는 인식이 저변으로 확대되었다.

1976년에 들어서 한국야쿠르트의 1일 판매량이 50만 본을 넘자 경쟁업체가 등장한 것이다. 그동안 한국야쿠르트는 국내 유산균 발효유 업계의 독점업체로서 성장을 거듭해 왔었다.

가장 먼저 해태유업이 1976년 유산균 발효유 시장에 뛰어들었다. 해태유업은 생산 초기부터 20만 개를 생산하였다. 해태유업과 한국야쿠르트는 당시 경쟁보다는 상호 협조와 시장의 확대에 힘썼다. 해태유업이 목장에서 수집해온 우유를 한국야쿠르트에서 가져다 쓰면서 공존의 길을 모색했다. 두 회사는 발효유에 대한 수요가 가히 폭발적인 신장률을 보이자 경쟁보다는 공생의 길을 택한 것이다.

그러자 한국야쿠르트와 해태유업의 발전을 지켜본 다른 유가공 업체들이 하나 둘 유산균 발효유 시장에 뛰어들었다. 한국야쿠르트가 65 ㎖짜리 용기를 생산하자 이들 다른 유업체는 용기의 크기에서 차별화를 앞세워 시장을 공략하기 시작했다. 이제 한국야쿠르트의 독점시대는 끝나고 불꽃 튀는 경쟁 시대에 돌입하게 된 것이었다.

1977년 9월 남양요구르트는 65 ㎖와 100 ㎖ 2종류를, 같은 해 8월에 빙그레는 80 ㎖를, 1978년 5월에 서울우유는 80 ㎖를, 9월에 매일유업은 70 ㎖짜리를 생산하는 등 많은 유업체가 발효유 시장에 뛰어들었다. 고려산업과 삼강산업은 일반 가정 소비자들을 대상으로 판매하기보다는 다방을 상대로 유산균 음료를 공급하는 판매 전략을 세웠다. 그러다 보니 고려산업은 640 ㎖ 용량으로, 삼강산업은 1 ℓ 를 판매하였다.

그러나 치열한 경쟁 속에서도 최대 판매를 기록한 것은 단연 야쿠르트였다. 야쿠르트는 새콤달콤한 맛으로 청량감을 주는 건강음료로 어린아이에서 부터 노인에 이르기까지 여러 연령층에 주목을 받으며 하루 소비량이 1백만 본에 육박할 정도로 호황을 누렸다. 발효유 시장의 활황이 계속되면서 뒤늦게 발효유 사업에 뛰어든 업체도 한국야쿠르트와 '경쟁적 공존상태'를 유지했다.

한국야쿠르트가 경쟁에서 앞설 수 있었던 가장 큰 힘은 야쿠르트 아줌마 부대를 이용한 방문판매 제도였다. 해태유업이나 기타 유업체가 가정과 업소 판매라는 양면작전을 펼쳤지만, 야쿠르트의 방문판매 조직을 뚫기에는 역부족이었다. 이미 가정이나 회사 내에서는 발효유 하면 '야쿠르트 아줌마' 라는 인식이 소비자들 사이에서 자리 잡고 있었다.

한국야쿠르트는 국내 발효유 시장 점유율의 70%를 유지하면서 단일 종목으로는 최고의 신장률을 기록했다. 이런 성장을 바탕으로 1일 200만 본을 생산할 수 있는 평택공장 신축과 주식회사 비락의 위탁 가공으로 생산 및 판매는 더욱 가속화되기 시작하였다.

2.3 국내 유산균 발효유 제품의 산업화 과정

1) 액상 발효유의 시대를 열다

해외 최초의 상업적 발효유 생산은 1919년 스페인 바르셀로나에서 ㈜다농(Danone)에 의해 이루어졌다. 우리나라에 발효유가 처음으로 소개된 것은 1971년도에 (주)한국야쿠르트가 「야쿠르트(Yakult)」란 상표로 65 ㎖ 용량의 액상 발효유를 생산, 판매하면서부터 시작되었다. 상업적 발효유 제품의 생산은 외국보다 불과 50여 년 밖에 뒤지지 않은 셈이다.

야쿠르트 제품 생산 초기에는 국내 소비자들의 인식 부족으로 판매에 어려움이 많았지만, 지속적인 홍보와 야쿠르트를 음용한 소비자들의 인식이 좋아지면서 소비자들이 점점 증가하였다. 국내 최초로 액상 발효유 야쿠르트가 시장 개척에 성공을 거두자 이를 지켜보고 있던 해태유업을 비롯한 다른 유업체에서도 1970년대 중반에 액상 발효유를 경쟁적으로 생산, 판매하기 시작하였다.

2) 농후발효유 떠먹는 요구르트 시대

그 후 10여 년이 지난 1981년도에 삼양식품이 미국 카네이션사와 기술제휴로 그간의 액상 발효유와는 전혀 다른 타입의 농후 발효유 떠먹는 요구르트를 국내 처음으로 생산하였다. 1983년 10월에 (주)빙그레가 프랑스 소디마사와 기술제휴로 「요플레(Yoplait)」를 생산, 판매하였다. 1년 후에 해태유업이 발 빠르게 농후발효유 「해태 요러브」를 자체 개발하여 시판하였다.

그러나 떠먹는 요구르트는 액상 발효유에 친숙해진 소비자들에게 쉽게 주목을 받지 못하다가, '88 서울 국제올림픽을 한 달 앞둔 1988년 8월에 발효유의 선발업체인 (주)한국야쿠르트가 「슈퍼-100」이라는 떠먹는 요구르트를 생산, 판매하면서 떠먹는 요구르트 시장에 붐이 일어나기 시작하였다.

3) 농후발효유 드링크 요구르트 시대

1988년 6월에 (주)파스퇴르유업이 드링크 타입의 「파스퇴르 요구르트」를, 1990년에는 남양유업이 「불가리스」를 발매하였다. 1992년 3월 (주)한국야쿠르트가 중국의 헤이룽장성 가목사 지역에서 생산되는 블랙커런트(일부 지역은 '들쭉'이라고 명명) 과즙을 첨가한 「마쪼니 블랙커런트」를 발매하였다. 이 과즙은 비타민 C가 오렌지 주스의 5배나 많고 유기산과 철분, 섬유소를 다량 함유하고 있다.

3년 후인 1995년 7월에는 드링크 요구르트 「메치니코프」 제품을 출시하면서 국내에 드링크 요구르트 시장이 폭발적으로 확장하는 계기가 되었다. 이때부터 드링크 요구르트가 한국의 발효유 시장을 주도하는 상품군으로 자리 잡게 되었다.

이처럼 1990년대에 농후발효유 드링크 요구르트의 등장은 유고형분이 떠먹는 요구르트와 유사하고 떠먹는 불편함이 없이 간편하게 마실 수 있도록 고안된 드링크 요구르트가 소비자들의 인기를 끌기 시작하였다. 따라서 당시 한국의 발효유 시장은 액상 발효유와 떠먹는 요구르트, 그리고 마시는 드링크 요구르트 제품 등 3가지로 대별

되는 발효유 시장이 형성되었다.

4) 기능성 발효유 시대

2000년 9월에는 (주)한국야쿠르트 중앙연구소에서 5년 가까운 연구 끝에 기존의 장 건강이라는 발효유의 본래 정장작용 기능 이외에 위 건강이라는 기능성 발효유 「헬리코박터 프로젝트 윌(WILL)」 제품을 발매하여 기능성 발효유 시장의 새로운 지평을 열었다.

헬리코박터 파일로리균은 1983년 호주의 워렌(Warren)과 마샬(Marshall)이 학계에 처음 보고하여 알려지게 되었다. 이 균의 특징은 위장 점막상피세포 간 접합부에 서식하면서 위염, 위궤양, 위암과 같은 위장질환을 일으키는 주요 인자로 알려졌다.

미국 국립보건원은 헬리코박터 파일로리를 소화성 궤양의 발생인자로, 세계보건기구 산하 국제암연구기관은 확실한 발암인자로 규정하고 있다. 1999년 대한소화기학회의 발표에 따르면 한국인의 경우 성인의 55% 이상이 헬리코박터 파일로리균에 감염되어 있음을 확인하였다. 1998년 우리나라 사망원인 중 단일 질환으로는 위암이 가장 높은 사망률을 보였고, 헬리코박터 파일로리가 위암 발생에 깊이 관여하고 있는 것으로 알려졌다.

「윌(WILL)」 제품은 서울대 의과대학 내과교실에서 사람을 대상으로 임상시험을 통하여 효능을 인정받는 제품으로 자리매김하였다. 윌 제품은 발매하자마자 발효유 시장에서 커다란 인기를 끌어 빅히트(Big Hit) 상품이 되어 회사의 매출액 증가에 크게 기여하는 효자 상품이 되었다. 이어서 남양유업의 「위력」과 매일유업의 「구트」 등 국내 유업체들도 유사한 기능성 상품을 잇달아 출시하였다.

「윌(WILL)」 제품의 성공적인 발매 이후 (주)한국야쿠르트 중앙연구소에서는 4년 뒤 2004년 9월에는 간에 좋은 기능성 발효유 「쿠퍼스」를 출시하였다. 간염의 질병을 일으키는 바이러스 A형은 인체 감염경로가 우리가 흔히 잘 알고 있는 B형과는 달리 식품이나 구강을 통하여 감염되는 점에 주목하였다. A형 간염의 질병을 일으키는 바이러스를 임신한 젖소에 여러 차례 주사하여 A형 항체가 생성되도록 하였다. 젖소 임신 중에 바이러스 A형 항체가 생성되어 출산하는 젖소의 항체를 함유한 초유를 발효유 「쿠퍼스」 제품에 투여하여 제조하였다.

간세포를 처음 발견한 쿠퍼스(Kupffer's) 박사의 이름을 따서 간 기능성 발효유 「쿠퍼스」라고 명명하였다. 이 제품은 국내 순천향대학 의과대학에서 임상시험을 통하여 「쿠퍼스」 제품의 간 기능 개선에 대한 인체 효능을 인정받았다. 임상실험 결과는 <최신의학, 2005년 48권 2호>에 효능 있음이 확인한 내용을 게재하였다. 이리하여 2000년대는 기능성 발효유의 시대가 열렸다.

5) 웰빙 시대에 따른 건강기능식품 '프로바이오틱스' 제품

2010년대에는 한국인의 건강 수명이 꾸준하게 늘어남에 따라서 노년을 더욱 건강하게 잘 살려고 하는 웰빙(well-being)에 대한 인식이 점점 높아졌다. 이에 따라서 건강기능식품이 인기를 끌기 시작하였으며, 유산균 기능성 발효유 이외에 프로바이오틱스 제품도 함께 복용하려는 추세가 되었다. 그리하여 발효유 제품을 생산하는 유업체와 일반 식품회사들 그리고 여러 제약회사도 프로바이오틱스 제품을 다투어 발매하는 추세가 되었다.

6) 한국의 발효유 소비량은 아시아에서 최고 수준

한국의 발효유 소비량은 1970년대 초기 발매 이후 매년 꾸준히 증가하여 왔으나, 1997년 IMF 금융위기를 겪으면서 잠시 소비가 정체 또는 감소하는 추세가 되었다. 2000년도 국민 1인당 발효유 소비량은 11kg으로 아시아에서 가장 많았고, 그 당시 일본도 10.8kg으로 우리나라보다 낮거나 비슷한 수준이었다.

세계 각국의 발효유 소비량은 식생활 습관, 낙농업 발달 여부, 경제적 여건에 따라 다르게 나타났다. 발효유의 소비가 가장 많은 곳은 북유럽의 핀란드, 스웨덴, 아이슬란드, 네덜란드 등으로 대략 국민 1인당 연간 25~30kg 수준으로 가장 높았고, 다음으로 프랑스, 스위스, 덴마크, 노르웨이 등이 15~20kg 정도의 발효유를 소비하는 것으로 나타났다.

㈜한국야쿠르트는 자체 개발된 유산균을 종균으로 대부분 사용하고 있었지만, 국내 유업체에서는 발효유 제조에 사용하는 종균의 대부분은 덴마크, 프랑스, 독일, 미국 등으로부터 수입하여 사용하고 있다. 요즘은 발효유 종균의 건강 유용성이 부각됨에 따라 각 유업체와 식품업체, 제약회사까지 새로운 유산균을 새롭게 분리하여 유산균의 차별화 및 자체 제품 개발에 관심을 가지게 되었으며, 식약처로부터 효능을 개별 인정받아 균주의 차별성을 강조하려고 하고 있다.

최근 건강 장수의 관심 증가와 웰빙 바람으로 유산균 발효유 시장은 건강증진 기능이 크게 강조된 기능성 요구르트와 프로바이오틱스 시장 중심으로 빠르게 변화되어 가고 있다. 유산균 발효유 요구르트와 프로바이오틱스 제품은 장 건강 증진효과를 얻을 수 있는 건강 장수식품임에 틀림이 없다.

3. 떠먹는 정통 서양식 요구르트

3.1 국내의 떠먹는 요구르트 시장이 열리다

1) 떠먹는 요구르트가 정통 요구르트이다

발효유의 최초 발상지는 중동지역 코카서스(Caucasia) 지방의 엘부루스산(Mt. Elbrus) 부근으로 알려졌다. 떠먹는 요구르트는 마시는 액상 또는 드링크 요구르트와는 달리 우유가 유산균의 배양으로 인하여 응고되어 순두부와 같은 형태의 요구르트로서 여기에 과육이나 과일 잼, 감미료, 천연향료 등을 일부 첨가하여 떠먹을 수 있도록 제조한 농후발효유이다. 서양에서 말하는 요구르트(Yogurt)는 떠먹는 요구르트를 지칭하는 것으로, 그 역사는 기원전 3,000년경 유목시대로 거슬러 올라가리만큼 오랜 역사를 갖고 있다.

떠먹는 요구르트는 액상 발효유에 친숙해진 국내 소비자들에게 쉽게 주목을 받지 못하다가, 1980년대 후반부터 생활수준의 향상과 식생활 패턴의 서구화에 따라 정통 발효유의 인식이 바뀌기 시작하였다. 특히 '88 서울 국제올림픽을 한 달 앞둔 1988년 8월에 발효유의 선발업체인 ㈜한국야쿠르트가 「슈퍼-100」이라는 떠먹는 요구르트를 판매하면서 요구르트시장에 붐이 일어나기 시작하였음을 앞에서 언급하였다.

2) 농후발효유의 분류

요구르트의 종류는 생산 국가에 따라 분류하는 기준이 다양하나 일반적으로 형태, 제조방법, 스타터의 종류 및 외형에 따라 여러 가지로 분류할 수 있다. 일반적으로 떠먹는 요구르트의 종류는 많아서 분류 기준을 무엇으로 하느냐에 따라서 다르게 분류된다. 사용되는 원료유, 고형분의 함량, 미생물의 종류, 생산되고 있는 지역 등에 따라서 다양하다. 일반적으로 다음과 같이 분류한다.

① 유지방(fat)의 함량에 따라 : 고지방 요구르트(유지방 : 3.0% 이상), 저지방 요구르트(유지방 : 1.5% 이상), 탈지 요구르트(유지방 : 0.5% 이하)

② 생산 방법에 따라 : 교반형 요구르트(stirred type), 정체형 요구르트(set type)

③ 과일 첨가 여부에 따라 : 과일이 없는 플레인(Plain) 요구르트, 과일(fruit) 요구르트, 풍미(flavor) 요구르트
④ 발효유의 가공공정에 따라 : 살균 요구르트, 동결 요구르트, 건조 요구르트, 농축 요구르트
⑤ 제품의 물리적 성상에 따라 : 액상(liquid) 또는 떠먹는 요구르트, 반 고형 또는 고형상태, 분말 요구르트
⑥ 미생물 발효 이후 발효의 대사산물에 따라 : 젖산 발효유, 젖산-알코올 발효유 등으로 분류되기도 한다.

떠먹는 요구르트의 생산방법은 교반형(stirred type)과 정체형(set type) 2가지 방식이 있다. 교반형은 원료유에 유산균을 접종하여 발효시킨 뒤 순두부처럼 응고된 우유 응고물을 깨고 각종 과일이나 잼을 첨가하고 혼합한 다음 소포장 용기에 충진하는 방식을 교반형(stirred type) 요구르트라고 한다.

한편, 정체형 요구르트는 소비형태의 소포장 용기 바닥에 과일이나 잼을 넣고 그 상부에 원료유와 유산균을 혼합하여 컵 상태로 배양실에서 발효시킨 요구르트를 말한다. 일반적으로 교반형 방식이 정체형 방식보다는 균일한 품질 관리가 용이하여 많이 채택하고 있다. 우리나라는 교반형 방식으로 주로 농후발효유를 생산하고 있다.

3) 국내 떠먹는 요구르트의 규격

국내의 농후발효유는 식품공전의 성분 규격에 따라 구분하고 있다. 원유 또는 유가공품을 유산균 또는 효모로 발효시킨 것으로, 고유의 색택과 향미를 가지고 이상한 맛과 냄새가 없어야 한다.

무지유 고형분 함량은 8.0% 이상, 유산균 또는 효모 수는 1g당 1억 마리(10^8 CFU/ml) 이상으로, 대장균이 검출되어서는 안 되며, 10℃ 이하에서 10일 이내에 유통되는 것으로 규정하고 있었다. 그러

나 요즈음은 유통기간을 제조업체 책임하에서 자율로 정하여 시행하도록 하고 있다.

4) 떠먹는 요구르트의 종균

떠먹는 요구르트 제조에 사용된 종균은 막대기 모양의 불가리쿠스와 연쇄상 둥근 공 모양의 썸모필러스 두 종류의 혼합 균주로 제조하였다. 그러나 요구르트 제조에 전통적으로 사용되었던 이 두 종류의 종균은 사람의 위장을 살아서 쉽게 통과하지 못함이 밝혀지게 되었다. 따라서 최근에는 기존의 두 종류 이외에 유산 간균 아시도필러스균과 카제이균, 혐기성 유산균 비피더스균 등 위장에서 잘 살아 넘어가는 프로바이오틱스 유산균 3∼4종류를 복합으로 사용하고 있다.

앞으로도 기능성이 규명된 유산균의 추가 적용이 증가할 것으로 생각된다. 종균의 공급 형태는 공장의 대량 배양공정에 사용하기 편리한 농축 종균이나 동결상태의 균 또는 동결 건조한 분말 종균을 사용하고 있다.

5) 잼과 과일의 첨가

떠먹는 요구르트는 단맛과 식감을 증진하기 위하여 잼이나 과일 등 소비자의 취향에 맞추어 다양한 종류를 첨가한다. 떠먹는 요구르트에 잼의 형태로 첨가되는 인기 있는 과일은 딸기, 사과, 복숭아, 열대과일, 포도, 블루베리 등의 과일이 주로 이용되고 있다. 한편, 잼이나 과일을 전혀 넣지 않은 플레인 요구르트의 순수한 맛을 즐기는 소비자도 다수 있다.

6) 안정제 및 기능성 첨가물

떠먹는 요구르트에 사용되는 천연 안정제는 펙틴, 젤라틴, 전분 등이 함유된 복합 안정제가 사용되고 있다. 기능성 첨가물로는 식이섬유가 있으며, 파인 파이버와 폴리덱스트로스가 사용되고 있다. 어린이용 요구르트의 경우 충치 억제물질로서 차 추출물을 첨가하였고, 두뇌발육 촉진효과가 있는 것으로 알려진 DHA를 첨가하기도 하였다. 앞으로 고기능, 고품질, 고부가가치 제품 개발과 판매가 계속 이루어질 것으로 본다.

7) 떠먹는 요구르트의 영양성분

떠먹는 요구르트의 영양 성분은 제품에 따라 다소 차이는 있지만 대략 100g당 열량은 110 kcal 정도, 단백질은 3~4%, 탄수화물은 16~20%, 지방 2~3%, 나트륨 40~60 mg 정도 수준이다.

3.2 자체 기술로 개발한 「슈퍼-100」 성공 이야기

1988년 8월 떠먹는 요구르트 「슈퍼-100」이 출시되기 이전에는 국내의 발효유 시장은 액상 발효유가 주로 점유하고 있었다. 농후발효유는 우유에 유고형분을 강화시켜 만들기 때문에 영양가가 높고, 유산균에 의해 우유의 각종 성분이 분해되므로 우유보다 각 영양소의 소화 흡수가 좋은 제품이다.

요구르트의 본고장이라고 할 수 있는 유럽에서는 떠먹는 요구르트가 일반적으로 유통되고 있다. 국내에서 「슈퍼-100」이 출시되기 이전에는 소비자의 인식 부족과 가격 등으로 일반화 되지 못하고, 발효유 전체 시장의 1~2% 수준에 그쳤다.

1) 「슈퍼-100」 개발 및 생산

떠먹는 요구르트 개발의 시작은 저자가 1981년 덴마크에 기술연수를 하던 중 한국야쿠르트 윤쾌병 사장과 윤덕병 회장에게 연수중에 안부 편지 겸 연수 내용을 간략하게 보고 드리게 되었다. 여기서 우리나라는 액상 발효유만을 시판하고 있지만, 앞으로 가까운 장래에 덴마크를 비롯하여 유럽 전역에서 판매되고 있는 농후발효유 「떠먹는 요구르트」를 한국에서도 개발 시판하는 것이 좋을 것 같다고 건의를 하였다. 윤덕병 회장은 저자에게 '연수기간 중에 잘 배우고 귀국' 하여 유럽에서 잘 팔리는 인기 있는 그런 제품을 개발하여 달라고 하는 회신을 받았다.

한국야쿠르트 중앙연구소에서는 1981년부터 나름대로 딸기를 첨가한 떠먹는 요구르트를 연구 개발만 하였고, 아직 시장여건이 성숙하지 않았다고 생각하여 상품화하지는 않았다. 그러다가 1980년대 초에 삼양식품과 ㈜빙그레가 외국회사와 기술제휴로 농후발효유 떠먹는 요구르트를 국내 처음으로 판매하였다.

한국야쿠르트에서도 더 발매를 미룰 수가 없다고 판단하고 연구소에 별도의 개발팀을 만들어 자체 기술로 제품을 개발하였다. 그리고 전사적 차원에서 관련 부서가 참여하는 신제품개발위원회를 구성하여 부서별로 필요한 업무를 조직적으로 분담하여 활동에 들어갔다. 여러 차례의 전략회의를 거쳐 최종적으로 <제24회 하계 '88 서울올

그림 2-4. 자체 기술로 개발한 떠먹는 요구르트 「슈퍼-100」

림픽 개막>을 한 달 앞둔 1988년 8월 1일로 D데이로 정하고 첫 제품을 출시하였다.

2) 브랜드 공모와 명칭의 변경

「야쿠르트 슈퍼-100」이라는 이름은 신제품 개발에 앞서 전사적으로 실시한 신제품 브랜드 공모를 통해 탄생하였다. 본래 「야쿠르트 슈퍼」와 「야쿠르트-100」 등의 제품명이 거론되었으나 영양은 슈퍼, 건강은 100점이라는 의미로 두 단어를 합성한 「슈퍼-100」이 좋다는 의견이 많았다.

당초에는 제품명도 「야쿠르트 슈퍼-100」으로 하여 토탈 브랜드(Total Brand)로 야쿠르트 시리즈 상품으로 판매할 계획이었으나 일본야쿠르트 측에서 야쿠르트 브랜드 사용에 대한 상표 사용료를 내지 않으면 야쿠르트라는 이름을 사용할 수 없다고 이의를 제기하였다. 이 사항으로 의견을 논의한 끝에 '야쿠르트'라는 명칭을 빼고 「슈퍼-100」으로 상품명을 다시 등록하였다.

3) 「슈퍼-100」 발매로 인한 국내 농후발효유 시장이 열리다

한국야쿠르트가 액상 발효유 야쿠르트를 1971년 8월부터 발매를 시작한 뒤 17년 만에 연구소 자체 기술만으로 떠먹는 요구르트 「슈퍼-100」을 개발한 첫 신제품이라는 데 의의가 크다.

「슈퍼-100」의 생산 공장은 논산공장으로 결정되었다. 제품 생산에 필요한 충전기는 독일의 가스티(Gasti)사에 발주하고 균질기, 열교환기, 살균시설은 덴마크의 APV사에, 기타 배양탱크와 파이프 등은 국내의 전문회사에 각각 발주하여 설치하였다. 최우선으로 「슈퍼-100」 딸기제품을 생산하기 시작하였다.

딸기는 우리나라 사람들에게 가장 선호도가 높을 뿐만 아니라 원료 구입도 용이하기 때문이었다. 「슈퍼-100」 딸기제품을 본격적으로 판매하기에 앞서 소비자 시식과 홍보 및 예약 세일즈 등의 과정을 거치면서 신제품의 인지도를 높여 나갔다. 그 후 「슈퍼-100」 딸기에 이어 복숭아, 파인애플, 바나나 제품을 생산하고 구아바, 파파야 등을 원료로 한 열대과일이 함유된 제품도 개발하여 점차 제품을 다양화하였다.

한국야쿠르트에서 「슈퍼-100」이 발매되기 이전에도 떠먹는 요구르트의 선두 주자였던 빙그레의 「요플레」가 그 당시 1일 3만 개 정도가 판매되고 있었다. 이는 시장 점유율로 볼 때 전체 발효유 시장의 2%도 점유하지 못하고 있는 수준이었다.

이런 상황 속에서 새롭게 탄생한 「슈퍼-100」이 본격적인 발매를 시작하자 판매는 순식간에 상승곡선을 타기 시작하였다. 급기야는 24시간 생산을 해도 공급이 수요를 못 따라가는 대히트(Big hit) 상품이 되었다. 「슈퍼-100」 제품이 발매됨에 따라서 국내 농후발효유 시장이 확대되는 계기가 되었다.

한국야쿠르트가 '88 서울올림픽의 유산균 발효유 공식 공급업체로 선정됨에 따라 한국야쿠르트는 올림픽 공식 공급자라는 명칭과 함께 올림픽 휘장 및 관련 마크를 기업광고에 사용할 수 있게 되었다. 한편, '88 서울올림픽은 당시 막 발매를 시작한 「슈퍼-100」과 시기가 맞아 떨어져 「슈퍼-100」의 판매 신장에 커다란 도움을 주었다.

한국야쿠르트가 타사 제품보다 늦은 출시를 하였어도 빠르게 시장을 장악할 수 있었던 것은 우선 유산균 발효유 전문업체로 축적된 탁월한 기술과 야쿠르트 아줌마의 독특한 방문판매 방식이 성공 요인이 되었다.

4. 마시는 드링크 요구르트

4.1 드링크 요구르트의 시대가 열리다

1) 드링크 요구르트(Drink Yogurt)의 개념

드링크 요구르트는 떠먹는 요구르트와 유사한 영양성분을 가지고 있으며, 유산균 배양으로 순두부와 같이 응고된 우유 응고물을 완전히 분쇄하여 여기에 과즙, 향료, 감미료 등 각종 첨가물을 첨가, 용해하고, 떠먹는 불편함이 없이 간편하게 마실 수 있도록 제조한 농후발효유의 한 종류이다. 드링크 요구르트의 성분 규격은 떠먹는 요구르트와 동일하다.

2) 드링크 요구르트의 시장 점유 변화

드링크 요구르트가 국내시장에 처음 출시된 '90년도의 매출액은 미미하였으나, 1년이 지난 '91년도부터 발효유의 한 영역으로 자리 잡기에 충분한 매출액 신장을 하였다. 따라서 일부 유업체에서는 초기의 관망 자세를 바꾸어 점차로 드링크 요구르트 제품을 경쟁적으로 생산, 판매하기 시작하였다. 따라서 드링크 요구르트는 액상 또는 떠먹는 요구르트 등 국내 어느 형태의 발효유보다 매출액 증가와 매출액 점유 비율이 급속한 신장을 하였다.

'88 서울올림픽'이 성공리에 끝나고 '90년대에 들어서면서 한국경제의 성장과 함께 한국인의 생활이 더욱더 바쁘게 돌아가고 '빨리빨리' 문화가 일반화되는 추세가 되었다. 따라서 한국인의 식생활 습관도 차분하게 앉아서 떠먹는 요구르트보다는 빨리 마시고 끝내는 드링크 요구르트가 인기를 끌기 시작하였다.

소비자들은 유고형분의 함량이 적은 액상 발효유보다는 진한 느낌을 주면서 영양 면이나 건강기능성 소재가 강화된 고급 드링크 요구르트가 소비자의 욕구를 충족하는데 주효하게 작용하였다. 그 당시 소비자들의 소득수준 증가와 발효유업체의 판매 전략이 맞아 떨어져 드링크 요구르트의 소비가 급속히 신장하였다. '96년도에는 드링크 요구르트의 시장 점유율은 약 31%로 떠먹는 요구르트 시장 점유율 22%보다 9%가 높게 형성되었다.

3) 다양한 과즙의 사용

드링크 요구르트에 사용한 과즙의 종류는 사과, 복숭아, 블랙커런트, 딸기, 살구, 파인애플, 배, 리치 등 다양한 종류의 과즙이 첨가되어 다양한 소비자들의 취향을 맞추려고 노력하였다. 이 중에서 사과 과즙을 사용한 제품은 제일 인기가 많았는데, 이로써 한국인이 사과에 익숙하다는 것을 알 수 있었다.

이것은 사과, 딸기, 포도가 가장 대중적인 과즙으로 자리 잡고 있음을 보여준다. 그러나 떠먹는 농후 요구르트의 경우는 딸기가 주종을 이루고 있는 현상과는 다른 양상을 보여 주었다. 드링크 요구르트에 사용된 과즙은 농축과즙과 생과일즙이 사용되었다.

4) 기능성 첨가물

드링크 요구르트 시장이 활성화되면서 기능성 첨가물의 사용이 월등하게 증가하기 시작하였다. 기능성 첨가물 중 당류로서는 비피더스균 증식 효과가 있는 올리고당 사용이 일반화되었다. 그리고 간 기능 개선에 효과가 있는 것으로 알려진 글루메이트(Glumate), 글루타치온이 첨가되기도 하였다. 그리고 변비 개선을 목적으로 식이섬유를 첨가하였다. 최근에는 인체에 부족하기 쉬운 비타민, 칼슘 등의 영양소를 보강할 목적으로 첨가하기도 하였다.

드링크 요구르트는 첫째로, 건강기능의 식품소재가 다양하게 응용되어 기능성이 강화된 제품으로 개발되었다.

둘째로, 기능성 소재가 첨가되면서 제품이 점점 고가화 되었다. 특히 국내의 소비자 대부분은 건강에 좋다면 제품가격이 다소 비싸도 잘 팔리는 예는 여기서도 통용되고 있음을 볼 수 있었다.

셋째로, 제품의 용량과 용기도 다양하게 응용되어 다양한 소비자의 구매력을 높였다. 제품에 사용하는 종균도 2가지 복합종균에서 비피더스균이 함유된 프로바이오틱스 유산균 3~4종을 혼합한 종균으로 사용하여 유산균의 기능을 강화하였다.

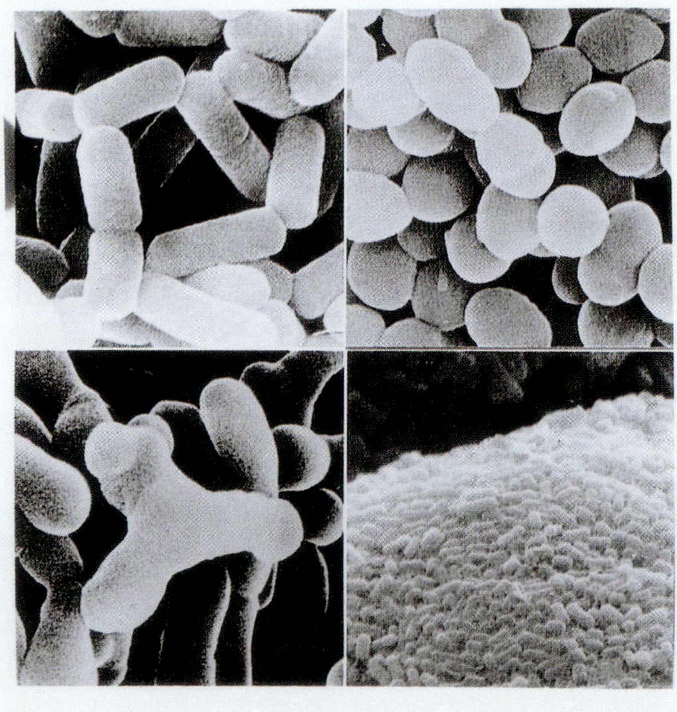

그림 2-5. 프로바이오틱스 유산균 3~4종을 혼합하여 종균으로 사용

4.2 드링크 요구르트 시장을 선도한 「메치니코프」

고급 드링크 발효유 시장의 개막을 알리는 메치니코프가 1995년 7월 10일 발매되었다. 메치니코프는 아시도필러스균, 자체 개발한 한국형 비피더스균, 썸머필러스균, 카제이균 등 위장을 잘 통과하여 장내에서 강력한 활성을 나타내는 3~4종류의 복합 유산균을 종균으로 혼합 배양하였다. 그래서 기존의 드링크 요구르트와는 차별화된 맛과 효능을 갖도록 하였다.

변비 해소 위주의 기존 제품들과 기능성 차별화를 위해 기능 성분의 첨가를 통한 간 기능 활성화, 혈중 콜레스테롤 억제 등의 고기능성에 역점을 두었다. 제품명은 1908년 유산균 발효유의 과학적 효능을 처음으로 발표한 유산균의 아버지 격인 '메치니코프' 박사의 이름을 기리고, 제품의 정통성과 권위를 강조하는 차원에서 '메치니코프'로 이름을 지었다. 메치니코프 박사는 대식세포를 연구한 공로로 1908년 노벨생리의학상을 수상한 바 있다.

「메치니코프」 제품은 자체 개발한 한국형 혐기성 유산균 비피더스 롱검 HY 8001 균주를 국내 처음으로 드링크 발효유에 적용하였다.

그림 2-6. 드링크 요구르트 시장을 선도한 「메치니코프」

비피더스 롱검 HY8001은 한국인 유아의 장에서 분리한 신토불이 비피더스균으로, 맵고 짠 음식을 즐기는 한국 사람의 체질에 가장 적합한 우수한 종균으로 인정되었고, 1998년에 특허를 획득하였다.

「메치니코프」는 판매를 시작한 당해 연도에 일평균 10만 본을 판매 목표로 설정했으나 판매 시작한 지 두 달 만에 20만 본을 넘어섰다. 이듬해 7월에는 일평균 40만 본으로 발매 1년 만에 당시 시장 점유율 1위 업체인 파스퇴르유업을 제치고 드링크 요구르트 시장의 새로운 지평을 열게 되었다.

「메치니코프」 제품의 성공적인 발매는 1996년도 여러 언론사에 의해 히트상품으로 선정되기도 하였다. 한국경제신문이 주최한 <한경 소비자 대상>에서 우수상품으로 뽑힌데 이어 문화일보, 국민일보, 경향신문, 한겨레, 세계일보, 서울신문에서 잇따라 히트 상품으로 선정되었다. 메치니코프가 1996년 한 해 동안 고급 드링크 요구르트 시장에서 확고한 위상을 다졌다는 사실을 입증한 결과였다. 1997년에는 한국능률협회 히트상품으로 선정되기도 하였다.

「메치니코프」는 발매 2년도 안 되어서 1997년 3월에 단일 품목으로 월 매출 100억 원을 돌파하면서 한국야쿠르트의 효자상품으로 부상하였다. 메치니코프의 성공적인 판매에 힘입어 연속상품으로 포도, 사과, 복숭아 이외 발효유에 곡물을 첨가한 시리얼 제품도 단계별로 생산하여 소비자의 다양한 취향에 맞는 제품을 잇따라서 출시하였다.

5. 기능성 발효유 시대를 열다

1970년대는 액상 발효유가 국내에 처음으로 선을 보여 소비자들에게 발효유에 대한 인식을 심어 주는 시기였다. 1980년대는 '88 서울국제올림픽 개최를 계기로 농후 발효유 떠먹는 요구르트' 시대가 활짝 열렸다. 1990년대는 드링크 발효유가 발효유 시장을 주도하면서 한국의 발효유의 시장은 액상 발효유와 떠먹는 요구르트 그리고 드링크 요구르트 제품으로 3대별되는 발효유 시장이 형성되었다.

2000년대 들어오면서 웰빙 바람을 타고 건강증진 기능이 크게 강조된 기능성 발효유가 붐을 타고 일어났다. 기능성 발효유의 제품 컨셉은 기존의 장 건강을 기본으로 하여 위 건강, 간 건강, 혈압 저하 등의 특정한 부위의 건강기능이 강화된 기능성 발효유들이 속속 시판되기 시작하면서 4세대의 기능성 발효유가 붐을 조성하였다.

2010년대는 다양한 형태의 제품, 즉 분말, 정제(tablet)와 캡슐 타입의 프로바이오틱스 유산균 제품이 건강기능식품으로 새로운 시장을 열어 놓았다. 이처럼 다양한 발효유 제품과 프로바이오틱스 시장이 조성되면서 5세대의 기능성 프로바이오틱스 제품 시대가 열렸다.

기능성 발효유 초기에는 주로 식이섬유와 칼슘 및 비타민 등이 첨가되고, 유산균은 단일종이 아닌 복합균주를 사용하였다. 복합으로 사용되는 유산균 종류는 위장에서 염산이나 답즙산에도 사멸되지 않고 위장을 통과하여 소장과 대장에서 정장작용이 우수한 프로바이오틱 유산균들이 사용되었다. 프로바이오틱 유산균으로 널리 알려진 대표적인 균주로는 비피더스균과 유산 간균 카제이, 아시도필러스, 람노서스 GG 등 이외 여러 균주가 프로바이오틱 복합 균주로 사용되었다.

최근에는 이러한 프로바이오틱 유산균 이외에 유산균의 증식을 도와주는 기능성 첨가물들이 건강기능 식품으로 주목을 받고 있다. 비피더스균을 포함한 유산균 증식용 기능성 첨가물로는 올리고당, 락툴로스, 그리고 락티톨 등이 있으며, 이들 기능성 첨가물은 장내에서 유익균을 증식하는 인자로서 장내 환경을 개선하고, 숙주의 건강 개선에 도움을 준다.

기능성 발효유의 효과를 주로 나타내는 것은 프로바이오틱 유산균이라고 할 수 있다. 이들 유산균은 장내에서 유해균의 증식을 억제하고, 장내 정상 균총을 유지하며, 혈중 콜레스테롤 저하하고, 면역기능을 증진하며, 항암작용 등의 다양한 건강증진 효과를 나타낸다. 또한 기능성 발효유 제품의 기본개념으로 장 건강 이외에 위 건강, 간 건강, 그리고 혈압 저하 등의 특정한 건강증진 효과를 갖는 기능성 발효유 제품들이 속속 발매되었다.

앞으로 국내의 기능성 발효유 시장도 점차 다양하게 확대될 것이다. 이러한 현실을 고려할 때 기능성 발효유가 국내뿐만 아니라 수출을 통한 외국 소비자들에게 신뢰받기 위해서는 철저한 연구와 검증 그리고 필요에 따라서 임상시험 자료도 필요하리라 본다.

그림 2-7. 시판중인 국내의 발효유제품

6. 헬리코박터 프로젝트 -「윌(Will)」 제품의 개발

6.1 기능성 요구르트 시대가 열리다

인류의 최대 소망 가운데 하나는 동서고금(東西古今)을 막론하고 육체적으로나 정신적으로 병에 걸리지 않고 건강하게 오래오래 사는 것일 것이다. 건강 장수를 하려면 마음이 편안하고, 소화기관인 장도 튼튼해 속이 편안해야 건강생활이 가능하다.

이런 의미에서 유산균은 인간이 이용할 수 있는 가장 유익한 미생물의 한 종류로서 오랜 역사를 두고 발효유 제품을 중심으로 장류, 김치, 젓갈류, 발효소시지, 생균제, 사일레지 및 가축의 사료 첨가제 등에 이르기까지 인류 생활에 광범위하게 활용되고 있다. 이들 유산균은 사람이나 포유동물의 소화관, 구강, 질, 각종 발효식품과 토양 등 자연계에 널리 분포되어 있다.

1) 유산균 발효유의 건강 효능

유산균 발효유의 과학적 효능은 20세기 초 생물학자 메치니코프가 1908년 발효유를 먹으면 건강 장수한다는 연구 결과를 발표해 유산균 발효유의 효능을 과학적으로 처음 입증했다.

발효유를 꾸준히 섭취하면 유산균이 장내에서 인체에 해로운 병원성 세균, 식품 부패균 등의 증식을 억제하고, 이로운 세균의 생육을 촉진함으로써 장을 튼튼하게 한다. 그리고 장의 연동운동을 원활히 하여 소화흡수를 촉진하고, 변비와 설사를 예방하며, 면역기능을 증강하고, 장내에서 콜레스테롤의 흡수를 억제해 성인병 예방에 도움을 준다. 더불어 유산균은 장내에서 암을 일으키는 물질을 불활성화 시키고, 암 발생에 관여하는 효소작용을 억제해 장암의 발생을 억제하는 효과가 있음이 알려졌다.

기존의 발효유는 사람의 소화기관인 소장과 대장을 주로 건강하게 하는 데 초점이 맞추어졌다. 그러나 최근에는 장 건강은 물론 위장에도 좋은 새로운 기능이 추가된 고기능 발효유가 개발되어 관심을 끌고 있다. 이는 기존 발효유와는 달리 헬리코박터 파일로리(*Helicobacter pylori*) 균의 증식억제 효과가 뛰어난 2종류의 유산균, 면역항체가 함유된 계란의 노른자, 차조기(꿀풀과 식물) 등 위장질환의 예방에 도움이 되는 기능성 소재가 함유된 고기능 발효유로 대표적인 것이 국내에서 개발된 「윌(WILL)」 제품이다.

2) 위장질환 주요 원인균 '헬리코박터 파일로리' 예방하기

헬리코박터 파일로리는 위염, 위궤양, 위암 같은 위장질환을 일으키는 주요 인자로 알려졌다. 1999년 대한소화기학회의 발표에 따르면 한국인의 경우 성인의 55% 이상이 헬리코박터 파일로리균에 감염되어 있으며, 특히 회사원은 61% 가량이 감염된 것으로 나타났다. 1998년 우리나라 사망원인 중 단일 질환으로는 위암이 가장 높은 사망률을 보이며, 헬리코박터 파일로리가 위암 발생에 깊이 관여하고 있는 것으로 알려져 있다.

우리나라는 한 그릇에 담은 음식을 여러 사람이 같이 먹거나, 술자리에서 술잔을 주고받는 등의 식습관 때문에 감염률이 외국인에 비해 높은 것으로 추정된다. 헬리코박터 파일로리는 치료 후에도 재발의 우려가 높고, 재감염 후에는 치료가 쉽지 않아 평상시 예방이 중요하다. 그래서 약품이 아닌 식품을 통해 헬리코박터 파일로리의 예방효과를 갖는 기능성 발효유의 개발이 중요하다. 기능성 발효유의 기본 소재는 다음과 같다.

(1) 유산균

유아와 성인의 분변에서 분리한 유산균을 대상으로 헬리코박터 파일로리에 대한 증식억제 효과와 위장 상피세포 부착 억제효과가 가장 뛰어난 2종류의 유산균 "락로바실러스 아시도필러스 HY 2177균과 락토바실러스 카제이 HY 2743균"을 최종적으로 선발하였다.

(2) 면역 난황

난황은 먼저 헬리코박터 파일로리균을 닭에게 중복해서 주입해 항체가 생기게 하고, 이 항체를 함유한 계란의 노른자는 헬리코박터 파일로리의 요소 분해효소(urease) 활성 억제력과 위장 상피세포 부착 억제 능력이 우수했다. 그러나 이 난황을 날계란으로 섭취 시 병원균에 감염될 우려가 있으며, 열을 가할 때 항체가 파괴되는 단점이 있다. 그래서 특별한 기술로 가공하여 섭취하는 것이 중요하다.

(3) 차조기

차조기는 꿀풀과의 식물로 동의보감에 의하면 발한, 진해, 해열, 지혈 등의 치료에 효과가 있는 것으로 알려져 있다. 차조기는 헬리코박터 파일로리에 대해 요소 분해효소 활성 억제능력과 항균활성이 뛰어났다. 사람이 먹었을 때 헬리코박터 파일로리에 대한 효과를 확인하기 위해 유산균, 면역 난황, 차조기를 기능성 소재로 해 제조된 발효유 「윌 (Will)」에 대한 임상시험을 서울대 의과대학 내과 교실에서 실시하였다.

총 40명의 헬리코박터 파일로리 보균자를 선발하여 4주간 제품을 음용하게 한 결과, 발효유 음용에 따른 인체 내에서의 헬리코박터 파일로리 억제효과가 긍정적으로 나타났으며, 치료용 항생제가 아닌 일반 식품으로서 뛰어난 효과가 있음이 확인하였다.

(*대한보건협회, <건강생활> 2000년 11월호 p. 20~21. 저자가 게재하였던 글을 발췌하여 기록함)

6.2 헬리코박터 프로젝트 「윌(Will)」의 개발과 대성공

국내의 발효유 시장에서 선두를 한 번도 놓치지 않은 한국야쿠르트 중앙연구소에서는 1995년부터 비밀리에 "X-프로젝트(헬리코박터 프로젝트 윌(Will)"이라 명명하고 개발팀을 구성하였다. 그 제품이 바로 「헬리코박터 프로젝트 윌(Will)」이었다.

「윌(Will)」 제품은 한국야쿠르트 중앙연구소만의 자체 기술로 5년여에 걸친 연구를 통해 개발된 제품으로 서울대 의과대학 내과교실 정현채 교수팀과 임상시험까지 마친 제품으로 위 점막에 헬리코박터 파일로리균 억제효과가 있음이 입증되었다.

헬리코박터 파일로리 균은 위 점막에 기생하는 나선균으로 크기 0.4~1.25㎛, 길이 2~7㎛의 가늘고 긴 나선형 몸통과 편모를 가진 운동성이 있는 균이다. 사람의 위 점막 상피세포 간 접합부에 서식하면서 위 질환을 일으키는 것으로 알려져 있었다.

1994년 세계보건기구(WHO)의 하부조직인 국제 암 연구기관은 헬리코박터 파일로리 균을 직접적으로 암을 유발하는 '확실한 발암인

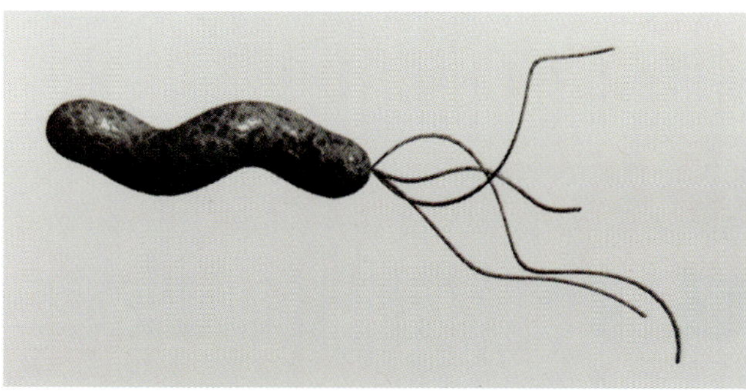

그림 2-8. 헬리코박터 파일로리균

자' 라고 선언했다. 우리나라 성인의 60~70% 정도가 보균자로 한국인에게 가장 많이 발생하는 위암의 주요 원인인 것으로 알려져 왔다.

「헬리코박터 프로젝트」는 유산균, 천연물, 면역 난황의 3가지 방향에서 헬리코박터균의 증식 억제를 갖는 기능성 소재를 탐색하고, 최종적으로 기능성 소재를 이용한 고기능 발효유를 제조한다는 5년간 개발 목표로 시작되었다.

「윌(Will)」 제품의 컨셉은 기존의 발효유가 가지고 있는 소장~대장에서의 정장작용 이외에 위염의 원인균인 헬리코박터균에 대한 억제효과 이외에 장뿐만 아니라 위장에서도 효능을 갖는 새로운 개념의 기능성 발효유이다.

드디어 개발의 모든 준비를 끝내고 2000년 9월에 「헬리코박터 프로젝트 윌」 발매를 시작하였다. 「윌(Will)」 제품의 성공 요인은 첫째로 무엇보다도 위염, 위궤양의 원인균인 헬리코박터 파일로리균을 효과적으로 억제할 수 있는 탁월한 제품력을 꼽을 수 있다. 둘째로 한국야쿠르트 특유의 탄탄한 판매조직도 커다란 기여를 하였다. 야쿠르트 아줌마들이 고객을 만나면서 제품의 효능을 직접 알리는 것은 그 어떤 판촉 활동보다 위력을 발휘하였다. 셋째로 체계적인 마케팅과 홍보활동이었다. 2000년 8월 29일에는 서울 프라자 호텔에서 「윌(Will)」 출시를 앞두고 기념하는 기자 간담회를 개최하였다. 개발 총책임을 맡은 중앙연구소장인 저자가 본사 임직원들과 일간지, 경제지 기자 20여 명이 참석한 가운데 제품개발 경위와 효능 등을 직접 소개하였다.

「윌(Will)」의 성공에는 브랜드까지 한몫을 담당했다. 브랜드명 윌은 '위를 위한' 발효유라는 말에서 나왔는데, '위를'의 준말이 '윌(Will)'이 된 것이다. 영어 'Will'은 브랜드가 확정되면서 덧붙여진 이름으로, 나중에는 두 단어의 의미가 잘 전달되는 브랜드가 되었다.

그림 2-9. 2000년 9월 1일에 발매한 「헬리코박터 프로젝트 윌」
(국내 최초의 기능성 발효유)

그림 2-10. 저자가 2000년 9월 당사 임직원들에게 기능성 발효유
「윌(Will)」 제품의 과학성 교육장면

또한 기존의 둥근 모양의 발효유와 차별화를 위해서 사각형의 독특한 용기 모양과 은박지 위에 플라스틱 뚜껑을 덧씌워 약 같은 이미지와 고급스러움을 주는 용기의 차별화도 성공 요인의 하나였다. 여기에 또 다른 하나의 행운이 찾아왔다. 헬리코박터 파일로리균을 연구한 호주 퍼스대학교 병리학 교수 배리 마셜(Barry J. Marshall) 박사가 호주의 다른 병리학자 로빈 워렌과 공동으로 2005년 노벨 생리·의학상을 받은 것이다.

헬리코박터 파일로리균을 처음 분리한 배리 마셜 박사는 2001년 5월부터 2005년 5월까지 「윌(Will)」 제품의 광고 모델로 국내 소비자들에게 잘 알려진 인물이었다. 마셜 박사가 노벨상을 받은 후 주춤하던 「윌(Will)」의 판매는 일평균 80만 개까지 이르는 등 마셜 박사의 광고 효과는 크게 나타났다. 발매 20여 년이 지난 2019년 현재도 매출을 최대로 올리고 있는 한국야쿠르트의 최대 주력 상품으로 효자노릇을 단단히 하고 있다.

6.3 기능성 발효유 시대를 활짝 열어놓은 「윌(Will)」 제품

1) 제품 개발 동기

1998년 우리나라 사망원인 중 단일 질환으로 위암이 가장 높은 사망률을 보이며, 헬리코박터 파일로리균(이하 헬리코박터균)이 위암 발생에 깊이 관여하고 있는 것으로 알려졌다. 1999년 대한소화기학회의 발표에 따르면 한국인의 경우 성인의 60~70% 이상이 헬리코박터균에 감염되어 있고, 전 세계적으로 50% 이상의 인구가 감염된 것으로 보고되었다. 일반적으로 헬리코박터균의 감염률은 선진국보다 사회 경제적으로 낙후된 개발도상국에서 높고, 가족 내에서의 감염이 많으며, 특히 어린이의 감염은 이미 감염된 어른에게서 전염되는 것으로 보고되고 있다.

우리나라는 맵고 짜게 먹는 식습관과 한 그릇에 담은 음식을 여러 사람이 같이 먹거나, 술자리에서 술잔을 주고받는 등의 식습관 때문에 외국인보다 이 균의 감염률이 높은 것으로 추정된다. 헬리코박터균은 치료 후에도 재발의 우려가 높고, 재감염 후에는 치료가 쉽지 않아서 평상시 예방이 중요하다. 그래서 약품이 아닌 식품을 통해 헬리코박터균의 예방효과를 갖는 기능성 발효유의 개발이 중요함을 절실히 깨닫게 되었다. 미국 국립보건원은 헬리코박터균을 소화성 궤양의 발생 인자로 위염, 위궤양, 위암 같은 위장질환을 일으키는 주요 인자로 알려졌다.

2) 헬리코박터 파일로리균이란?

헬리코박터균은 1979년 호주의 병리학자 와렌(Warren)에 의해 처음 발견되었고, 1982년 호주 출신 마셜(Marshall)이 균을 배양하는데 성공하였다. 헬리코박터균은 길이 2~7㎛ × 폭이 0.4~1.25㎛ 정도 크기의 나선형 그람 음성 간균으로 사람의 위 점막 상피세포 간 접합부에 서식하면서 위장 질환을 일으키는 것으로 알려져 있다. 편모를 가지고 있어 매우 강력한 운동성과 요소분해 효소를 가지고 있어 요소를 암모니아와 이산화탄소로 분해하는 능력이 뛰어나다. 따라서 헬리코박터균이 암모니아로 주변 환경을 중화시킴으로써 위 내 강한 염산에 쉽게 사멸되지 않고 생존할 수 있는 것으로 알려져 있다.

헬리코박터균의 감염 치료에는 여러 가지 약제가 사용되는데, 비스무트(Bismuth) 제재를 근간으로 하는 3~4제 요법이 사용되고 있는 것으로 알려졌다. 이들의 치료제 대부분은 항생제로서 1~3주간의 장기간이 소요된다. 그리고 항생제 요법에 의해 제균된 경우에도 다시 감염되는 경우가 많으며, 1개월 내에 다시 감염되는 경우가 85.7%인 것으로 보고되었다.

3) 기능성 발효유의 기능성 소재 발굴 연구

(1) 헬리코박터균을 억제하는 프로바이오틱스 유산균의 선발

한국야쿠르트 중앙연구소에서는 사람의 분변으로부터 분리한 200여 유산균주로부터 헬리코박터균에 대한 억제 효과와 위장 상피세포 부착 억제 효과가 뛰어난 2종류의 유산 간균 아시도필러스 HY 2177균과 카제이 HY 2743균이 헬리코박터균 억제기능이 우수한 유산균을 최종 선발하였다.

이 두 균주의 헬리코박터균에 대한 항균 활성을 조사하여 본 결과 위궤양 치료제로 사용되고 있는 비스무트(Bismuth)의 약 50% 정도인 것으로 나타났다. 그리고 헬리코박터균이 위에서 생존하는데 있어서 절대적인 역할을 하는 요소 분해효소 활성 억제능력이 85% 이상으로 높은 억제능력을 갖추고 있는 것을 확인하였다. 또한 헬리코박터균이 위장 상피세포에 감염되면 위장 상피세포는 인터루킨(IL-8)의 생성을 시작하게 되고, 그 결과 염증을 유발하게 된다. 선발된 2종류의 유산균은 헬리코박터균 감염에 의해 유도되는 인터루킨의 생성을 억제함을 확인하였다.

(2) 헬리코박터균의 항체가 생성된 면역 난황

면역 난황은 산란용 닭에게 헬리코박터균을 주기적으로 반복 주사해서 항체가 생성되도록 유도하였다. 이 항체를 함유한 계란의 노른자는 헬리코박터균의 요소 분해효소 활성 억제력과 위장 상피세포 부착 억제 능력이 우수했다. 그러나 이 난황은 어느 일정 온도 이상의 열을 가하면 항체가 파괴되므로 특별한 가공기술로 가공하였다.

(3) 헬리코박터균의 항균 활성이 높은 차조기

약 40여 종의 약용식물을 열수 추출하여 얻어진 농축액에 대하여

헬리코박터균에 대한 항균 활성을 측정하여 식용으로 가능하면서 항균 활성이 높은 차조기를 선발하였다. 차조기는 꿀풀과의 식물로 동의보감에 의하면 발한, 진해, 해열, 지혈 등의 치료에 효과가 있는 것으로 알려져 있다. 차조기는 헬리코박터균에 대해서 요소 분해효소 활성 억제능력과 항균 활성이 우수한 것으로 나타났다. 이렇게 어렵게 개발된 각각의 소재를 가지고 위장에 좋은 기능성 발효유로 개발한 것이 「윌(Will)」 제품이다.

4) 기능성 발효유 시대를 새롭게 개척한 「헬리코박터 프로젝트 윌」 제품

우리나라도 최근 들어 생활수준의 향상과 더불어 기능성 식품의 소비가 꾸준하게 증가하여 왔다. 「윌(Will)」 제품이 고기능성 식품으로 2000년 9월 발매되어 지금까지 소비자들로부터 큰 호응을 불러일으켜 왔다. 이처럼 소비자들의 좋은 호응이 계속되고 있는 주된 이유는 임상시험을 통하여 효능이 입증되었을 뿐만 아니라, 「윌」 제품을 복용한 소비자가 건강검진을 통해서 헬리코박터균이 없어진 결과를 쉽게 확인할 수 있게 되었다.

「윌」 제품 음용 후 발효유의 기본적인 효능과 아울러 사람의 특정 부위의 질병 예방을 위해서 식품으로서 약품에 가까운 효능을 갖는 식약품의 효과를 소비자들이 직접 느끼고 있기 때문이라고 판단된다. 이렇듯 사람의 질병과 연계된 고기능성 식품인 발효유가 개발되어 웰빙에 어울리는 식품으로 발효유가 건강장수 식품으로 확실하게 자리매김 하였다.

따라서 국민건강에 도움을 주는 기능성 발효유 「윌」 제품이 처음으로 개발되어 선을 보임에 따라서 기능성 발효유 시대를 활짝 열어놓은 좋은 계기가 되었다.

6.4 노벨상 수상자 덕분에 더욱 유명해진 「윌(Will)」 제품

1) 2005년 노벨상 수상자 베리 마셜 박사와 「윌(Will)」 제품

한국야쿠르트 중앙연구소에서는 헬리코박터 파일로리균을 최초로 분리한 호주의 마셜 박사를 2002년 4월 14일에 한국야쿠르트 중앙연구소가 주최하고 대한소화기학회의 후원으로 대한소화기학회의 심포지엄에 연계하여 연계심포지엄(Satellite Symposium) 특별연사로 초청하여 불광동 소재 스위스 그랜드 호텔 컨벤션센터에서 "헬리코박터균의 자연적인 치료로 고려해야 할 식품(Natural therapies for *H. pylori* - Food for thought)" 발표한 바가 있다.

이에 앞서 당사는 마셜 박사를 「윌(Will)」 제품의 광고모델로 계약을 맺고 국내 연예인보다 저렴한 비용으로 오랫동안 「윌」 제품 광고모델로 활약한 바가 있어 한국인에게는 친숙한 학자로 알려졌다. 그 후 2005년 10월에 베리 마셜(Barry Marshall) 박사가 헬리코박터균을 최초로 분리한 공로로 노벨 생리의학상을 와렌(Warren) 박사와 공동 수상함에 따라서 당사의 「윌(Will)」 제품이 덩달아 새롭게 부각되는 계기가 되었다. 그로 인하여 「윌」 제품의 판매가 증가세로 돌아서기도 하였다.

2006년 3월에는 한국야쿠르트 중앙연구소가 주관하여 노벨상 수상자 마셜 박사 부부를 초청하여 남산에 있는 하얏트호텔에서 국내의 학계, 의사, 연구계와 업계의 주요 인사를 대거 초청하여 심포지엄을 개최하고 환영 만찬을 성대하게 베풀었다. 이리하여 「윌(Will)」 제품은 한국인 소비자의 뇌리에 위장의 헬리코박터균을 억제하는 새로운 개념의 기능성 발효유로 인상 깊게 각인시키는 계기가 되었다.

지금도 발매 당시나 별 차이 없이 꾸준하게 많은 수량이 생산 판매되고 있어 한국야쿠르트 제품의 효자 상품으로 단일 품목으로 2004

년도 연간 매출액이 대략 2,600억 원(1,200원/개당)으로 국내 발효유 제품 판매 역사상 전무후무한 새로운 기록을 세워 회사의 매출액 기여에 크게 공헌하는 효자 상품이 되었다.

그림 2-11. 마셜 박사의 「윌(Will)」 제품 광고 모습

그림 2-12. 2006년 3월 한국야쿠르트 중앙연구소에서 노벨상 수상자 마셜 박사를 초청하여 심포지엄 개최 후 마셜 박사와 저자

2) 「윌(Will)」 제품이 히트 상품으로 장수하기까지

「윌」 제품 개발을 완료하고 제품 출시 직전에 국내 주요 일간지 기자 초청 간담회를 서울 시내 프라자 호텔에서 기능성 발효유 「윌」 신제품 설명회를 개최하였다. 저자가 직접 「윌」 제품 개발 경위와 특징 및 효능을 발표하여 매스컴의 관심을 집중으로 받았다. 기자 간담회 개최 이전에 같은 날 MBC TV와 SBS TV에서 저녁 정기 뉴스시간에 「윌」 제품 개발 소식을 경쟁적으로 소개할 정도로 취재 열기가 뜨거워 「윌」 제품이 크게 히트하리라는 예감이 들었다.

헬리코박터 프로젝트 윌(Will) 제품은 국내 발효유 업계의 전무후무한 2000년 9월 출시 이후 2019년 현재까지도 인기 있는 장기간 베스트셀러 제품이 되었다. 「윌」은 출시 1년 만에 1억 6천만 개 판매라는 경이적인 기록을 세우며 식품업계 최고의 히트상품으로 자리잡았다. 국내의 새로운 기능성 발효유 시장을 개척한 「윌」의 성공에는 한국야쿠르트 중앙연구소의 축적된 유산균 프로바이오틱스 연구 실력과 발효유의 연구개발 기술력이 바탕이 되었다.

2016년 9월 기준으로 발매 이후 16년이 지나간 시점에서 「윌」 제품의 대략 누적 판매량은 34억 개 정도로 알려졌다. 새로운 신제품이 출시되는 발효유 시장에서 「윌」은 출시 후 19년이 지났음에도 불구하고 여전히 최고의 히트 상품의 자리를 지키고 있다. 「윌」 제품이 최근 소비자 설문조사에서 드링크 발효유 선호도 1위에 선정되기도 했다.

발효유 1위 업체인 한국야쿠르트는 위 건강 발효유의 선구자 「윌」 제품의 판매 호조로 발효유 전체 시장에서 41%대의 높은 시장 점유율을 여전히 기록하고 있다. 「윌」과 비슷한 컨셉으로 시장에 출시된 남양유업의 「위력」은 일평균 4만 7천 개, 매일유업의 「구트」는 5만 3천 개에 불과한 판매량을 보였다. 사상 유례가 없는 대형 히트 상품인 「윌」은 발매 당해 연도 2000년도부터 2002년까지 3년간 전 언론사의 히트상품으로 선정되었다.

기존의 발효유 용기는 원통형이 일반적이지만, 「윌」 제품의 용기는 제약회사 약병의 이미지를 주는 4각형으로 용기의 차별화를 꾀하였다. 은박지 위에 플라스틱 뚜껑을 보강하여 고급스럽고 유통과정 중에 파손되는 일이 없도록 하였다.

발매 당시에는 매실 과즙이 함유된 한 종류의 제품이 출시되었으나, 뒤이어 석류와 복분자를 함께 첨가한 제품을 추가로 발매하여 제품을 다양화하였다. 그 후에 기능성을 강화하고, 지방성분의 함유량을 낮춘 저지방, 당의 함량을 감소하는 등 지속적인 품질 개선이 이루어졌다. 앞으로도 꾸준한 연구개발과 혁신을 통해 소비자로부터 사랑받는 새로운 기능성 발효유 「윌」의 신화를 계속 이어갈 것이다.

6.5 일본야쿠르트 회사가 기술 도입하려던 「윌(Will)」 제품

한국야쿠르트의 「윌(Will)」 제품이 크게 성공하자 발매 3년이 지난 2003년 일본야쿠르트가 이에 관심을 갖고 한국야쿠르트의 「윌」에 대하여 다방면으로 성공 요인을 검토하고 있다는 소식을 들었다. 그러다가 한국야쿠르트 본사에 근무하고 있던 일본인 다꾸찌(田口) 부사장을 통하여 일본야쿠르트 본사에서 한국야쿠르트 연구소에 사람을 보내어 개발 경위를 들었으면 한다는 의견을 타진하여 왔다.

저자는 이 사실을 사장과 회장에게 보고를 드리고, 제품 개발에 관한 설명을 해주어도 괜찮다는 허락을 받았다. 그 후에 일본야쿠르트 관계자 2명이 「윌」 제품 개발에 관한 설명을 듣고자 연구소를 방문하였다. 저자는 일본인에게 노하우(know-how) 되는 기밀 사항을 제외하고 개략적인 사항을 설명하여 주었다. "일본야쿠르트 직원들은 우리 연구소 시설을 둘러보고 일본야쿠르트 연구소 못지않은 시설을 보고 놀라웠다"고 방문 소감을 이야기하였다.

저자가 일본야쿠르트 연구소를 2~3차례 업무차 공식적으로 방문하였지만, 처음 방문하였을 때만 저자와 친분이 있던 파지 전문가 사쿠라이 박사의 안내로 내부를 보았을 뿐이다. 그 이후로는 연구소 내부는 보여주지 않고 복도에서 설명만 하고 내부는 공개하지 않았다.

한국야쿠르트 윤덕병 회장은 이런 저런 쫀쫀한 일본야쿠르트 측에게 "만약 「윌」 제품을 일본에서도 발매하겠다면 기술료 일절 받지 않고 무상으로 기술을 전폭 지원을 하여 주겠다"고 말하였다. 그러나 일본인들은 자기들의 자존심이 허락하지 않았는지 자세한 속내를 알 수 없었지만 「윌」 제품의 일본야쿠르트 출시는 실현되지 못하고 말았다.

7. 간 기능 강화 「쿠퍼스」의 개발

7.1 간 기능성 발효유 「쿠퍼스」의 개발 이야기

1) 개발 경위와 취지

저자는 위장에 좋은 「윌」 제품이 기대 이상의 성공적인 발매 1년 후에 「윌」이 2001년 기능성 발효유 시장을 주도하던 시기에 다음 제품은 어떤 기능을 갖는 제품 개발을 준비할 것인지 여러 가지를 구상하는 중에 간 질환에 관심을 갖게 되었다.

한국은 역학적으로 만성간염 또는 알코올성 간 손상 등에 의한 만성 간 질환 사망률이 인구 10만 명당 약 23명으로 OECD 회원국 중 4위에 해당하는 질병이 간과 관련된 질환으로 매우 심각한 현실에 놓여 있었다. 이는 술자리가 많고 업무가 과도해서 생기는 피로와 스트레스가 주요 원인으로 알려져 있다.

위장에 좋은 발효유 「윌」에 이어 간 기능을 활성화하여 간 질환을 억제하고 간에 좋은 기능성 발효유의 제품 개발이 좋을 듯하였다. 간에 좋은 역할을 하는 기능성 유산균을 분리하고, 간에 좋은 천연 성분들을 선택하여 첨가함으로써 간 기능을 개선하는 제품 개발에 목표를 두고 연구하기로 결심을 하였다.

간에 좋은 기능성 발효유를 개발하여 알코올을 분해하는 데 도움이 되는 제품 개발을 목표로 하여 연구에 참여할 프로젝트팀을 구성하였다. 연구기간은 대략 3년간 수행할 프로젝트를 목표로 하여 연구개발에 착수하였다.

일반적으로 사람에게 간염의 질병을 일으키는 바이러스로 잘 알려진 B형은 수혈이나 주사침과 같은 혈액을 통하여 감염되지만, A형은 인체 감염경로가 B형과는 달리 식품이나 구강을 통하여 감염되는 질병이라는 점에 착안하였다.

A형의 바이러스의 항체를 만들기 위해서는 임신한 젖소에 A형 바이러스를 여러 차례 주사하여 젖소의 몸에 항체를 형성하게 하고, 송아지를 출산할 때 어미 젖소의 초유에 각종 면역물질이 함유되는 원리를 이용하여 초유에서 분리한 항체를 제품에 투여하였다. 그 이외 간에 효능이 좋은 여러 천연물질에서 분리한 기능성 성분을 첨가하여 간세포를 처음 발견한 쿠퍼스(Kupffer's) 박사의 이름을 따서 간 기능성 발효유 「쿠퍼스」라고 명명하였다.

2) 간 기능성 발효유 「쿠퍼스」로 숙취해소 음료에 도전장을 내다

그 당시 국내에서는 기능성 식품법의 발효에 따라 건강증진에 대한 식품 섭취의 중요성이 크게 부각되었다. 다양한 식품의 원료 중 천연물에서 추출한 고부가 가치성 기능성 식품소재에 관한 연구는 차세대 성장의 동력이 될 매우 중요한 분야가 되었다. 또한 전 세계적으로 기능성 유산균을 이용하여 개발한 식품을 통해 건강을 증진하거나 더 나아가 질병 치료의 보조 수단으로까지 사용하도록 발전하고 있다.

「쿠퍼스」 제품의 출시는 저자에게는 또 다른 새로운 영역의 도전이었다. 간에 대한 기능성 발효유는 숙취 해소 드링크 시장을 정면으로 겨냥하는 새로운 도전장인 셈이었다. 기존의 숙취해소 음료의 제품 가격은 대략 3,000원 정도인데 반해 「쿠퍼스」는 1,300원대 가격을 목표로 개발을 시작하였다.

2004년 극심한 경기 침체로 인해 발효유 시장이 위축되고 있는 상황에서도 한국야쿠르트는 그 해 상반기에 매출이 약 3% 신장하였다. 제품의 우수성, 야쿠르트 아줌마들의 열성, 뛰어난 마케팅이 함께 어우러져 일구어낸 실적이다. 원료유와 유류대 등 원부재료비가 지속해서 상승하고 있어 향후 발효유 시장은 성장세가 매우 둔화할 것으로 판단되었다.

웰빙 붐으로 발효유에 대한 소비자들의 인식이 매우 긍정적이며, 제품력이 우수한 경우 가격 저항이 상대적으로 심하지 않다는 것을 의미하는 조사 결과가 나왔다. 「쿠퍼스」 이전에 출시된 「헬리코박터 프로젝트 윌」이 발효유 역사상 크게 히트를 기록한 점이 조사 결과를 증명한 셈이었다. 마케팅 조사를 거쳐 2004년 9월에 출시된 「쿠퍼스」는 3년간 연구개발 기간을 거쳐서 개발한 또 다른 기능성 발효유 제품이었다.

3) 「쿠퍼스」의 뛰어난 제품력

「쿠퍼스」에는 알코올성 간 질환을 억제하고 간 기능을 활성화하는 선발된 4종류의 기능성 유산균(HY 7401, HY 8001, CSG, CS 332)을 사용하였다. 첨가물로는 간을 보호하는 효과가 탁월한 천연 추출 혼합물과 과일 및 채소 추출물, 간염 유발 바이러스의 감염을 억제하는 초유 항체를 넣었다.

그 외에도 베타인(betaine), 복합 비타민 B군 6종, 항산화 비타민 2종류 등 각종 영양소를 풍부하게 포함하였고, 5종류의 혼합 과즙을 넣어 영양과 맛을 고려한 새로운 개념의 간 기능성 발효유 「쿠퍼스」를 개발하였다.

「쿠퍼스」 출시의 의미는 국내 최초로 의약품이 아닌 유산균 발효유로 건강증진과 간 질환을 예방하고 간 기능을 활성화할 수 있는 길을 열었다. 2004년도에 30~60세 이상 한국인의 성인 사망률 중에서 간 질환은 뇌혈관 질환, 심장 질환에 이어 3위를 차지하였다. 그 이유는 스트레스와 습관성 음주 때문으로 나타났다.

「쿠퍼스」는 사회 전반적으로 간 건강에 대한 관심이 고조되고 있는 시점에서 개발된 국내 처음으로 간 기능 개선 효과를 가진 발효유였다. 「쿠퍼스」는 간 질환을 경험한 30대 이상의 성인 남성과 평상시 음주가 잦은 남녀 직장인 등 건강에 관심이 많은 계층을 주요 고객으로 판매 목표로 삼았다. 그러나 식품으로 병을 고친다는 광고를 할 수 없는 법적 제약 때문에 피로에 지친 현대인의 간을 위한 발효유라는 점을 광고 컨셉으로 삼았다.

「쿠퍼스」의 다른 핵심 판촉수단은 「헬리코박터 프로젝트 윌」의 경

그림 2-13. 2004년 9월에 발매된 간 기능성 발효유 「쿠퍼스」

우와 마찬가지로 야쿠르트 아줌마 집중 교육을 통한 구전 홍보 전략이었다. 그 외에 각 언론사에도 「쿠퍼스」의 간 기능 개선 임상실험 결과를 홍보하는 활동도 병행하였다. 이러한 노력으로 간 질환이 있던 많은 소비자가 관심을 갖게 되었고, 이는 곧 판매량 증가를 가져왔다. 「쿠퍼스」는 출시 첫해인 2004년 말에 중앙일보를 비롯한 19개 일간지로부터 하반기 히트상품에 선정되는 영광을 안았다

「쿠퍼스」의 발매는 간 기능을 활성화 해주는 발효유가 신흥 시장을 형성하면서 새롭게 주목을 받게 되었다. 지난번 「윌」의 성공적인 발매에 뒤이어 유사 유업체인 매일유업, 서울우유 등도 유사한 컨셉으로 제품들을 속속 준비하기 시작하였다. 유산균 발효유 시장은 이런 발효유의 본원적인 기능인 장 기능 개선 작용 이외에 위장이나 간에도 좋은 기능성 제품들이 출시되면서 지속적인 성장세를 유지하게 되었다.

4) 과학적인 연구결과 및 자료는 효능에 대한 뒷받침이 필수

기능성을 강조하고자 하는 건강기능식품 및 일반식품들은 소비자가 신뢰할 수 있는 동물실험 및 임상시험을 통한 제품의 효능에 관한 과학적이고 신뢰할 수 있는 연구 결과 및 자료의 축적이 필요하다. 이러한 과정들을 통하여 기능성 발효유가 단지 일반 건강식품이 아닌 건강기능식품으로 당당히 소비자들에게 신뢰를 쌓을 수 있게 되었다.

또한 기능식품에 관한 법률 시행규칙 부칙 규정에 따라 2006년 2월 1일부터 건강기능식품 제조업체 중 우수 건강기능식품 제조기준(GMP ; Good Manufacturing Practices) 적용 업소로 지정받지 아니한 경우 건강기능식품 제조업자, 유통 전문 판매업자로부터 위탁 또는 의뢰받아 건강기능식품을 제조할 수 없게 되었다.

5) 「쿠퍼스」 광고의 어려움

처음 「쿠퍼스」가 등장했을 때 광고 심의위원회에서 '간(肝)에 좋다'는 직접적인 표현을 과대광고라고 규정하여 사용하지 못하였다. 따라서 간을 연상시키는 '피로'라는 컨셉으로 광고를 진행하였다. 특히 2005년부터는 '토끼의 간' 설화를 주제로 간과의 연관성 및 유머 코드를 강화한 광고를 집행하여 좋은 호응을 받았다. 그 후 새롭게 리뉴얼한 제품과 함께 활력 발효유 「쿠퍼스」라는 컨셉으로 음용 이후의 효과를 강조함으로써 소비자들에게 지치고 힘든 상황을 극대화해 어필하였다.

8. 홈메이드 요구르트 만들기

8.1 홈메이드 요구르트 제조요령과 주의사항

1) 제조요령

(1) 젖소에서 우유를 짜서 살균하지 않은 신선한 목장 우유는 약 80℃에서 30분간 가열하여 살균한다(그러나 시중에서 판매하는 시유(market milk)는 공장에서 살균과정을 거쳤으므로 추가로 가열 살균하지 않아도 괜찮다).

(2) 살균을 위해서 가열한 우유는 37℃ 전후로 냉각한다.

(3) 떠먹는 요구르트 또는 드링크 요구르트는 깨끗한 수저로 40~50 mℓ를 떠서 시유 1리터에 접종한다. 또는 유산균 분말 종균은 2~3g으로 포장된 것은 2봉지를 넣는다. 접종한 다음 유산균이 우유와 잘 섞이도록 서서히 몇 차례 저어준다.

* 발효하는 과정에는 저어주면 오히려 유산균이 잘 자라지 못함으

로 배양 중에는 다시 저어서는 안 된다.

* 묽은 액상 발효유는 단일 유산균을 사용하여 제품을 만드는 경우가 많아 홈 메이드 요구르트 제조에는 배양시간이 길어져서 액상 발효유는 종균용으로 사용하지 않는 것이 좋다.

(4) 배양하는 온도가 약 37~40℃ 유지되도록 만든 홈 요구르트 제조기에서 10~12시간 내외 배양한다.

(5) 우유가 순두부처럼 엉기면 발효가 완료된 것이다. 엉긴 정도를 알아보는 요령은 우유가 들어있는 용기를 살며시 기울여 보면 순두부처럼 엉겼는지 확인할 수가 있다. 신맛을 좋아하면 한 두 시간 더 발효시킨다. 이때 우유 응고물은 더욱 단단하게 응고된다.

(6) 발효가 완료되었으면 더 이상 배양을 중지하고 냉장고에 넣어서 냉각시킨다. 우유가 발효되어 순두부처럼 엉긴 우유 응고물에 첨가물 없이 그냥 먹으면 순수한 플레인(Plain) 요구르트가 된다. 플레인 요구르트를 좋아하지 않으면 꿀, 물엿, 시럽이나 다른 감미료를 넣어 먹거나 잼 또는 좋아하는 과일을 송송 썰어 넣어 취향대로 만들어 먹는다.

(7) 나머지는 냉장고에 보관하였다 음용하면 된다.

2) 전기밥솥을 이용하는 경우

(1) 홈 메이드 요구르트를 제조하는 경우는 깨끗이 씻은 유리병에 시유를 채운다. 시유 1리터 기준으로 농후 발효유 40~50 ㎖를 넣어 접종하고 저어준 다음 뚜껑을 닫는다. 뚜껑이 없으면 비닐 랩이나 알루미늄 포일로 씌우고 고무줄로 고정한다.

(2) 전기밥솥에 우유병을 넣고 물이 우유병에 들어가지 않을 정도로 물을 채운다.

(3) 전기밥솥은 뚜껑을 닫지 말고 열어 놓은 상태에서 보온용 스위치를 켠다.

(4) 발효에는 온도가 중요하다. 유산균 발효에 가장 적당한 온도는 37～40℃ 정도가 좋다. 따라서 전기밥솥의 물의 온도가 45℃ 이상으로 상승하지 않아야 한다.

3) 우유가 잘 배양되었는지 점검하는 요령

(1) 발효가 정상적으로 배양이 잘된 요구르트는 조직이 매끈하고 부드럽다. 그러나 우유 응고물 조직이 갈라지거나 우유 응고물 위쪽에 액체가 많이 생겼으면 잡균이 증식되었다는 현상이 될 수 있으므로 냄새를 맡아보면 유산균의 발효취가 아니고, 부패취가 나면 먹지 않는 것이 좋다.

(2) 우유는 살균하는 경우에 신속하게 냉각하여 유산균이 잘 자라는 온도(37～40℃)로 냉각하여 낮춘다.

(3) 발효 중에 용기를 흔들면 우유가 엉기지 않기 때문에 흔들지 않도록 주의한다.

(4) 만약 발효시간이 어느 일정한 시간 지났는데도 우유 응고물이 생성되지 않았을 경우는 유산균 종균의 활력이 저하된 경우로 종균을 교체한다.

(5) 우유 응고물이 지나치게 너무 끈적끈적한 경우는 유산균 이외의 잡균이 섞였을 경우가 많다.

(6) 우유 응고물이 거품과 줄이 많이 생겼을 경우는 우유가 상한

경우로 간주하고 실패한 것이므로 먹지 않는 것이 좋다.

(7) 유산균 종균 활력이 높아야 한다. 분말 포장된 유산균을 종균으로 사용한 경우에 종균의 활력이 낮아 일정시간 내에 우유의 산도(acidity)가 떨어지지 않거나 우유 응고가 잘 안 되면 종균을 교체하여야 한다.

4) 주의사항

(1) 홈 요구르트 제조과정 중에 유산균의 접종 양이 부족하거나 유산균의 활력이 저하되었을 경우 우유 내에 잔류하고 있는 잡균이 유산균보다 먼저 증식하는 경우에는 유산균 발효유가 아닌 잡균의 증식으로 부패할 수 있으므로 주의할 필요가 있다.

(2) 홈 요구르트 제조에 전기밥솥을 이용하는 경우에는 온도가 유산균 발효에 적당한 37~40℃ 범위를 넘어 45℃ 이상으로 상승하는지 사전에 점검할 필요가 있다. 온도의 유지 관리가 잘 안 되면 시중이나 인터넷에서 판매되고 있는 홈 요구르트 전용 제조기를 구입하여 사용하기를 추천한다.

제3장

프로바이오틱스 제품이란?

1. 프로바이오틱스의 개념과 이용

1) 개 념

프로바이오틱스(probiotics)는 항생물질(antibiotics)에 대비되어 사용되는 말로서 그리스어의 '생명을 위한(for life)' 의미로 유래된 말이다. 장에서 유해균을 억제하고 장의 활동을 원활하게 해주어 사람과 동물의 장내 균총(microflora)을 개선해 줌으로써 숙주에게 유용작용을 하는 단독 혹은 복합 균주로 구성된 생균 제제를 말한다.

최근에는 미생물 성분으로 사균까지 포함해 확대하여 의미하기도 한다. 유익한 미생물인 유산균은 장내 미생물 균형을 유지하여 건강을 지키는 일등 공신이다. 전통적으로 알려진 프로바이오틱스는 대부분이 유산 간균과 비피더스균 그리고 연쇄상 구균이 주종을 이루며, 그 외 일부 엔테로코커스균(*Enterococcus*) 등이 사용되고 있다.

2) 균주 조건

유산균을 비롯한 세균들이 프로바이오틱스로 인정받기 위해서는 인체의 장내에 존재하는 균주일수록 바람직하며, 위산과 담즙산에서 살아남아 상부 소화관 내를 거의 사멸하지 않고 통과할 수 있어야 한다. 소장까지 도달하여 장내에 정착하고 체류하며 서식하는 능력이 좋아야 한다. 장내에서 유용한 효과를 나타내어야 하고, 식품의 가공 처리 조건에서의 생존율이 우수하여야 하며, 보관 시 품질 안정을 보장할 수 있어야 한다.

항균성 물질을 생산하고 항균 범위가 넓으며, 독성과 병원성이 없고 안전성이 확보되어야 한다. 프로바이오틱스는 6가지 종류로 대별할 수 있는데, 현재 가장 많이 사용되고 있는 유산균종은 유산 간균과 비피더스균 그리고 연쇄상 구균이다. 국내 식약처에서는 2016년도 건강기능식품에 프로바이오틱스로 사용할 수 있는 균주는 락토바실러스(11종), 락토코커스(1종), 엔테로코커스(2종), 연쇄상 구균(1종), 비피더스균(4종) 합계 19종으로 명시하였다.

3) 효 능

장내 미생물 균총이 건강과 질병 저항성에 매우 중요한 연관 관계가 있다는 사실은 이미 널리 확인되었다. 유산균이 장내에서 건강을 지켜주는 파수꾼의 역할을 다하고 있다. 유산균이 단순한 건강기능식품이 아니라 질병 예방에도 효과가 있다고 알려졌다. 최근 프로바이오틱스의 균주에 대한 임상학적인 연구가 축적되면서 생균 미생물들이 장내 미생물 생태계에 유익한 기능을 한다는 사실과 소화 장기의 질환과 전염성 장염의 예방효과가 있음이 밝혀졌고, 기타 여러 가지 건강증진 기능에 대한 효과가 알려졌다.

장내에서 알려진 프로바이오틱스의 다양한 효능은 대략 다음과 같다. 장내 유익균을 증식시키고, 유해균의 증식을 억제한다. 발암성 효소의 생산을 저하하고, 발암물질의 생산을 억제하여 항암효과를 나타내며, 장내 독소를 무독화 한다. 장 점막의 면역성을 증강해 면역을 증진하고, 장 점막의 방어기능을 증진한다.

설사 및 변비의 개선 등 정장작용, 혈중 콜레스테롤 농도 저하, 유당의 소화를 증진하고, 피부 미용 효과, 장내 균총의 안정화로 정상적 균총 조성을 통한 노화방지 등이다.

4) 제품의 형태

프로바이오틱스의 생균제 제품의 포장 형태는 분말, 과립, 연질캡슐 그리고 정제(tablet) 등의 형태로 판매되고 있다. 프로바이오틱스 균주는 살아있는 생균 형태로 생산 제조되어 유통기간 중에도 사멸되지 않고 소비될 때까지 일정한 활력과 생균수(1억 마리/g)가 유지되어야 한다. 프로바이오틱스의 생균제 제품은 어떤 포장형태를 하든지 냉장상태나 상온에서 유통되는 경우 유통기간이 1년 이상으로 매우 길기 때문에 일정한 생균수를 유지 관리하기가 쉽지 않다.

약국용으로 만들어지는 생균제는 일반적으로 냉동 건조되어 알약, 캡슐, 또는 분말 형태로 만들어지고 있으며, 냉장상태로 유통되고 있다. 발효유의 형태로 프로바이오틱스를 공급할 경우 유통기한이 짧고 냉장유통이라는 제한은 있지만 좋은 상태의 프로바이오틱스를 공급받을 수 있다는 장점이 있다. 최종 제품의 요건으로는 유산균 증식 및 유해균 억제, 배변활동 원활에 도움을 줄 수 있어야 하며 하루 섭취량은 대략 1억~100억(10^8~10^{10} CFU) 마리 정도이다.

살아있는 생균 유산균을 섭취하기 위한 최적의 방법은 요구르트와 같이 기능성 생균 미생물을 첨가한 발효유 또는 생균 미생물이 생장했거나 함유된 발효식품을 섭취하는 것이 가장 좋은 방법으로 인정되고 있다. 요구르트는 식품으로서 균형 잡힌 영양분을 안전하게 섭취할 수 있을 뿐만 아니라 생균 미생물의 활력을 최대한 보존·공급할 수 있는 최선의 방법으로 평가받고 있다.

한편, 기능성 유산균들은 냉동건조, 캡슐, 분말, 액체, 요구르트 등등 여러 가지 형태로 이용되지만, 가장 중요한 것은 활력이 높은 기능성 유산균을 많이 섭취하는 것이며, 위장의 산성 환경과 담즙의 살균작용에 살아남아서 대장과 직장에서 왕성히 활동하고 오래 남아 있어야 하고, 기능을 발휘할 수 있어야 한다.

이러한 요구사항을 생각해 보면 가장 값싸고 살아있는 유산균을 많이 섭취할 수 있는 방법은 요구르트와 같은 발효식품 형태로 기능성 유산균을 이용하는 것이 가장 합리적이다. 분말이나 캡슐 형태는 요구르트를 이용하기 어려운 경우에 유산균을 이용할 수 있는 대안이 될 수 있지만, 생존율과 활력에 의해 효과가 좌우되는 형태의 생균 제품들이다.

프로바이오틱스의 주요 연구개발 과제의 하나는 유산균 코팅기술이다. 코팅기술은 유산균을 보호하는 코팅제를 씌워서 일차적으로 유통과정 중에 수분이나 온도, 외부 환경의 영향으로 인한 사멸을 억제하는 역할을 해야 한다. 이차적으로는 이중 코팅의 형태로 섭취 시 위산과 담즙산으로 부터 균들을 보호하고 장까지 안전하게 이동시키는 기술이다. 그 후 장에 도착 후 정확한 시점에 코팅제를 뚫고 나와 생존을 하면서 활력을 유지해야 한다.

따라서 제조사의 생산방식, 포장재의 특성, 균 자체의 특성에 따라서 생균수나 활력은 기술적으로 커다란 차이를 보여준다. 이와 관련된 코팅기술은 현재 4세대가 존재하며 1세대 코팅 안 함, 2세대 장용 코팅, 3세대 미세코팅, 4세대 이중 코팅의 형태로 진일보되어 왔다.

5) 제품의 응용과 전망

(1) 프로바이오틱스의 이용

프로바이오틱스에 대한 관심은 인류가 유산균을 이용한 역사는 문자기록이 남겨지기 전부터 시작되었다. 신화와 전설, 종교 등에 요구르트, 치즈 등 유산균 발효 음식을 먹었다는 흔적들이 있다.

① 사람의 장내 미생물로 확인된 종류는 21세기 들어 장내 균을 배양하지 않는 분석법으로 인간의 장내 미생물 균총의 전체적

인 구조가 밝혀졌다. 균의 종류가 대략 1,000여 종 이상으로 약 100조 마리가량이며(인체의 세포 수는 약 60조), 균 전체 무게는 약 1.5～2kg을 차지하고 있다. 건조 분변 1g은 대략 1조 마리 정도가 되는 것으로 알려졌다. 용적으로 보면 분변의 1/3～1/2를 균이 차지하는 것으로 추정한다. 앞으로 이 숫자는 연구가 발전되면서 더 많이 증가하리라 본다.

② 장에 도달하여 장 점막에서 생육할 수 있게 된 프로바이오틱스 유산균은 젖산을 생성하여 장내 환경을 산성으로 만든다.

③ 산성 환경에서 견디지 못하는 유해균들은 그 수가 감소하게 되고, 산성에서 생육이 잘 되는 유익균들은 더욱 증식하게 되어 장내 환경을 건강하게 만들어 주게 되는 것이다.

④ 사람의 장에는 약 1.5～2kg 이상의 균이 서식하고 있으며, 음식물의 양과 균의 양이 거의 동일하게 존재하고, 매일 배설하는 분변 내용물도 수분을 제외하면 약 40%가 균이다. 이들 균의 대부분은 혐기성균이다.

⑤ 나이가 들면서 점차 유산균수는 감소하고, 장내 유해균은 증가하게 된다. 이러한 정상적인 노화과정에서 장내 균총의 분포를 건강한 상태로 유지하도록 도와주는 것이 프로바이오틱스의 주요 기능이다.

(2) 프로바이오틱스를 이용한 제품

발효유 제품, 건강기능성 식품, 식품첨가물, 젖산 발효에 의한 식품 보존성 향상, 동물 의약품, 인체 의약품, 화장품 원료, 가축과 양어의 항생제 대체용 사료첨가제 등 폭넓고 다양한 응용 분야와 시장성을 가지고 있다. 향후에는 단순 기능성 건강식품의 개념을 뛰어넘어 의약품으로도 사용되고, 점차 특정 질병 예방의 역할이 강조될 것으로 예상된다.

최근 국내에서는 유제품 업체 이외 일반 식품업체들도 프로바이오틱스 제품 개발과 판매에 참여하고 있으며, 제약회사들도 제약회사라는 소비자들의 인식에 힘입어 프로바이오틱스를 더욱 적극적으로 발매하고 마케팅에 관심을 기울이고 있다. 그리하여 식품업체는 일반 유통시장을 중심으로 제약회사들은 약국을 이용한 판매로 판매망은 다르지만, 소비자를 경쟁적으로 확보하려고 경합하는 공동시장이 되고 있다.

(3) 프로바이오틱스 시장 현황

① 국내 시장 현황은 건강에 대한 관심이 고조되면서 친환경, 유기농 제품 선호도가 높아지고 있다. 예방의학의 중요성이 증가하면서 유산균을 이용한 프로바이오틱스의 건강기능식품 시장이 빠르게 성장하고 있다. 피부미용이나 아토피 치료 등 기능성 제품들을 출시하고자 연구에 많은 투자를 하고 있다. 최근 유산균 발효유 분야가 3～4년간 정체된 시장과 달리 프로바이오틱스 분야는 김치나 젓갈 그리고 장류 등에서 분리한 한국형 유산균을 활용하여 기능성 프로바이오틱스 제품을 개발하고자 하는 추세로 움직이고 있다.

② 프로바이오틱스의 해외시장은 주로 유럽, 미국, 일본 등 선진국 중심으로 거대시장이 형성되어 있다. 여기에 다양한 기능성 및 식품첨가물 중심 시장도 형성되었다. 세계 프로바이오틱스 생산 주요 나라와 업체는 덴마크의 크리스천한센과 다니스코이며, 캐나다의 러셀과 일본의 모리나가 회사가 프로바이오틱스 생산의 주력 업체이다.

③ 중국에서 프로바이오틱스 균주로 사용 가능한 유산균과 기타 균 종류는 28종류이다. 대략 내용을 살펴보면 락토바실러스가 15종류, 비피더스균이 7종류, 연쇄상 구균이 1종류, 기타 균종이 5종류로, 모두 28종류로 우리나라보다 9종류가 많다.

프로바이오틱스 기능에 대한 과학적 증거가 계속 축적되고, 신뢰도가 향상되어 소비자 인식이 좋아지고 있다. 웰빙 트렌드와 고령화로 건강에 대한 관심이 장 건강과 밀접한 연관이 있음이 알려짐에 따라 프로바이오틱스의 수요는 꾸준히 증가하는 추세이다. 그러나 프로바이오틱스는 건강기능식품의 일종으로 가격이 고가인 점과 국가별 승인 절차가 복잡하고 까다롭다는 점, 그리고 원료를 수입에 의존하지 말고 차별화된 기능성 소재를 국내 자체 조달하기 위해서는 기업체들은 연구개발 투자에 인색하지 말아야 하겠다.

최근 장내 미생물이 현대인을 괴롭히는 알레르기, 아토피, 천식 및 여러 염증성 면역질환과 당뇨, 비만, 고지혈 등 대사질환과 관련이 있다고 밝혀졌다. 또한 치매, 우울증 등 뇌 질환 및 각종 암과 각종 질환과도 관련이 있으며, 장내 세균총의 구성은 인간의 체질과도 밀접한 연관이 있는 것으로 알려졌다. 턴바우 등이 2009년도 네이처(Nature) 학술지에 발표한 "인간의 마이크로비오타(microbiota)" 학설 등이 나오면서 유산균에 대한 관심이 계속 커지고 있다.

2. 건강기능식품(Health functional food)에 대하여

1) 건강기능식품의 개요

건강기능식품이란 신체의 육체적, 생리적 측면에서 유용성을 기대하여 섭취할 목적으로 식품소재에 함유된 성분을 그대로 원료로 하거나 이들에 들어 있는 특정 성분을 분리 또는 추출, 농축, 정제, 혼합 등의 방법으로 제조·가공한 식품을 말한다.

2014년도 기준 우리나라 건강기능식품 매출액 상위 10여 개 품목 중 1위는 홍삼제품, 2위는 개별인정 제품, 3위는 비타민 및 무기질 제품이고, 4위가 프로바이오틱스 제품으로 전체 건식 매출액의 8.8%에 해당하는 것으로 나타났다.

2) 건강기능식품의 기능성

건강기능식품은 식품의약품안전처에서 동물시험, 인체 적용시험 등 과학적 근거를 평가하여 인정받은 기능성 원료를 가지고 만든 제품이 바로 '건강기능식품'이다. 모든 식품은 기능을 가지고 있는데, 그 기능별로 다음과 같이 분류할 수 있다.

① 1차 기능 : 생명 및 건강 유지와 관련되는 영양 기능
② 2차 기능 : 맛, 냄새, 색 등의 감각적, 기호적 기능
③ 3차 기능 : 건강 유지 및 증진에 도움이 되는 생체조절 기능 등

이 중 건강기능식품은 3차 기능에 초점을 맞춘 제품이라고 할 수 있다. 어떤 식품이 건강에 좋다고 알려져 있다고 해서 건강기능식품이 되는 것은 아니다.

그림 3-1. 시중에 판매되고 있는 건강기능식품

「건강기능식품」은 건강기능식품에 관한 규정에 따라 일정 절차를 거쳐 만들어지는 제품으로서 「건강기능식품」이라는 문구 또는 인증 마크가 있다. 이러한 점에서 '건강식품', '자연식품', '천연식품'과 같은 명칭은 「건강기능식품」과는 다르다.

많은 사람이 건강기능식품을 질병을 치료하는 의약품처럼 오해하고 있다. 건강기능식품의 기능성은 의약품과 같이 질병의 직접적인 치료나 예방을 하는 것이 아니라 인체의 정상적인 기능을 유지하거나 생리기능 활성화를 통하여 건강을 유지하고 개선하는 것을 말한다.

3) 기능성 원료란?

건강기능식품은 기능성 원료를 사용하여 제조 가공한 제품으로, 기능성 원료는 식품의약품안전처에서 「건강기능식품 공전」에 기준 및 규격을 고시하여 누구나 사용할 수 있는 고시된 원료와 개별적으로 식품의약품안전처의 심사를 거쳐 인정받은 영업자만이 사용할 수 있는 개별 인정 원료로 나눌 수 있다.

(1) 고시형 원료는 건강기능식품 공전에 등재된 기능성 원료를 말한다. 건강기능식품 공전에서 정하고 있는 제조기준, 규격, 최종 제품의 요건에 적합할 경우 별도의 인정 절차가 필요하지 않다. 영양소(비타민 및 무기질, 식이섬유 등) 등 약 88여 종의 원료가 등재되어 있다.

(2) 개별 인정형 원료는 건강기능식품 공전에 등재되지 않은 원료로, 식품의약품안전처장이 개별적으로 인정한 원료를 말한다. 이 경우에는 영업자가 원료의 안전성, 기능성, 기준 및 규격 등의 자료를 제출하여 관련 규정에 따른 평가를 통해 기능성 원료로 인정을 받아야 하며, 인정받은 업체만이 동일한 원료를 제

조 또는 판매할 수 있다. 2016년 기준으로 175여 종류의 기능성 원료가 있다.

4) 기능성의 종류와 내용 및 표시

기능성은 그 종류에 따라 '질병 발생 위험 감소기능', '생리활성 기능', '영양소 기능'이 있다. 인체의 구조 및 기능에 대하여 영양소를 조절하거나 생리학적 작용 등과 같은 보건용도에 유용한 효과를 얻는 것을 말하며, 다음과 같이 3가지로 구분한다.

기능성 종류	기능성 내용	기능성 표시
질병발생 위험 감소기능	질병의 발생 또는 건강상태의 위험감소와 관련한 기능	○○발생 위험감소에 도움을 줌
생리활성 기능	인체의 정상기능이나 생물학적 활동에 효과가 있어 건강상의 기여나 기능향상 또는 건강유지 개선을 나타내는 기능	○○에 도움을 줄 수 있음
영양소 기능	인체의 정상적인 기능이나 생물학적 활동에 대한 영양소의 생리학적 작용	

※ 질병발생 위험 감소기능 : 확보된 기능성 자료의 과학적 근거 자료의 수준이 과학적 합의에 이를 수 있을 정도로 높을 경우 인정

5) 건강기능식품의 안전성 평가

(1) 식품의약품안전처는 건강기능식품이 소비자에게 판매되기 전에 과학적으로 안전성을 검토한다.

(2) 안전성 평가는 제안된 방법대로 섭취하였을 때 인체에 특정 이상 반응이나 부작용을 나타내지 않음을 확인하는 과정으로

기존에 보고된 안전성 자료, 취약집단(어린이, 임산부, 수유부 등), 의약품·식품과의 상호작용 등을 모두 고려한다.

(3) 기존에 보고된 안전성 자료를 통해서
① 제조방법에 따른 안전성 여부
② 섭취량의 변화 여부에 따른 안전성 여부
③ 생물학적 유용성·영향평가 등 생체 내에서의 원료의 특성에 따른 안전성 여부
④ 독성시험을 통한 안전성 여부 등을 확인한다.

(4) 기존에 보고된 근거 자료를 모두 종합하여 제안된 섭취량 내에서의 원료의 안전성을 확인하게 되며, 기존에 보고된 자료로 안전성의 입증이 어렵다면 신청한 원료를 가지고 독성시험을 함으로써 안전성을 입증해야 한다.

6) 건강기능식품의 안전성 관리

(1) 식약처에서 인정한 '건강기능식품'은 기준 규격 검사와 불법 의약품 성분 검사를 거쳐 소비자에게 전달된다. 또한, 유통 중인 제품의 관리를 위해 수거검사를 한다.

(2) 기준·규격 검사는 기능 성분이 제품에 표시된 양만큼 들어있는지, 그리고 납, 수은, 비소, 카드뮴과 같은 중금속, 잔류농약, 대장균 등의 위생규격이 적합한지를 검사하고 있다.

(3) 수입제품의 경우에는 불법 의약품 성분을 혼입할 가능성이 크기 때문에 수입 시점에서 검사하고 있다.

7) 기능성 표방 유사 건강기능식품의 관리

건강기능식품이 아닌 일반 식품인데 건강기능식품인 것처럼 기능

성을 표방하기 위해서 불법 의약품 성분을 사용하는 경우가 있다. 수입 다이어트 제품 또는 인터넷 사이트에서 한글 표시사항이 없는 제품 등은 주의하여야 한다.

3. 프리바이오틱스(Prebiotics)란?

장내 유용 미생물에 의해 이용되어 미생물의 생육이나 활성을 촉진함으로써 숙주 건강에 좋은 효과를 나타내게 하는 난소화성 성분으로서 프로바이오틱스의 영양원이 되어 장내 환경을 개선하는 데 도움을 주는 먹이가 되는 식품 성분을 말한다. 식품 성분이 프리바이오틱스 조건을 갖추려면 위장관의 상부에서 소화 또는 흡수되지 않아야 하고, 장내 미생물 중 비피도박테리아와 같은 유익한 세균이 선택적으로 흡수하여 활성화되고 병원균 등의 유해균을 억제할 수 있어야 한다.

프리바이오틱스(prebiotics)는 프로바이오틱스 균의 먹이로 유익한 미생물을 선별적으로 먹여 살리는 물질이다. 이들은 올리고당과 같이 탄수화물로 이루어져 있는 경우가 많고 라피노오스, 락툴로오스, 락티톨, 자일리톨 등이 있으며, 대부분이 식이섬유의 형태로 존재한다.

사람과 동물의 소화관 내에는 수많은 해로운 미생물과 이로운 유산균과 비피더스균이 다른 미생물들과 어우러져 함께 살고 있다. 이로운 미생물들은 소화생리와 소화장기 내의 건강에 도움을 준다. 특히 유용한 기능성 미생물들이 장내에 정착해서 유해한 미생물의 생육을 억제하고 건강을 증진시킬 수 있기를 기대한다. 이러한 기능을 하는 것으로 알려진 식품 성분들을 생균 촉진제 또는 프리바이오틱스(prebiotics)라고 부른다.

일반적으로 생균 촉진제로 사용되는 식품 성분들은 소화장기의 상부에서 동물이나 인체의 소화효소에 의해 소화 흡수되지 않는 물질들이다. 기능성 생균 미생물들은 이들을 이용하는 능력이 있어서 생장이 선택적으로 촉진된다. 따라서 유익한 미생물의 생장과 정착이 촉진되고, 건강증진 기능이 촉진되어 유해한 미생물의 억제 효과가 있다. 장내에 유익한 미생물의 생장을 촉진하기 위해서는 이들 미생물이 잘 이용하는 탄수화물을 이용하는 것이 일반적이다.

생균 촉진제는 건강증진 효과 이외에 철분의 흡수를 향상하는 것으로 보고되었다. 이로운 미생물이 결장(colon)에서 생균 촉진제를 이용함으로써 유기산의 생산이 증가하여 장관 내 pH가 저하되고, 철분의 용해성을 증가시켜 흡수를 증진한다. 유익한 미생물들의 기질로서 또는 생균 촉진제로서 선택하기 위해 고려해야 할 사항으로는 다음과 같다.

① 소화장기 내에서 서서히 흡수되거나 흡수되지 않는 천연물질 또는 천연물질에서 생산된 유도물질
② 프럭토올리고당, 락툴로스, 락티톨 등은 유산균과 비피더스균들이 이용할 수 있고, 이들의 생장을 촉진한다.
③ 비피더스균이 잘 이용하는 다당류는 갈락토스, 글루코스 또는 프럭토스를 함유하는 다당류와 이눌린(inulin) 유도체이다.
④ 유산균과 비피더스균이 동시에 생육을 촉진하기 위해서는 생균 촉진제를 몇 가지 배합하여 사용하면 효과적이다. 끝으로 식품 내의 생균 촉진성이 있는 성분을 활용하는 것도 좋다.

소화되지 않는 당류를 다량 섭취하면 일반적으로 복부 팽만감, 복부팽창, 복통 등의 장기 불쾌증과 묽은 변이 나타난다. 생균 촉진제의 일반적 사용량 1일 1회에 2～3g 정도이고 락툴로스, 락티톨, 자일리톨과 같은 폴리올(polyol) 등은 하루에 2～20g을 몇 번 나눠서 사용하면 이러한 부작용은 발생하지 않는 것으로 알려졌다. 이들 생균 촉진제의 안전성과 독성시험이 많이 보고되지는 않았지만, 천연식품

의 성분이거나 식물에서 만들어진 물질은 일반적으로 안전하다고 인정되고 있다

4. 가축용 생균제

가축용 생균제는 가축의 생산성 증진과 유해 미생물에 대한 저항성을 높이기 위하여 가축에 급여하는 살아있는 유산균 생균제를 의미하고 있다. 가축에게 생균제를 사용하는 주요 목적은 가축의 장내 부패를 억제하고, 면역력을 증강해 질병 감염을 예방하고자 한다. 나아가 사료 이용효율을 증대시키고 장내세균 개선, 설사 방지, 소화기 질병의 예방을 위하여 사용하고 있다.

요즈음 가축의 대규모 밀집사육 환경은 동물의 장내 정상 미생물 균총에 영향을 미칠 뿐만 아니라 영양과 성장에 많은 지장을 초래하고 있다. 더욱이 장내에서 병원균에 의한 질환의 전파와 발생을 증가시키고 있다. 동물 약품으로 생균제를 이용한 사료첨가제가 항생제의 일부를 대체 할 수 있어 고기, 계란 등 축산식품을 통한 항생제의 간접 섭취는 많이 감소시킬 수 있게 되었다.

생균제에서 미생물의 생존은 생균제의 보존온도, 수분함량, pH, 영양소 함량, 보존기간 등 여러 가지 요인에 의해 영향을 받는다. 생균제로서 기능을 효과적으로 발휘하기 위해서는 활력이 강한 생균 미생물이 충분한 숫자로 생존해 있어야 한다. 그리고 매일 일정 이상의 분량을 섭취해서 장내에서 생균 미생물로 활동하는 데 부족함이 없어야 한다.

축산농가가 가축에게 다양한 종류의 항생물질을 사료에 장기간 급여함으로써 항생물질 내성을 갖은 미생물이 가축에게 전달될 뿐만 아니라 이러한 저항성 인자는 다른 미생물에게도 전달되고 있다.

축산물에서 항생물질 잔류로 기인한 내성 미생물은 고기, 계란, 유

제품 등의 축산식품을 통해서 항생물질 내성 인자를 인체에 간접적으로 확산시켜 주는 결과가 되고 있다. 따라서 세계 여러 나라에서 사료에 항생물질 사용을 금지하고 있다. 동물의 질병 예방과 성장촉진 기능을 대체할 수 있는 대안으로 유산균 생균제가 가축 주요 관심사항이 되었다.

가축용 유산균 생균제품으로서의 갖추어야 할 요구 조건들을 살펴보면 다음과 같다.

첫째, 생균제의 제조와 보관이 용이하고, 유통기간 동안 생균수가 법적인 규정으로 유지되어야 한다. 동물의약품으로 사료첨가용 미생물제제는 보존기간이 대략 1년 이상이므로 유통기간 동안 제품의 균수와 품질이 유지되어야 한다.

둘째로, 경제성이 있어야 한다. 생균제의 제품가격이 고가이면 축산업자들은 항생제 대체제로서 유산균 생균제 제품을 선택하기를 망설일 것이다.

셋째로, 다른 첨가제인 항생제, 방부제와 혼합, 펠릿(Pellet) 등의 제조 후에도 그 생균제 활성이 유지되어야 한다.

끝으로, 유산균 생균제 제품은 단독 혹은 여러 가지의 균종을 혼합하여 제조 판매되고 있다. 이러한 제품들은 분말, 펠릿, 그래뉼, 알약, 반죽 형태로 가축에게 직접 경구 투여하거나 사료 혹은 물에 혼합하여 급여하고 있다.

메치니코프가 유산균이 사람의 장 건강을 증진할 수 있다는 개념을 1908년 처음 제안하였는데, 가축 생균제는 1978년 풀러(Fuller) 등에 의해 본격적으로 응용되었다. 가축에 사용되고 있는 생균제로 주로 사용되고 있는 균종으로는 유산 간균, 엔테로코커스, 비피더스균, 효모, 고초균, 클로스트리디움 등 다양한 종류의 미생물이 사용되고 있다. 그러나 가축에서 분리한 미생물이 숙주 특이성 때문에 같은 종류의 가축에 더 효과가 좋을 것으로 판단된다.

가축용 유산균 생균제의 고려사항으로는

(1) 저장과 유통방법이 용이한 분말 혹은 펠릿(Pellet) 형태이어야 한다. 식품인 경우에는 액상인 상태에서 냉장고에 보관할 수 있지만, 가축용 유산균 생균제의 경우 이러한 보관방법은 경제적인 측면에서 불가능하다. 동결건조법을 이용하여 분말화하는 것은 제품의 가격 상승으로 적용하기 어렵다. 한편, 펠릿 형태로 만들기 위해서는 미생물이 내열성이 있어야 하는데, 유산균의 경우 대부분 열에 약하다. 코팅처리도 역시 생산비용이 상승하므로 실제로 적용하기가 쉽지 않다.

(2) 생균수의 보존기간이 일반적으로 1년 이상 되어야 한다. 제품 균수가 유통 규정 기간에 요구되는 것 보다 적으면 안 된다. 보존성과 내열성이 강한 균주를 개발하는 것이 가축용 유산균 생균제 제품을 이용할 수 있는 방법이라고 할 수 있다.

위에서 설명한 두 가지의 문제점을 극복하여야 한다. 유산균 생균 제품을 제조하는 과정에 있어서 적당한 부형제(賦形劑)의 선택과 제품의 건조방식이 중요하다. 가축용 유산균 생균제 균주가 갖추어야 할 사항으로는

첫째로, 장내에서 병원성 균과 경쟁적으로 영양분을 섭취하고, 장 상피세포 흡착에도 경쟁할 것.

둘째로, 길항성 물질을 생성하며, 면역 촉진효과를 가질 것.

끝으로, 제품의 생균수가 유통기간에 규정의 수치를 유지하기 위하여 포자를 형성하는 유산균의 활용방안과 유산균의 캡슐화 기법을 이용하여 안정성과 보존성을 유지하여야 한다.

가축 생균제의 주요 사용목적을 예를 들면 양돈은 어린 돼지의 설

사 대책으로 활용하고, 양계는 살모넬라 감염증 억제, 소는 병원성 대장균(*E. coli* O-157) 억제 대책 등으로 이용하기도 한다.

요즈음 유기농 농산물이 소비자들의 많은 관심을 끌고 있다. 농약을 사용하지 아니하고 재배한 채소, 과일 등 무농약 농산물의 생산이 가능할까? 우리나라는 농산물을 생산하는 농토가 좁아 외국에서처럼 농약을 사용하지 않고는 농사를 지을 수가 없는 현실이 되었다. 어느 특정한 개인이 설령 생산하는 농산물에 농약을 사용하지 않았다고 해도 주변의 농토에서 농약을 사용하게 되면 인근의 농토에 사용한 농약은 바람이나 농사짓는 물을 통하여 나의 농사짓는 농토에 유입되어 간접으로 농약을 사용하는 것과 다름이 없다. 이러한 경우는 무농약 유기농농산물이 아니고 저농약 농산물이라고 말해야 할 것이다. 국토가 넓은 외국에서는 광대한 토지에 격리된 지역에서는 무농약 유기농산물 생산이 가능하리라 본다.

축산물의 생산 경우에도 항생제를 사용하지 않은 사료를 급여하여 축산물을 생산하기가 여간 어려운 일이 아닐 수 없다. 종종 축산 농가를 괴롭게 하는 구제역이나 조류 인플루엔자 기타의 다양한 가축 질병이 생기면 순식간에 인근 축산농가로 전파되어 감염되고 있어 집단 방역과 소독을 통하여 감염을 억제하고 있다. 땅이 넓은 지역에서 방목을 통하여 푸른 목초나 건초만을 이용하여 사육하여 생산하는 청정지역 축산물은 항생제 없이도 가축의 사육이 가능하리라 본다. 그러나 우리나라같이 좁은 지역에서 집단으로 가축을 사육하는 환경에서는 어려운 현실이 아닐 수 없다.

가축에 항생제 없이 생균제를 이용하여 생산되는 축산물은 별도로 이력 관리를 하여 다소 값이 비싸더라도 무 항생제 고기, 달걀, 유제품을 생산할 필요가 있다. 건강을 염려하는 많은 소비자는 수요가 많이 증가할 것으로 예측된다.

5. 양어(어류)용 생균제

"이 생선은 자연산인가요? 양식인가요?" 소비자는 대부분이 횟집이나 생선가게에 가면 가게 주인한테 일반적으로 하는 질문이다. 요즈음 특별한 어종을 제외하고는 대부분이 자연산이 아닌 양식을 통하여 사육한 생선을 먹고 있다고 보는 시각이 타당하다. 자연산을 잡아오는 생선에서 양식하는 생선으로 환경이 바뀌었다.

우리나라는 지난 40여 년간 급속한 양어 양식기술의 발달로 연안해역의 양식 어장이 급격히 확대되었다. 그러나 장기적인 어장 사용과 시설과다 설치로 어장의 저질노화 및 질병의 빠른 전파로 단위 면적당 생산량 감소로 인한 피해가 증가하고 있어 양식 어류의 질병 억제를 위해 양어용 생균제의 개발이 절실하게 필요하게 되었다.

국내적으로 양어사료 분야는 지난 80년대 초반 양어용 배합사료가 개발됨에 따라 향어와 잉어 등 가두리 양식이 본격적으로 시작되었다. 90년대 중반 이후 정부의 맑은 물 공급과 수질규제가 강화되어 내수면 어업에 큰 타격을 입게 되었다. 국내 양어 사료업계는 생사료, 습기사료 및 배합사료를 동시에 사용하면서 사료공급이 급속도로 성장하게 되었다.

양식어종은 담수 어종에서 바다 어종으로 바뀌면서 해산물 양식 사료의 증가로 새로운 양어사료 개발 중요성이 대두되었다. 항생제 대체용 천연미생물 소재 개발과 웰빙 수산물에 대한 기대 및 수요가 증가함에 따라 양식 산업에도 항생제를 대체할 무공해 기능성 첨가제의 필요성이 현실화 하였다.

수산생물에 적합한 유익균의 생균제 개발은 양식 어류의 면역증진, 질병 저항성 증가, 대사효율 증진, 사료효율 개선 등의 효과를 기대할 수 있게 되었다. 친환경 무공해 사료 첨가제 개발로 항생제 걱정

없는 건강하고 안전한 수산물을 식탁에서 만날 수 있게 될 날을 기대하여 본다.

유산균은 어류의 장내 미생물 중 많은 수가 발견되지 않고 있으며, 어류 종에 따라 변이가 큰 것으로 알려졌다. 어류의 장내에 서식하는 유산균들은 생장온도가 낮아서 생장속도가 매우 느린 것으로 알려졌다. 4～12℃에서 4주까지 장기간 배양할 것을 권장하고 있다. 어류 양식업에서 주요한 문제가 되는 것은 항생물질을 함유한 사료에 의한 항생제 내성 미생물의 확산을 염려하는 우려의 목소리가 어류 양식업에 유산균 생균제의 사용과 개발이 중요한 과제가 되었다.

일반적으로 냉온성 어류의 장내에는 유산균을 포함한 그람(Gram) 양성균들이 많이 자라고 있는 것으로 보고되었다. 어류의 장내 미생물은 생활하는 물의 미생물과 영양소의 종류와 함유량 그리고 어류의 장내 분비물 등에 의해 크게 영향을 받는다. 어류 양식에 가장 효과적인 생균제는 어종에 따라 다르지만 유산 간균, 연쇄상 구균이 가장 많이 사용되고 있다. 어류용 생균제의 효능은 장내에 서식하는 병원균의 증식억제, 인위적 감염에서의 생존율 향상 및 면역력 증강에 긍정적인 영향을 미친다. 유산 간균은 여러 어종에서 장내 정상 균총의 한 종류로 알려졌지만, 유산 간균의 비중은 크지 않은 것으로 나타났다.

어류에서 주로 발견되는 유산균들은 유산 간균과 락토코커스, 카노박테리아(Carnobacteria), 류코노스톡, 페디오코커스, 연쇄상구균속 등의 균들이다. 유산균이 어류에서 발견되는 부위는 일반적으로 위, 소장과 대장 그리고 장 내용물 등이다.

어류 양식용 생균제의 이용은 가축을 집단으로 과밀하게 사육하면 질병의 감염에 문제가 되듯이 어류의 양식장에서도 어류를 고밀도로 사육하면 병원균에 방어기능이 약화하여 어류의 폐사율이 증가하여 어류 양식에 중요한 문제점으로 나타나고 있다. 이러한 문제를 물과 사료의 소독, 어류의 저항성 증진, 항생물질의 사용 등을 통해 해결하려는 노력이 계속되고 있다.

그러나 항생물질의 무분별한 사용은 항생물질 내성 미생물의 유발로 기인한 사회적 문제로 등장하게 되었다. 이 문제에 대한 대안으로서 가장 많이 제시되는 것은 기회성 병원균을 억제하는 능력이 있는 미생물을 사료를 통해 급여하여 어류의 장내 미생물 균총을 조정하거나 장내의 건강을 증진하는 기능성 미생물 균총을 증가시키는 것이 어류용 생균제가 주요 관심 사항이다.

어류용 생균제 유산균의 중요한 성질은 어류 장내에 정착성이다. 유산균을 어류의 사료에 첨가하여 급여하면 어류의 성장률과 어류 유충의 생존율도 상당히 향상한다고 보고하였다. 유산균은 어류의 장내 정착 능력, 젖산을 포함한 항균물질 등의 생산성 등 여러 요인이 어류용 생균제의 효과에 기여하고 있다. 이들 미생물은 어류의 생장률을 개선하고 폐사율을 감소시켰다. 어류용 생균제는 급여에 상당한 어려움이 있으며, 물에 부상하는 사료 형태 또는 순환식 양식장에서는 물에 분산 급여하는 등의 방법이 사용되고 있다.

국내의 경우 고밀도 양식으로 질병과 스트레스로 인한 대량 폐사의 문제점이 발생되고 있다. 양어가들은 항생제 및 화학약품에 의존하고 있지만, 과다한 항생제의 사용은 감염어의 치료를 더욱더 어렵게 하며, 인근 양어장으로 약제 내성의 확산을 초래하여 해양생태 환경에 악영향을 끼치게 된다. 사료에 첨가된 생균제의 효능은 모든 어종에 동일하게 적용되지 않으므로 양식어종의 종류, 연령, 성장단계와 생균제의 종류, 배양방법 및 첨가농도에 따라서 달라질 수 있으므로 각 어종에 적합한 균주의 선택과 사료 내 첨가 함량의 적절한 조절이 중요하다.

1997년 이후 유럽연합(EU)에서는 항생제 사용을 금지하려는 취지에서 최대 잔류 허용기준을 설정하여 항생제 및 화학약품에 대한 법적인 규제가 이루어지고 있다. 따라서 무분별한 항생제 사용의 대체 방안으로 양식 어류의 면역능력을 향상하는 사료 첨가제에 관한 연구들이 보고되고 있다. 동일 속(genus)의 생균제 균주를 사용하더라도 균주별 특성과 기능성 차이로 첨가 효능은 상이하게 나타날 수 있다. 생균제의 급여효과는 어류의 소화 개선과 성장촉진 및 면역증강이며, 항생제 사용에 대한 부작용은 항생제 잔류 및 내성을 들 수 있다.

어류 양식장의 항생제 대체용 천연미생물제제의 사용으로 양식장의 병원성 미생물 수를 감소시킬 수 있어 항생제의 사용을 현저히 줄일 수 있다. 이러한 친환경 생균제 사용으로 양식 어류에 대한 불신감을 해소해 안전한 수산 먹거리에 대한 소비자 신뢰도가 향상되기를 기대하여 본다.

제4장
유산균과 발효유의 건강효능

1. 유산균과 건강(1)

인류의 최대 소망 가운데 하나는 동서고금(東西古今)을 막론하고 육체적으로나 정신적으로 병에 걸리지 않고 건강하게 오래 사는 일일 것이다. 사람은 누구나 건강하게 오래 살기를 원하지만 뜻대로 되지 않는 것이 사람의 수명이다. 그러나 식생활이나 운동을 통하여 평균 수명을 어느 정도는 늘릴 수 있다.

1) 유산균은 인간이 이용할 수 있는 가장 유익한 미생물

세계적인 장수촌 주민들의 식생활 공통점은 영양 균형이 좋은 신선한 식품을 먹고, 과식하지 않으며, 유산균 발효유제품을 즐겨 먹는다는 사실이다. 건강장수를 하려면 마음이 편안하고 소화기관인 장도 튼튼해서 속이 편안해야 건강한 생활이 가능하다. 이러한 의미에서 유산균은 인간이 이용할 수 있는 가장 유익한 미생물의 한 종류로서 오랜 역사를 두고 발효유 제품을 중심으로 각종 발효식품, 장류, 김치, 젓갈류, 발효소시지, 생균제, 사일레지 및 가축의 사료첨가제 등에 이르기까지 인류 생활에 광범위하게 활용되고 있다.

이들 유산균은 사람이나 포유동물의 소화관, 구강, 각종 발효식품과 토양 등 자연계에 널리 분포한다. 이들 유산균은 인류의 생활에 직접 간접으로 밀접한 관계를 맺고 있는 유익한 공생체임을 알 수 있다.

프랑스의 미생물학자 파스퇴르(Pasteur)가 1858년에 유산균을 처음 발견한 이후 유산균 발효유의 과학적 효능은 20세기 초기에 생물학자 메치니코프가 1908년 발효유를 먹으면 건강 장수한다는 연구 결과를 『생명의 연장(The Prolongation of Life)』이라는 책에서 밝혔다. 이 책에서 메치니코프는 불가리아 지방 사람이 장수하는 원인이 유산균으로 발효된 '불가리아 우유'를 항상 먹기 때문이라고 발표하여 유산균 발효유의 건강효능을 과학적으로 처음 입증하였다.

2) 유산균 발효유의 건강증진 효과

발효유 제품은 영양 생리적으로 우수한 식품으로 간주하고 있으며, 발효유의 정기적인 섭취는 건강과 장수하는데 좋다고 알려져 있다. 이 건강증진 효과는 발효유의 원료가 되는 우유와 발효에 필요한 유산균, 그리고 발효과정 중에 생성된 대사산물의 복합적인 작용으로 알려져 있다.

그 후에 계속된 많은 연구 결과는 발효유를 꾸준히 섭취하면 유산균이 장내에서 인체에 해로운 병원성 세균, 식품 부패균 등의 증식을 억제하고, 이로운 세균의 생육을 촉진해 장을 튼튼하게 한다는 것이다. 그리고 장의 연동운동을 원활히 하여 소화흡수를 촉진해 변비와 설사를 예방하며, 면역기능을 증강하고, 장내에서 콜레스테롤의 흡수를 억제해 성인병 예방에 도움을 준다. 더불어 유산균은 장내에서 암을 일으키는 물질을 불활성화 시키고, 암 발생에 관여하는 효소작용을 억제해 장암의 발생을 억제하는 효과가 있음이 알려졌다.

발효유는 우유, 산양유, 마유 등과 같은 포유동물의 젖을 원료로 하여 유산균이나 효모를 종균으로 하여 발효시킨 식품으로, 유산균에 의해 발효된 우유의 영양과 유산균의 효능 그리고 첨가한 과실의 영양 가치를 합친 것이다. 또한 우유를 먹으면 가스가 생기고, 심하면 설사를 하여 속이 불편한 사람도 발효유를 먹거나 우유와 발효유를 함께 먹으면 속이 편해지고, 우유를 잘 소화할 수 있는데, 이것은 유산균이 우유의 유당을 분해하기 때문이다.

3) 발효유의 기원과 역사

구약성경 창세기 18장과 신명기 32장에도 발효된 우유 응고물인 소젖과 염소젖에 대한 기록이 있는데, 구약시대에 이미 요구르트와 비슷한 발효유를 만들어 먹은 것으로 알 수 있듯이 발효유의 역사는 무척이나 오래 되었다. 발효유는 지중해와 페르시아만 지역에서 페니키아(Phoenicia) 시대(B.C. 3,000년경) 이전에 유래되어, 그 후에 중동부 지역을 거쳐 유럽지역으로 전파되었던 것으로 알려졌다.

발효유의 기원은 유목민들이 신선한 우유를 가죽부대로 만든 용기에 넣어 이동하던 중 우유가 사막의 더운 기후에서 우유 속에 존재하는 유산균에 의해서 자연 발효되어 우유가 순두부 같이 엉기게 되었는데, 이것이 자연적인 발효유의 탄생이라고 본다. 유럽이나 북미의 요구르트는 과실이 첨가된 떠먹는 요구르트가 대부분이지만, 한국과 일본 등 동남아 지역에서는 과즙을 넣어 마시는 형태의 액상 요구르트가 많이 소비되며, 최근에는 유럽과 북미 지역 등에서도 액상 요구르트 판매가 증가하는 추세다.

발효유의 섭취 시기는 식사 여부와 상관없이 편리한 아무 때나 먹어도 대부분의 유산균이 살아서 위장을 통과하여 소장과 대장으로 넘어가 동일한 정장효과가 있음이 임상시험 결과 확인되었다. 최근 통계에 의하면 우리나라 발효유의 소비량은 1인당 연간 약 12kg 정도로 일본을 제치고 아시아 국가 중에서 소비량이 제일 많은 것으로 나타났지만, 북서 유럽 국가보다는 1/2～1/3 수준에 머물러 있다. 그러나 최근 건강과 웰빙 바람으로 유산균 발효유 시장은 건강증진 기능이 크게 강조된 기능성 요구르트 중심으로 빠르게 변화되어 가고 있다. 유산균 발효유 요구르트는 장 건강 증진효과를 얻을 수 있는 건강장수 식품임에 틀림이 없다.

4) 유산균의 발견과 생리적 특성

(1) 유산균(Lactic acid bacteria)이란?

유산균은 포도당 또는 유당과 같은 탄수화물을 분해 이용하여 젖산 이외에 초산, 약간의 에칠알코올, 탄산가스 등을 생산하는 박테리아이다. 유산균은 1857년 프랑스의 유명한 미생물학자 루이스 파스퇴르에 의해 최초 발견되었다. 그 당시에는 이들 유산균은 포도주를 만드는 데 있어서 포도주를 신맛(sour)이 나게 만드는 귀찮은 존재로 알려졌다. 1899년도에 티시에(Tissier)에 의하여 혐기성 유산균 비피더스균이 모유영양아의 장내에서 최초로 분리되었다. 1900년도에 오스트리아 모로(Moro)는 인공영양아의 장내에서 락토바실러스 아시도필러스를 분리하였다.

(2) 유산균의 생리적 특성과 종류

유산균(Lactic acid bacteria)은 그람(Gram) 양성균이고, 포자를 형성치 않으며, 비운동성이고, 둥근 공 모양 또는 막대기 모양을 하고 있다. 크기는 구균의 경우 대략 직경이 0.5～1.0㎛, 간균은 0.5～1.5×2～5㎛ 정도다.

지금까지 밝혀진 유산균은 300～400여 종류로 알려졌으며, 그 중 30～40여 종류가 주로 발효유 제조 및 발효 산업에 이용되고 있다. 유산균을 대별하면 일반적으로 6개 그룹으로 구분하며, 락토바실러스(*Lactobacillus*), 락토코커스(*Lactococcus*), 연쇄상 구균(*Streptococcus*), 류코노스톡(*Leuconostoc*), 페디오코쿠스(*Pediococcus*), 그리고 혐기성 박테리아인 비피도박테리아(*Bifidobacterium*)로 크게 구별할 수 있다.

유산균은 사람의 체온과 비슷한 37℃ 전후해서 가장 활발하게 활동하지만, 영하의 온도에서는 가사상태로 존재하며, 냉장고 온도 부근인 0~5℃에서는 생육이 정지된다. 8℃ 이상에서는 활동이 서서히 시작되며, 45℃ 이상 온도가 상승함에 따라서 생육이 억제당하다가 60℃ 이상이 되면 생존하지 못하고 대부분이 사멸된다.

(*이 글은 2008. 5. 16 한국미생물학회 국제학술대회에서 "유산균과 건강"을 주제로 대중 강연한 내용을 요약한 자료임)

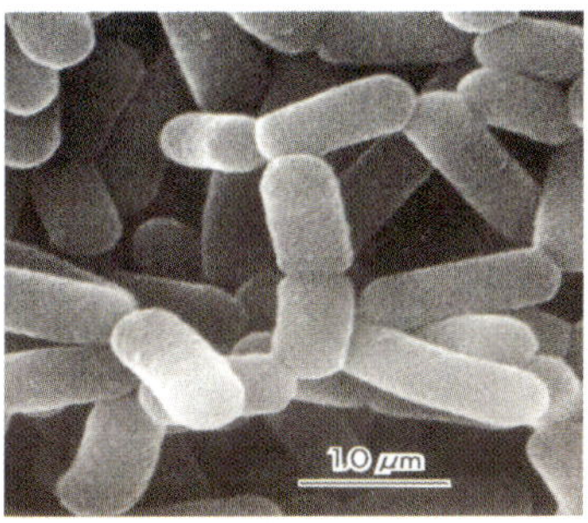

유산 간균

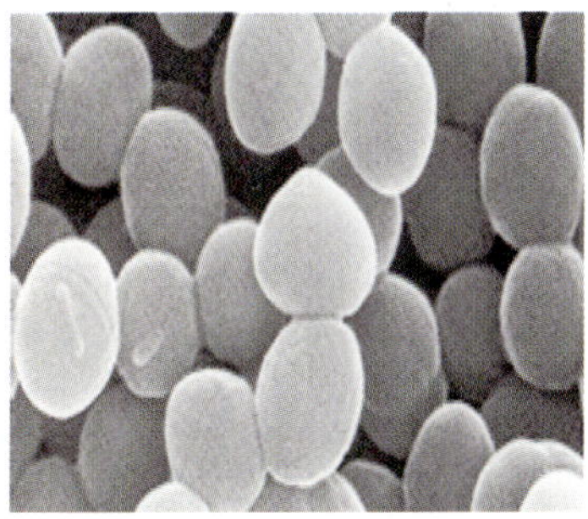

유산 구균

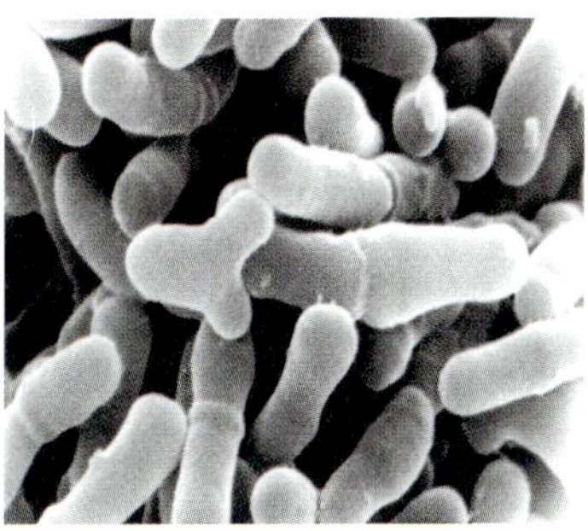

비피더스균

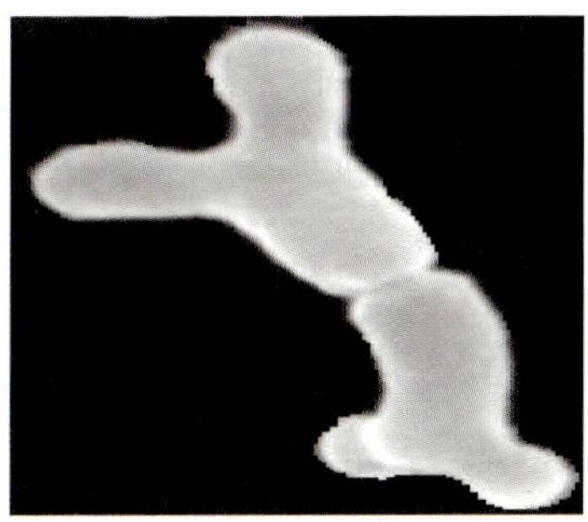

비피더스균 확대 모습

그림 4-1. 유산균의 전자현미경 사진

2. 「유산균과 건강」 국제학술 심포지엄 개최

1) 취 지

"유산균과 건강" 국제학술 심포지엄은 (사)대한보건협회가 주최하고 (주)한국야쿠르트 중앙연구소가 협찬하는 형식으로 1979년 5월 18일 롯데호텔에서 제1회를 시작으로 2013년 3월 13일까지 제18회를 끝으로 2년마다 격년제로 34년간 개최하여 왔다.

"유산균과 건강" 국제학술 심포지엄의 개최는 한국야쿠르트 중앙연구소에서 발의하고 한국야쿠르트 홍보실의 협조로 윤쾌병 사장에게 건의함으로 시작되었다. 유산균과 발효유의 건강효능을 소비자에게 홍보하기 위해서는 우선 국내 지식층의 이해가 중요하다는 인식을 같이 하고, 국내외의 저명한 유산균 관련 학자들을 초청하여 심포지엄을 개최하는 것이 좋겠다는 인식을 같이 하였다.

그림 4-2. 제15회 "유산균과 건강" 국제학술 심포지엄 대회

2) 연사 초청

연사는 미주지역, 유럽, 아시아 지역과 국내 연사를 중심으로 매회 총 3～4명을 초청하고, 체류 일정은 3박 4일을 원칙으로 하였다. 연사들의 선정은 중앙연구소에서 관련 분야의 연구 업적이 탁월하며 발표내용이 행사목적에 적합하고 해당 분야에 권위를 인정받는 세계적인 석학들을 사전에 조사하여 심포지엄 행사 조직위원회에 추천하고 협의를 거쳐 최종 선발하였다. 국제학술 심포지엄 조직위원회는 행사개최 1년 전에 보건협회 관계자와 한국야쿠르트의 학술 고문 그리고 홍보실 관계자와 저자가 참여하는 행사 조직위원회를 구성하였고, 이 회의를 통하여 행사 전반에 관한 사항을 논의하였다.

해외 초청 연사들은 왕복 항공권, 호텔 숙식비와 연사료 등 체류비용 일체를 지불하는 것으로 하였다. 3박 4일의 대략 일정은 심포지엄 개최 하루 전날은 공장과 연구소를 방문하여 중앙연구소에서 간단한 토의와 연구소 견학을 하고, 민속촌이나 판문점 또는 서울 시내를 관광하였다. 저녁 만찬은 한국야쿠르트회사 사장이 초청하는 만찬으로 참석 범위는 연사와 보건협회 임원진과 회사의 관련 임원들이 참석하고 간단한 기념품을 전달하였다.

연사는 공항 도착부터 출국하기까지 연구소에서 연구원이 한 사람씩 맡아서 안내하였다. 홍보실에서는 연사들이 체류하는 동안 주요 활동을 사진 촬영하여 출국 전에 사진첩을 만들어서 기념선물로 전달하였다. 심포지엄이 끝난 다음 날은 연사들이 쇼핑을 하는 등 자유롭게 활동하도록 안내하여 우리나라를 이해하는 데 도움이 되도록 하였다.

연사의 초청은 대략 1년 전부터 접촉하였는데, 초창기에는 대부분의 연사가 심포지엄의 성격과 취지와 분위기를 잘 모르기 때문에 선뜻 수락하지 못하고 망설이는 경향이 있었다. 그러나 심포지엄의 회수를 거듭할수록 연사들을 초청할 때 과거 초청 연사의 명단을 첨부하여 보내면 흔쾌하게 수락을 하여 연사들 초청에 애로가 없었다.

연사들은 유산균 관련 연구에 세계 각국의 최고 전문가를 초청하여서 한국을 다녀간 연사들을 해외의 학회나 심포지엄에서 만나게 되면 참으로 반갑고 친근감이 많이 들었다. 초청받아 한국을 다녀간 대부분의 연사는 초청하여 주어서 고맙다는 감사의 편지를 보내왔고, 특별히 "사진첩의 선물은 참으로 잊지 못할 귀한 선물"이라고 오래오래 간직하겠다고 말해 주었다.

3) 청중 초청

청중은 대학교에서 유가공, 식품관련 미생물을 전공하는 교수와 식품관련 연구기관의 연구원, 식품관련 산업체와 정부의 농수축산 관계자들을 중심으로 초청하였다. 대략 인원은 300～400명이 참석하는 것으로 예상하고 참석자에게는 저녁 만찬과 기념품을 제공하였다. 홍보실은 신문 방송의 매스컴 관계자를 초청하여 심포지엄의 내용을 잘 보도하도록 특별히 신경 쓰도록 하였다. 연사들과의 사전 인터뷰를 하는데 협조를 하고, 연구소에서는 발표 자료를 요약하여 홍보할 수 있도록 보도자료를 준비하였다.

4) 강연 자료 책자 및 국제학술 심포지엄 논문집 발간

강연 자료는 연사들로부터 발표할 자료를 사전에 받아 원문과 번역문을 같이 게재하여 당일 참석자가 쉽게 이해되도록 인쇄하였다. 번역문은 번역자의 소속과 실명을 기록하였다. 국제학술 심포지엄 논문집 제1집은 1979년～1997년까지 10회의 원고를, 제2집은 1999년～2011년까지의 행사를 재조명하고, 지금까지 발표된 논문을 중심으로 논문집을 발간하였다. 논문집은 학술 가치를 살리기 위해 번역문이 아닌 원문을 그대로 게재하였으며, 유산균 연구 자료로 일목요

연하게 볼 수 있도록 하였다.

발효유 업계의 선발주자로 국민 건강증진과 과학화에 전념해온 한국야쿠르트 중앙연구소와 대한보건협회가 긴밀한 협조하에 그간 발표된 논문들을 총망라하여 논문집을 편집 발간함은 의의가 크다. 국제학술 심포지엄 발표 논문집은 국내외 석학들이 많은 시간과 노력으로 이루어낸 연구결과를 발표한 원고를 집대성한 것으로 유산균과 발효유의 과학성 및 우수성에 대한 많은 자료가 수록되어 관련 분야 연구에 귀중한 자료가 되리라 확신하였다.

5) 심포지엄의 개최 기대효과

"유산균과 건강" 국제학술심포지엄을 일회성이 아닌 2년마다 1979년부터 2013년까지 34년 동안 18회에 이르기 까지 지속하여 온 것은 유산균과 발효유가 우리나라의 국민건강에 미치는 효과가 지대함을 주로 지식층과 소비자의 인식 변화에 크게 기여하였다고 자부하는 바이다. 특히 국내의 유산균 발효유 업계의 대표 선발주자로 발효유 업계의 발전과 소비자 인식증대와 국민 건강증진에 커다란 업적을 이루었음을 자부한다.

6) "한국형 비피더스균의 분리와 산업화" 발표회

저자가 1997년 제10회 때 "한국형 비피더스균의 분리와 산업화"라는 제목으로 발표하여 한국야쿠르트 중앙연구소의 연구력과 유산균 연구개발에 대한 인식을 높이는 데 좋은 계기가 되었다. 비피더스균은 일반 유산균과는 달리 배양방법과 영양요구 조건이 까다로워 장내 건강에 기여도가 우수하지만, 식품산업에 쉽게 이용되지 못하다가 우리나라 발효유 산업 종균개발에 문을 여는 좋은 계기가 되었다.

저자가 1997년 일본야쿠르트 후지공장을 방문하였을 때 일본인 공장장이 일본야쿠르트의 「미루미루」와 「비필」 발효 유제품 중에 비피더스균이 함유되어 있음을 자랑스럽게 이야기하기에 한국야쿠르트에서는 이미 한국인에게서 분리한 비피더스균을 발효유에 종균으로 사용하고 있다고 말하자 놀랍다고 말한 일본야쿠르트 후지 공장장의 모습이 떠올랐다.

7) 매스컴의 보도 관련

"유산균과 건강" 국제학술 심포지엄이 끝나고 홍보실은 항상 신문과 TV 방송에 얼마나 대대적으로 보도되느냐에 따라서 희비가 엇갈렸다. 보도된 신문과 방송내용을 잘 정리하여 한국야쿠르트 임원 회의와 윤덕병 회장에게 보고하게 되니 긴장할 수밖에 없었다.

이러한 "유산균과 건강" 국제학술 심포지엄의 홍보 덕분에 유산균이 사람의 건강에 중요함을 계속해서 인식시킴에 한국 발효유의 시장은 계속 커져서 발효유의 국민 1인당 연간 소비량이 1995년 아시아 지역에서 일본을 제치고 가장 많이 소비하는 국가가 되었다.

3. 유산균과 발효유의 건강 효능

유산균과 발효유의 건강증진 효과를 살펴보면 대략 다음과 같다.

첫째로, 살아있는 유산균의 건강증진 효과로는 유산균이 생균으로서 장내에 도달하여 그곳에서 증식할 수 있는 능력을 갖춘 유산균의 경우는 외래 병원균에 대하여 유산균이 영양소를 경쟁적으로 섭취하거나 장소를 점거한다. 다른 균에 대하여 항균성 물질을 생성하거나, 장내 pH를 저하함으로써 유해균의 증식을 저지하며, 장내의 유해물질을 분해하거나 그 합성을 저지하고, 숙주의 면역력을 높이는 작용을 생각할 수 있다.

둘째로, 유산균이 위산이나 담즙에서 사멸되었을 때는 죽은 유산균으로부터 유리된 균체 성분이 장으로부터 흡수되어 면역기능을 자극하여 감염이나 암에 대하여 저항력을 높여 주고, 간 기능을 촉진하는 것을 생각할 수 있으며, 장내 유해물질의 무독화에 기여한다.

셋째로, 유산균의 작용에 의하여 만들어진 유효물질인 젖산, 펩톤(Peptone), 펩타이드(Peptide) 혹은 미량 활성물질의 효과이다. 이들에 의하여 장운동이 자극되어 장내부패가 억제되고, 칼슘의 흡수가 개선되며, 간 기능의 항진이나 장 분비가 촉진될 수 있다.

4. 유산균 발효유의 영양학적 효과

유산균은 사람이나 포유동물의 소화관, 구강, 질, 각종 발효식품과 토양 등 자연계에 널리 분포되어 있으며, 유산균들은 오랜 세월을 사람과 동물과 함께 살아오면서 여러 가지 중요한 생리기능을 유지해 왔다. 유산균의 가장 핵심적인 기능은 탄수화물을 이용하여 젖산을 생성하는 것이며, 생산된 젖산은 식품을 산성화하여 맛있고 저장성이 높은 여러 가지 발효식품을 만들어 준다.

또한 유산균은 장내의 미생물 균총을 정상적이고 생리적인 유익한 균총으로 유지해 장 질환을 예방하고, 억제해 주는 기능이다. 따라서 이들 유산균은 인류의 생활에 직간접으로 밀접한 관계를 맺고 있는 매우 유익한 공생체의 하나임을 알 수 있다.

1) 유산균 발효유의 영양효과

유산균 발효유의 음용효과는 영양상으로 완전에 가까운 우유로 만들어진 영양효과와 유산균에 의해 생성된 발효 생성물질의 장내에서의 유익한 작용을 들 수 있다. 많은 유산균 연구가들은 건강한 사람과 동물의 장내 정상 미생물 균총이 부패성 장 병원균에 대한 저항성을 높여주며, 장 질환과 병증을 예방하여 노화를 지연시킨다고 주장하였다.

유산균 발효유는 우유와 함께 전 세계적으로 많은 국가에서 일상적으로 섭취하는 주요한 발효식품 중의 한 종류이다. 우유의 영양적 가치는 인체에 필요한 영양소의 종류, 양, 이용효율 면에서 볼 때 인류에게 '거의 완전한 식품'으로 알려진 바와 같이 발효유 제품의 영양적 가치는 원료가 우유이기 때문에 우유의 영양적 가치 이외에 유산균에 의한 각종 대사산물의 생성 등 영양학적 가치가 우유보다도 우수하다고 하겠다.

우선 식품의 영양학적인 가치는 단백질, 탄수화물, 지방, 광물질, 미량성분, 비타민과 같은 조성과 영양소의 체내 이용도에 좌우된다. 발효 유제품은 우유가 발효 중의 변화로 인하여 영양학적인 면에서 다소 차이를 보인다. 우유가 발효 중의 변화로 인하여 생긴 변화를 보면 감소하는 성분은 유당, 단백질, 지방이며, 증가하는 성분은 젖산, 갈락토스, 포도당, 다당류, 펩타이드, 유리아미노산, 유리지방산, 비타민, 향미 성분 등이다.

발효유의 열량은 발효 전후 큰 변화 없이 비슷하여 100g에 대략 65 kcal 정도이다. 발효유는 영양이 우수한 우유를 원료로 하여 제조하였을 뿐만 아니라 인체에 유익한 유산균이 함유되어 있다. 발효유는 우유와 비교할 때 우선 젖산 생성으로 저장성을 증진하고, 유당 성분과 단백질의 일부가 분해되어 소화흡수가 용이하며, 건강증진 효과가 있어 유익하다.

특히 발효유는 유산균을 배양시켜 만드는 과정에서 단백질이 분해되어 필수아미노산의 함량이 증가하고, 동양인에게는 소화성이 나쁜 우유의 유당을 젖산 및 글루코스와 갈락토스로 분해되어 소화흡수가 용이하며, 유산균 배양 중에 생성한 비타민 B_{12}, 엽산, 나이아신, 그리고 생리활성 물질은 그대로 섭취되어 우리의 건강에 직간접으로 효과를 나타낸다.

(1) 단백질(Protein)

선진국에 있어서 유제품은 매우 중요한 식품이며, 이들이 섭취하는 전체 식품 단백질의 20～30%가 유단백질로 구성되어 있다. 유단백질은 필수 아미노산의 함량이 높기 때문에 간혹 유단백질을 자연에서 가장 값어치가 있는 단백질에 속한다. 그리고 유단백질의 영양효과는 이들이 함유한 아미노산의 조성과 비율뿐만 아니라 어느 특수한 아미노산의 소화율과 이용성에도 근거를 두고 있다.

요구르트 제조 시에 단백질은 유산균에 의해 일부 분해되어 소화흡수되기 쉬운 상태로 전환된다. 발효유 제품의 단백질 소화력이 향상되는 주요한 이유로는 첫째로 유단백질의 일부가 발효 중 펩타이드나 유리아미노산으로 분해되는 것이며, 둘째로 카제인은 유산균에 의해 생성된 젖산으로 미세한 입자로 응고되어 소화효소의 작용을 용이하게 하는 것이다.

(2) 지방(Fat)

발효유 제품 특유의 향미는 유지방의 부분적 분해에 의하여 생성되며, 그 성분은 주로 아세트알데하이드와 휘발성 지방산, 초산, 프로피온산, 낙산 등이다. 또한 지방은 유리지방산으로 분해된 다음 계속해서 아세톤과 여러 종류의 메틸케톤으로 변화되어 요구르트의 풍미성분이 된다. 요구르트의 유리지방산은 우유와 비교하면 2.5배 정도 증가되었다.

(3) 유당(Lactose)

우유에 존재하는 탄수화물의 대부분은 유당이며, 이외에 미량으로 포도당, 갈락토스, 올리고당이 존재한다. 유당은 포유동물의 젖에만 존재하는 특유의 탄수화물이라고 할 수 있으며, 우유 중 유당의 함유량은 4.6~5.0%의 범위이다. 우유를 먹으면 설사를 하거나 배에 가스가 차고 거북하다고 하는 사람은 유당을 분해하는 효소인 락타아제가 결핍된 경우이다. 유당에 대하여 과민성 반응을 나타내는 현상이며, 백인종에서는 드물고 황인종과 흑인종의 경우에 많이 관찰되는 것으로 보고되었다.

발효유는 유당이 유산균에 의해서 분해가 되므로 유당에 과민성이 있는 사람도 발효유를 음용해도 문제가 되지 않는다. 유당은 요구르트 제조와 저장 중에 유산균에 의하여 젖산으로 전환되어 유당 40~50%가 감소한다.

(4) 젖산(Lactic acid)

유산균이 생성하는 젖산에는 그 입체구조에 따라서 두 종류의 광학 이성질체를 가진다. L(+) 형태의 젖산이 D(-) 형태의 젖산보다 생리적으로 우수하게 작용하는 것으로 알려져 있다. 유당이 유산균의 발효로 인하여 생성된 젖산은 발효유의 생리학적인 가치를 고려해 볼 때 매우 중요하다.

첫째로 제품에 보존제로서 작용하고, 둘째로 부드러운 신맛과 신선한 맛을 주어 기호성을 개선하며, 셋째로 우유 단백질의 카제인 우유 응고물에 영향을 주어 소화를 용이하게 하며, 칼슘과 다른 무기물 성분의 흡수성을 증진하여 주는 역할을 한다.

(5) 무기물

우유에 함유된 무기물의 양은 젖산발효에 의하여 거의 변화하지 않지만 칼슘, 인, 철 등은 발효상태에서는 흡수가 좋아진다고 알려졌다. 발효유의 섭취는 인체의 골격형성에 필수 불가결한 칼슘과 인의 흡수를 도와 성장기의 발육이나 갱년기 이후의 칼슘 부족으로 인한 골격변화 예방에 유익한 칼슘 공급원이 된다.

(6) 비타민

유산균은 발효 과정에서 급속한 증식기에서는 일부 비타민을 소비하나 그 다음 단계에서는 일부 비타민을 합성하는 것으로 알려졌다. 요구르트에서 비타민 B_{12}는 감소하나, 비타민 B_2와 바이오틴(Biotin)은 일부 합성되고, 비타민 C의 양은 거의 변동이 없었으나 과일의 첨가로 증가될 수도 있다. 요구르트에서 증가되는 비타민은 B_1, B_2, 나이아신, 엽산 등이다. 비타민 A는 지용성 비타민으로 제품의 지방 성분에 보존된다.

1984년 국제낙농연맹(IDF)의 심포지엄에서 발표된 발효유에 관한 주요 영양학적 효능을 소개하면 다음과 같다.

① 단백질의 소화흡수를 증진하는 작용을 한다.
② 위장의 산도(酸度)에 영향을 준다.
③ 천연 단백질에 대한 알레르기 반응을 감소한다.
④ 지방 성분의 소화 및 흡수작용을 촉진한다.
⑤ 유당 소화불량 소비자에 의한 발효유 제품의 소비를 가능하게 한다.
⑥ 소화액의 분비를 증가한다.
⑦ 칼슘, 인 철분의 이용도를 향상한다.
⑧ 체내에 비타민 B_1, B_2, 나이아신, 엽산의 양을 증가한다.
⑨ 미각이 양호하다.

이와 같이 9개 항목으로 요약 정리할 수 있다.

5. 유산균과 건강(2)

건강이란 단순히 병이 없는 소극적인 상태가 아니라 육체적, 정신적, 사회적으로 모든 기능을 활발하게 발휘할 수 있는 적극적인 상태를 말하는 것이다. 그러한 의미에서 건강을 증진하는 것은 더욱 중요한 의미를 갖는다.

유산균의 핵심적인 기능은 포도당이나 유당과 같은 탄수화물을 발효 이용하여 젖산을 대량으로 생산하는 것이며, 생산된 젖산은 식품을 산성화하여 맛있고 저장성이 좋은 여러 가지 발효식품을 만들어 주는 것이다. 유산균은 장내 미생물의 균총(normal microflora)을 정상적이고 생리적으로 유리한 균총으로 유지해 줌으로써 장 질환을 예방, 억제하여 장 건강을 증진하는 기능이라고 할 수 있겠다.

유산균은 장내에서 유해균의 증식을 억제하고, 장내 정상 균총을 유지하며, 혈중 콜레스테롤 저하하고, 장 점막의 면역성을 증강해 면역기능을 강화하며, 다양한 건강증진 효과를 나타낸다. 발암성 효소의 생산을 저하하고, 발암물질의 생산을 억제하여 항암효과를 나타내며, 장내 독소를 무독화 한다. 설사 및 변비의 개선 등 정장작용, 혈중 콜레스테롤 농도 저하, 유당의 소화를 증진하고, 피부미용 효과, 장내 균총의 안정화로 정상적 균총 조성을 통한 노화방지 등이다.

6. 유산균은 유당 소화불량증을 해소한다

유당 소화불량증은 소장에서 유당을 분해하는 효소인 락타아제(lactase)가 분비되지 않아서 유당 성분이 대장으로 내려가면서 대장에서 가스 생산, 복통 등의 증상을 유발하며, 심하면 장벽 세포로부터 삼투압에 의해 수분의 유출을 유도하여 설사를 일으킨다. 유아의 소장에서 분비되던 락타아제가 성인이 되면 분비되지 않음으로써 유당이 소화되지 않고 대장으로 내려가면 대장에 서식하는 유해세균 클로스트리디움 퍼프린젠스, 대장균 등에 의해 이용되면서 설사를 일으킨다.

유당 소화불량증이 있는 사람이 발효유를 섭취하면 발효 중에 우유 내의 유당을 유산균이 분해 이용하여 젖산을 생성함으로써 유당 함량이 감소하여 유당 소화불량 증세가 완화되거나 없어진다. 우유를 먹으면 속이 거북하여 우유를 잘 못 먹는 사람도 장에 아무런 부담 없이 발효유를 먹게 하여 준다. 이러한 유당 소화불량증은 아시아계 인종과 아프리카 인종 등에서 많이 발견되고 있으나, 북유럽과 북미의 코카시아인종(Caucacian)에서는 많이 발견되지 않고 있다.

7. 설사와 변비를 개선한다

유산균에 의하여 생성되는 젖산은 장내의 산도를 증가시켜 소장에서의 장의 연동운동을 원활하게 하고 소화흡수를 촉진하며, 대장에서는 장의 운동을 조절하여 변비, 설사를 예방하는 것으로 알려졌다. 건강한 사람의 분변의 수분함량은 70~80% 정도다. 만약 수분함량이 70% 이하로 떨어지면 변비현상이 오고, 반대로 80% 이상으로 높아지면 설사증을 앓게 된다. 설사한 사람의 분변을 보면 특히 비피더스균과 박테로이데스 등의 혐기성균이 감소하고 대장균, 장구균 등의 유해균이 증가하는 경향을 보인다. 이러한 사실로부터 유산균이 설사증에 효과 있음을 알 수 있다.

유아 설사는 몇 종류의 바이러스와 장 병원균에 의하여 일어나며, 유아 설사에 유산균을 함유한 조제유나 발효유를 급여 시 설사의 예방과 치료효과가 있다. 항생제 치료를 받거나 방사선 치료를 받으면 장내 정상 미생물 균총이 파괴되고, 항생물질에 저항성이 있는 미생물들이 살아서 설사를 일으킨다. 이런 경우 다른 항생제나 살균제 등으로 치료할 수 있지만 재발하는 경우가 많으며, 아시도필러스균이나 비피더스균으로 만든 발효유를 섭취하면 설사의 재발도 줄고, 치료효과가 좋은 것으로 나타났다.

해외여행 할 때 자주 일어나는 설사는 식수 및 위생관리가 안 좋은 지역을 여행할 때 장 독소를 생산하는 장염 대장균에 의한 오염으로 많이 발생한다. 로타바이러스에 의한 설사는 발효유나 유산균 프로바이오틱스를 복용하면 설사의 예방 및 치료에 효과가 있다. 헬리코박터 파일로리균은 사람의 위염을 일으키는 원인균으로 알려져 있으며, 이 헬리코박터균은 내산성이 있는 몇 종류의 유산균에 의하여 억제되는 것으로 보고되었다. 유산균은 위장 표면 세포의 점질 생산을 증진해 위장 벽에 헬리코박터균의 흡착을 방해한다. 또한 유산균들은 위 점막 세포들의 면역반응을 촉진하여 헬리코박터균 억제에 도움을 준다. 유산균 생균제를 섭취하면 헬리코박터균의 위염 증상을 완화하였으며, 재발률도 감소하였다.

변비는 서양식 식사를 하는 노인과 식이섬유가 부족하여 섬유질이 부족한 경우에 자주 나타난다. 그리고 젊은 사람도 운동 부족으로 인하여 많이 나타나는 현상으로 변비의 개선 기전에 관해서는 명쾌하게 밝혀져 있지 않다. 유산균이나 발효유 그리고 치즈를 섭취함으로써 변비 증상이 많이 개선되었다는 보고가 있다. 발효유는 변의 수분 함량을 증가시키며, 굳은 변을 연하게 하고, 변의 pH를 낮추고 변의 암모니아 농도를 저하하는 것으로 알려졌다. 이처럼 유산균 발효유의 투여에 의한 장내 균총의 개선과 장관 내에서 생성되는 각종 유기산이 인체의 장내 연동운동을 조절하여 정상적인 배변을 도와 대장 관련 질병을 예방하고, 변비 예방을 나타내는 것으로 보인다.

8. 장내 유해미생물의 생육 억제

21세기 들어 장내세균을 배양하지 않는 분석법으로 인간 장내 미생물 균총의 전체적인 구조가 밝혀졌다. 균의 종류가 1,000여 종 이상으로 균 전체 무게가 약 1.5kg～2kg 달하며, 건조 분변 1g당 약 1조 마리 정도가 되는 것으로 알려졌다. 용적으로 보면 분변의 1/3～

1/2를 균이 차지하는 것으로 추정한다. 이처럼 장내에는 각종 세균이 모여 지구촌을 이루어 살고 있는데, 이들 장내 세균집단을 가리켜 '장내 균총(microflora)'이라 한다. 장내 미생물 총 균수는 대략 인체를 구성하는 총 세포 수보다 수십 배 이상 많은 수백조 마리가 생존하는 것으로 알려졌으며, 장내 미생물은 숙주의 건강에 매우 중요한 관련이 있는 것으로 밝혀졌다.

사람은 어머니 뱃속에서 무균상태로 지내다가 세상에 태어나면서부터 각종 미생물이 신생아의 장기에 들어가서 자리 잡게 된다. 출생 후 1~2일이 지나서 인체에 유해한 대장균, 장구균, 클로스트리디움균과 부패균 등이 먼저 자리 잡게 된다. 그 후에 인체에 유익한 유산간균과 비피더스균이 출현하면서 처음에 왕성한 활동력을 보이던 유해균들은 비피더스균이 우세하여 감에 따라서 점차로 감소한다.

생후 약 1주일 이후에는 안정된 유아의 균총이 형성되는데, 비피더스균이 장내 균총의 90% 이상을 차지하는 것으로 보고되었다. 약 7세 이후부터는 성인의 장내 균총과 거의 비슷하게 되며, 박테로이드(Bacteriodes), 유박테리아(Eubacteria), 혐기성 연쇄상 구균 등이 최우세 균총을 형성하게 되고, 비피더스균, 장구균 등의 순으로 존재한다. 주목할 만한 것은 노년기에 가면서 비피더스균은 더욱 감소하고 장내의 유해균은 증가하는데, 이는 노화와 관련이 깊은 것으로 여겨지고 있다.

장내 균총을 구성하고 있는 균 중에서 비피더스균을 포함한 유산균은 숙주에 대하여 유해한 대사산물을 생성하지 않으며, 유해세균의 증식을 억제하여 장내 균총을 유리하게 개선하는 것은 물론 소화기계통의 각종 질병의 예방에도 기여하는 것으로 알려졌다. 특히 장내에서 아시도필러스균과 카제이균, 그리고 비피더스균은 발효유나 정장제로 섭취하여 장 질환을 일으키는 유해 미생물의 억제효과와 장 질환 예방 및 치료효과가 있다는 보고가 많이 있다.

유기산 생성으로 인한 장관 내 pH 저하로 유해균의 생성을 억제하고, 유해균의 장 상피세포 부착을 방지한다. 여성의 질에서 종종 발생하는 각종의 질염도 아시도필러스 유산균에 의해 억제되고 예방됨이 알려졌다. 그러나 숙주의 소화관 내 pH, 장운동, 효소 등 생리적인 요건과 음식, 약물, 기후, 감염, 스트레스, 그리고 장내 미생물의 상호작용에 의해 장내 미생물 균총이 불균형을 나타내면 장 질환, 노화, 암 발생 등의 원인이 되며, 면역체계에 영향을 미칠 수 있다. 유산균이 장내에서 젖산과 초산 같은 유기산, 길항물질(bacteriocin)과 과산화수소 등을 생성하여 인체에 해로운 부패균, 병원성 세균 등의 성장을 억제하는 역할을 하며, 이들이 생성한 독소를 무독화시키는 것으로 알려졌다.

9. 혈중 콜레스테롤 저하효과

콜레스테롤은 지방의 일종으로 지방 성분은 물과 잘 섞이지 않는다. 콜레스테롤도 마찬가지로 물에 잘 녹지 않고 물을 배척하는 성질이 매우 강하다. 콜레스테롤은 음식물을 통하여 외부로부터 섭취하거나 뇌를 제외한 대부분의 조직에서 합성된다. 간장이 주된 합성 장소로서 성인의 경우 1일 1,000~2,000mg 정도의 콜레스테롤이 합성된다. 이것은 인체에 없어서는 안 되는 중요한 성분으로서 여성호르몬, 부신피질 호르몬의 합성에도 소요되며, 조직의 세포막뿐 아니라 간에서 분해되어 담즙산의 전구물질이 되며 각종 호르몬, 비타민 D의 전구물질이기도 하다. 그러나 혈중 콜레스테롤이나 중성지방이 증가하면 동맥경화, 심근경색, 뇌 혈전 등을 일으킨다.

사람 담즙의 주성분은 담즙산염, 콜레스테롤, 인지질 등으로 구성된 녹청색의 액체로 pH 7.5~8.0 정도로 알칼리성이다. 간에서 합성되어 담낭에 저장되고 농축되어 식품섭취 후에 십이지장으로 분비된다. 장내 유산균들이 가진 담즙산염 가수분해 효소가 담즙산의 스테로이드 핵으로부터 글라이신(glicine), 타우린(taurine)을 유리시켜 유리 담즙산을 만들고, 이 유리 담즙산은 변을 통해서 배설되므로 혈중 콜레스테롤 농도가 저하된다.

현대인의 주된 심장병은 동맥경화증으로 이는 콜레스테롤이 혈관벽에 달라붙어 일어나며, 식품에 의한 콜레스테롤의 섭취가 좋지 않다고 알려졌다. 콜레스테롤은 지방의 소화에 필요한 담즙산을 생산하는 데 필수적인 물질로서 콜레스테롤이 조금도 함유되어 있지 않은 음식물을 섭취한다고 해도 우리 몸은 하루 어느 일정량의 콜레스테롤을 합성한다. 채식만 하는 사람도 몸이 필요로 하는 모든 콜레스테롤을 자체적으로 합성 공급하고 있다.

하루 1리터의 우유를 섭취해도 140mg 정도의 콜레스테롤 섭취밖에 안 되므로 우유 섭취에 의한 콜레스테롤 걱정은 할 필요가 없다. 식사를 통해 섭취하는 콜레스테롤 양은 200~600mg 정도로 양이 상당히 적다.

최근의 연구에 의하면 발효유는 혈중 콜레스테롤의 합성을 저해한다고 보고하였다. 유산균은 장내에서 콜레스테롤의 배설을 증가시켜서 장으로부터의 콜레스테롤 섭취를 감소시켜 순환기계통의 건강유지에 도움을 주는 것으로 알려졌다. 몸속의 콜레스테롤은 담즙산의 형태로 소화관에 분비되어 지방 등의 성분을 체내로 흡수할 수 있도록 도와주는 작용을 한다.

콜레스테롤은 다른 지방이나 단백질과 뭉쳐져 지질단백질 형태로 혈액에 존재한다. 지질단백질은 여러 가지 종류가 있는데, 그 중 간에서 다른 조직으로 콜레스테롤을 실어 나르는 역할을 하는 것을 저밀도지질단백질(LDL : low density lipoprotein)이라고 하며, 다른 조직에서 간으로 콜레스테롤을 가져오는 역할을 하는 것을 고밀도지질단백질(HDL : high density lipoprotein)이라고 한다.

우리는 LDL보다는 HDL의 수치가 높은 것이 건강에 좋다고 알고 있다. 일부 담즙산은 장내세균에 의해 형태가 바뀌어 문제를 일으킬 수 있다. 콜레스테롤은 다양한 질환을 유발하는데, 그 중에서도 가장 빈번한 것이 동맥경화증이며 뇌졸중, 고혈압도 많이 생긴다. 동맥경화증은 콜레스테롤과 중성지방, 유리지방산, 인지질과 같은 지방질이 축적되고, 동맥혈관이 좁아지면서 나중에는 완전히 막혀버리는 질환이다.

발효유가 혈중 콜레스테롤 함량을 감소시킨다는 연구 결과가 1974년도에 만(Mann)에 의해 처음으로 보고된 이후 많은 연구가가 발효유나 유산균의 음용이 혈중 콜레스테롤의 저하효과를 가져올 수 있다는 연구 결과가 많이 보고되었다. 이들 연구자에 의하면, 아프리카의 마사이(Masai)족과 삼부루(Samburu)족이 다량의 우유와 육류를 통해 많은 양의 포화지방산과 콜레스테롤을 섭취하는 식생활을 하고 있음에도 불구하고 혈중 콜레스테롤 함량이 높지 않고 관상동맥 질환에 저항성이 있는 것을 발견하고 이를 조사 연구한 결과, 다량의 발효유를 늘 섭취하기 때문이라고 하였다.

발효유의 소비는 콜레스테롤 대사에 관여하거나, 담즙산염의 아미노기를 분리해서 장에서의 콜레스테롤 흡수를 방해하고 혈중 콜레스테롤 함량을 저하한다. 그러나 발효시키지 않은 신선한 우유를 섭취시킨 경우에는 효과가 없었다고 보고했다. 매일 적당량의 발효유를 섭취함으로써 혈중 콜레스테롤을 상당히 저하시킬 수 있다고 하였다.

프로바이오틱스 생균제를 섭취하면 혈중 콜레스테롤 함량을 20~30% 저하했다고 하였다. 콜레스테롤 저하효과는 유산균과 생균제의 담즙 가수분해 효소 기능에 의한 것으로 보고되었다. 콜레스테롤 저하효과는 유산균의 콜레스테롤 흡수, 콜레스테롤의 유산균 세포벽 흡착, 젖산의 생리적 기능 등에 기인하는 것으로 알려졌다.

10. 유산균의 항암효과

요즈음 계속되는 현대의학의 발전에도 불구하고 암은 아직도 치료법이 명쾌하게 밝혀지지 않아 아직도 여전히 인류의 건강을 위협하는 가장 무서운 질병 중의 하나이며, 암으로 인한 사망률은 계속 증가 추세에 있다. 유산균과 발효유 그리고 유제품이 몇 종류의 암에 대해 예방과 억제 효과가 있다는 연구 결과가 1962년도에 처음 보고된 이후 여러 연구자의 역학조사에서 보고되었다.

유산균과 유산균 발효유가 생성한 물질과 유산균 세포벽에 존재하는 펩티도글리칸 (peptidoglycan)과 다당체가 항암효과가 있는 것으로 보고되고 있으나 항암작용은 아직 정확하게 밝혀지지는 않았다. 사람이 암에 걸리는 원인 중에 80~90%는 음식물, 대기 등의 환경요인에 있다. 동물 단백질과 지방이 많이 함유된 음식물의 경우 장내 유해세균에 의해 발암 전구물질이 발암물질로 전환됨으로써 결장암에 대한 감수성이 증가하는 것으로 알려졌다.

한국인과 일본인은 위암이 많고, 북미나 북서유럽 사람에게 결장암이 많다는 것도 잘 알려져 있다. 장내 세균총과 암과의 관계에서 발암에 관계하는 위험인자로 손꼽히는 것은 아미노산 대사 생성물로 인돌, 스카톨, 페놀류, 독소, 아민, 유화수소 등이며, 나이트로소 화합물, 담즙 대사산물인 데옥시콜린산, 리토콜린산 등이 있다. 이러한 물질이 암의 발생과 관련이 있는 것으로 알려졌다.

발효유 제품을 많이 섭취하는 민족에게 대장암과 유방암의 발생률이 적다는 사실이 역학조사에서 밝혀졌다. 북유럽 핀란드에서는 한 사람당 지방 소비량은 많지만, 대장암 발생률은 서구사회에서 가장 낮은 것으로 보고되었다. 핀란드 사람들이 소비하는 발효유 제품의 소비량은 한 사람당 1일 평균 100~110g 정도로 세계에서 가장 많은 요구르트를 먹고 있어 요구르트 소비량과 암 발생 사이에 밀접한 관계가 있다고 하였다.

국제암연구위원회는 핀란드 사람들의 대장암 발생률이 식습관이 유사한 덴마크 사람들보다 1/4에 불과한 것은 2배 가까운 섬유질(30g/일) 섭취와 분변의 유산균수가 100배 정도 높은 사실과 관련이 있는 것으로 보고하였다. 고단백, 고지방 음식물을 먹고 있는 네덜란드 여성들이 하루 평균 225g 정도 발효유를 섭취하는 여성은 발효유를 거의 먹지 않는 여성보다 유방암 발생이 현저하게 낮은 것으로 보고되었다. 발효유를 섭취한 쥐는 종양세포의 DNA 합성을 정상 세포의 75% 정도로 감소하였고, 암 종양의 크기도 1/3 정도 줄었다고 보고하였다. 불가리커스 유산균이 쥐에서 종양세포의 성장을 현저하게 억제하였다.

장내에서는 주로 장내 부패균들에 의해서 발암물질을 활성화하는 베타 그루큐로니데이스(β-glucuronidase), 아조리덕테이스(azoreductase) 그리고 니트로리덕테이스(nitroreductase) 효소들을 끊임없이 생산되고 있다. 아시도필러스 유산균으로 만든 발효유나 유산균을 하루에 100억 마리 이상 1개월 동안 성인에게 섭취 시에 분변 내 발암효소의 활성이 먹기 전보다 약 1/2 정도로 감소하였으나 유산균 섭취를 중단하면 섭취 전 상태 수준으로 되었다.

유산균은 유해효소를 분비하는 유해균을 억제하고, 장내의 발암촉진 물질을 불활성화 시키고, 발암생성에 관여하는 효소작용을 억제해 장암 등의 발생을 억제하는 효과가 있다. 1973년 미국의 레디(Reddy)와 샤하니(Shahani) 등의 연구진들에 의하여 동물실험에서 얻어진 유산균 발효유의 종양 억제효과에 대한 결과는 엘리히(Ehrlich) 복수 종양세포를 생쥐에게 이식시키고 요구르트를 투여한 결과 이식시킨 복수 암세포의 증식을 28% 정도 억제하였다.

일본에서는 카제이 유산균이 표재성 방광암과 대장암을 억제한다는 사실을 임상시험 및 동물실험을 통하여 확인하였다. 유산균종의 항암효과는 일반적으로 카제이균, 아시도필러스균, 람노서스 GG균과 비피더스균 등 프로바이오틱스 유산균과 불가리쿠스 유산균이 비교적 항암작용이 좋은 것으로 밝혀졌는데, 이는 유산균종에 따라 항암효과가 차이가 있음을 보여주고 있다.

한국야쿠르트 중앙연구소 연구진들은 유산균 종류별 항암효과를 알아보기 위하여 발효유 제조에 많이 사용하는 야쿠르트 종균 카제이균을 포함한 유산 간균 4종류, 연쇄상 구균 썸머필러스, 류코노스톡 1종, 비피더스균 1종 등 모두 7종류의 유산균을 배양하여 동결 건조한 유산균체만을 시료로 사용하여 살코마-180 암세포를 실험용 마우스(ICR mouse)의 복강 내에 주입해 복수암의 발생과 유산균의 효과를 비교한 실험 결과 복수암의 발생이 현저히 저하하였고, 수명의 연장효과도 있음을 확인하였다.

그림 4-3. 복수암에 걸린 실험쥐(A)와 유산균을 투여한 쥐(B)

또한 살코마-180 암세포를 실험용 마우스의 우측 서혜부에 피하 접종한 후 고형 암괴를 적출하여 유산균체를 투여한 그룹과 투여하지 않은 그룹에 대한 암 발생 빈도수와 암 억제율을 비교한 결과, 야쿠르트 종균 투여군에서 평균 암괴 무게가 투여하지 않은 대조군의 암괴 무게의 약 1/8 정도로 작았으며, 암의 발생 억제율은 약 88%

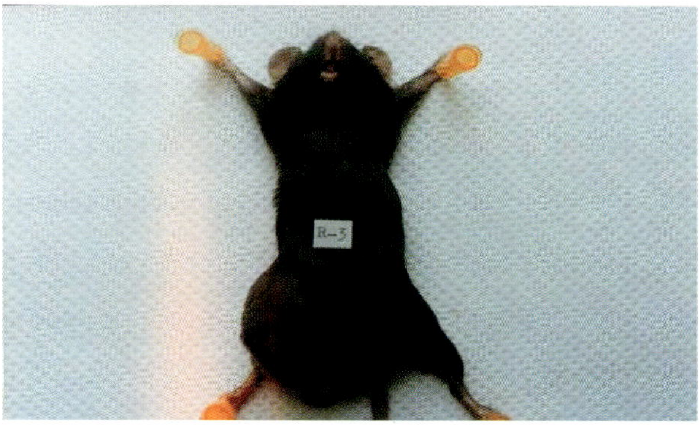

그림 4-4. ICR 실험용 쥐에 육종암 발생 모습

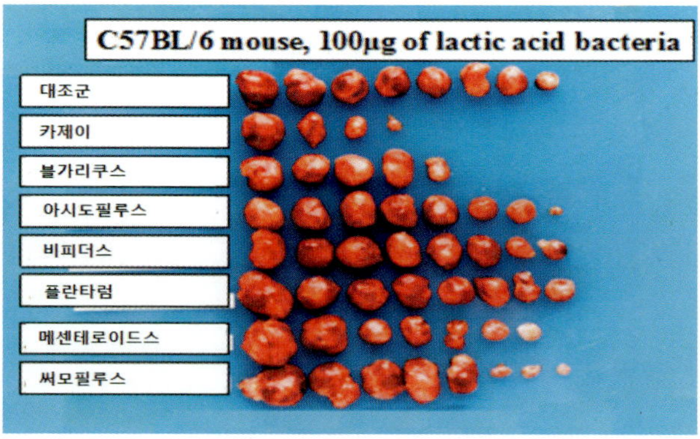

그림 4-5. ICR 실험용 쥐에 유산균 종류별 육종암
발생억제 비교 실험 결과

정도로 다른 유산균에 비해서 효과가 좋았고, 유산균체의 투여량은 100μg 정도가 좋은 결과를 보여 주었다.

최근의 실험동물 연구에서 보면 유산균 제제나 카제이 유산균과 아시도필러스 유산균 발효유의 섭취는 화학적으로 유발되는 결장암과 유방암의 발생 그리고 고형암 세포의 증식을 억제하는 것으로 나타났다. 또한 이들 유산균과 비피더스균의 섭취는 분변의 돌연변이 유도물질의 활성을 감소시켰고, 결장에서 발암촉진 물질을 생성하는 분변의 미생물 효소를 감소시켰다.

이러한 연구 결과들은 발효유 제품이나 유산균 배양액이 숙주의 면역기능을 강화하고, 발암물질과 발암촉진 물질을 생성하는 장내 미생물의 생육을 억제하며, 대장의 종양 물질이나 돌연변이 물질을 생성을 억제함으로써 종양 발생을 억제한다는 것을 의미하는 것이다. 유산균은 장내의 발암촉진 물질을 불활성화 시키고, 발암생성에 관여하는 효소작용을 억제해 장암 등의 발생을 억제하는 효과가 있다.

이처럼 유산균과 발효유를 섭취함으로써 암의 발생과 증식을 억제하는 것으로 많이 보고되었다. 이러한 결과를 종합하여 보면 유산균은 장내에서 첫째, 해로운 미생물들의 증식을 억제하고, 둘째, 유해 미생물에 의한 발암물질의 생성을 억제하며, 셋째, 장벽의 삼투압을 정상화해 독소의 흡착을 차단하고, 넷째, 장의 면역력을 증가시켜 화학물질과 유해물질 감염에 대하여 면역력을 높여준다.

11. 유산균의 면역기능 증진효과

면역계는 몸속으로 들어오는 외부 이물질에 대하여 자신을 지키기 위해 방어능력을 가진 기관 및 세포를 말한다. 주로 림프구와 보조세포, 그리고 이들이 모여서 만들어진 림프조직 들로 구성된다. 대부분의 면역계는 혈액에 있는 백혈구로 구성되어 있지만, 이들 혈액의 백혈구들은 조직 내에도 존재하며, 특히 림프조직에 많이 있다. 반대로 무균동물은 림프조직을 통한 면역력이 현저하게 떨어진다.

유산균으로 발효시켜 만든 발효유나 유산균체를 섭취하면 사람과 동물의 면역력이 증강된다. 세균이나 바이러스 감염 또는 암으로부터 몸을 지키기 위해서는 무엇보다 면역력을 왕성하게 해두는 것이 중요하다. 유산균 발효유는 면역을 담당하는 세포의 분열 및 증식을 촉진해 면역기능을 활성화하는 기능을 가지고 있다.

유산균은 몸 안의 불량 세포를 제거하는 네츄럴킬러(NK) 세포와 면역세포인 T세포를 활성화시켜 주며, 면역물질인 사이토카인의 생산을 증가시켜 준다. 유산균은 점막과 관련된 면역체계를 활성화해하는 것으로 알려졌다. 유산균을 섭취하면 유산균이 장벽 내로 유입되어 장 표피세포와 반응하고, 장 면역세포에 신호를 전달하여 사이토카인의 생산을 증가시키고, 다른 부위의 점막에서도 A항체(IgA) 분비세포를 증가시켰다.

유산균은 면역에 관련된 대식세포와 T-조력세포 등의 각종 사이토카인 생산을 촉진한다. 더욱이 유산균은 나이가 들어감에 따라 감소되는 사이토카인의 생산을 활성화한다. 쥐에 유산균을 먹이면 혈액 내의 몇 가지 보체(complements)량이 증가하며, 식균작용을 강화한다고 하였다. 유산균은 면역에 관련된 세포들의 각종 사이토카인의 생산을 촉진하는 것으로 알려지고 있으며, 항 바이러스형 단백질인 인터페론 알파와 감마의 생성을 유도하는 것으로 보고되었다.

유산균은 정상상태의 사람 또는 동물에서 장 표피세포, 특히 면역세포와 작용해서 생리적 방어망을 강화한다는 사실이 과학적으로 확인되면서 유산균의 면역력 촉진에 대한 학설이 탄력을 받고 있다. 유산균에 의한 장 면역체계의 촉진은 선천 면역반응과 B-림프구 세포의(B-lymphocyte) 계통증식이라고 한다. 최근 유산균 생균제가 면역기능을 증진해 로타바이러스와 인플루엔자바이러스 등에 의한 예방과 치료에 효과가 있다고 보고되었다.

우리 몸의 면역계는 면역세포 중 T-림프구가 중심이 되어 우리 몸에 침입하는 바이러스를 공격해서 퇴치하는 세포성 면역계와 체내로 침입하는 병원균 등을 항체가 반응하여 중화시키거나 침입하지 못하도록 생체를 방어하는 체액성면역계 두 종류로 구분한다. 장내세균은 혈액 중에 항체를 많이 만들어 체액성면역계를 활성화한다. 일반 동물은 무균동물보다 면역을 담당하는 대식세포(macrophage)의 작용이 활발하여 외부에서 침입하는 세균을 잡아먹거나 항원을 분해하는 반응이 활발하게 일어난다. 따라서 병원균이나 항원이 작용하지 못하도록 하고 항체를 빠르게 만들어 방어한다.

장내에서 미생물은 숙주의 면역체계에 관여하면서 알레르기성 질환과 관계가 있다고 보고되었다. 유산균 발효유나 유산균 생균제를 보충함으로써 어린이의 아토피 증상을 완화할 수 있다고 하였다. 소화관에서 서식하고 있는 장내세균들은 소화관의 면역기관인 소화점막의 림프샘에 작용하여 항체를 만들어내는 B-림프구 세포를 활성화해 많은 병원균에 대항하는 항체를 만들어내도록 돕는다.

건강한 사람의 소화관에는 유익균과 유해균이 잘 균형을 이루고 있어서 병원균에 잘 감염되지 않는다. 그러나 유해하거나 유익하지도 않은 중간 균은 건강할 때 우리 몸에 영향을 주지 않지만, 우리 몸의 상태가 나빠지면 질병을 일으키는 세균으로 둔갑한다. 유익한 세균이 소화관에 많이 서식하게 되면 병원균을 퇴치하는 좋은 방어체계를 갖추게 된다.

유산균은 다양한 방법으로 소화관 면역계를 활성화한다. 분비형 A 항체(sIgA)의 생산성을 증가시키고, B-림프구는 다양한 항체 lgM, lgG, lgA 등을 생산한다. 일부의 A항체(lgA)는 소화관으로 분비되는데, 이렇게 분비된 항체는 소화관의 세균이나 바이러스를 억제한다. 또한 유산균은 유해 균주에 대한 저항성을 증가시키고, 우리 몸에서 면역기전을 증가시켜 질병을 일으키는 병원성 세균의 감염을 억제한다. 유산균이 면역계를 활성화하면 바이러스가 우리 몸을 침범하더라도 방어능력이 향상된다.

사람이나 동물이 방사선에 노출되면 가장 먼저 손상을 받는 것이 면역계인데, 유산균은 방사선으로 인한 손상을 막아 준다. 특히 암을 치료하기 위해 방사선이나 약물을 사용하게 되면 급격히 면역력이 낮아지게 되는데, 이때 유산균이 효과가 있다.

12. 유산균의 다양한 기능성 이용

유산균은 사람과 동물의 장내에서 생장하면서 다양한 각종 발효식품과 건강 증진기능이 있는 펩타이드, 공액리놀산(conjugated linoleic acid), 아이코사노이드(eicosanoids) 등이 기능성 성분으로 알려졌다. 각종 발효유 제품 제조에 사용되는 유산균들은 단백질 분해 능력을 갖추며, 발효 도중에 기능성 펩타이드를 생산한다. 유산균들은 단백질 분해 이용체계로서 세포벽에 위치한 단백질 분해효소, 세포 내의 각종 펩타이드 분해효소를 가지고 있으며, 이들은 생장조건, 배지 등에 의해 영향을 받는다.

기능성 유산균들은 위장의 산성 조건과 담즙의 살균작용에 살아남아서 소장과 대장에서 왕성히 활동하고 오래 남아서 기능을 발휘하여야 한다. 이러한 여건에 부합하며 값싸고 살아 있는 유산균을 많이 섭취할 방법은 요구르트와 같은 발효식품 형태로 기능성 유산균을 이용하는 것이 가장 합리적이다. 그러나 요구르트를 이용하기 어려운 경우에는 분말이나 캡슐 형태로 유산균을 이용할 수 있는 생균 제품들이 대안이 될 수 있지만, 생존율과 활력에 의해 효과가 좌우된다.

기능성 유산균들은 요구르트, 액체, 분말, 캡슐, 냉동건조 등 여러 가지 형태로 이용 가능하나 중요한 요점은 활력이 높은 기능성 유산균을 많이 섭취하는 것이다.

유산균은 자연적인 방법으로 우리의 건강을 안전하게 지켜주고, 식생활을 더욱 풍요롭고, 향상시켜 줄 수 있는 가장 오랫동안 동고동락한 좋은 동반자이다. 유산균들은 식품의 발효가 핵심이며, 식품에서 잘 생장하면서 젖산을 빨리, 많이 생산해서 맛 좋고 품질이 우수한 발효식품을 만들어야 한다.

과학자들은 유산균이 인류에 대하여 여러 가지 많은 기능성에 대한 역할을 기대하고 있다. 예를 들면 전염병에 대한 백신을 생산, 바이러스의 사멸, 장염과 질염의 예방 및 치료, 위암과 장암과 같은 여러 종류의 암도 확실히 예방하고, 다양하고 유익한 기능성 성분을 생산하는 유산균 등 수없이 많다.

13. 피부미용과 유산균의 작용

고대 여인들은 발효유를 화장품 대용으로 사용하였다는 이야기가 전해지고 있다. 그 후 유산균의 배양액이 상처의 회복을 빠르게 하고, 피부의 감염증을 방지하는 것을 발견한 것이 화장품에의 이용 동기가 되었다. 국내에서도 떠먹는 농후발효유 「슈퍼-100」이 생산 판매되자 이 농후발효유를 먹는 것 이외에도 여인들이 얼굴에 바르는 팩 재료로 사용하기도 하였다.

농후발효유는 우유 성분이 유산균으로 발효되어 단백질이 분해되어 펩타이드, 또는 아미노산으로 분해된 성분이 피부 미용에 효과를 나타내는 것으로 본다. 유산균은 비타민 B_1, B_2 같은 비타민을 합성해 발육과 피부미용에 도움을 주기도 한다. 유산균을 섭취하면 숙변 제거에 의해 숙변 속에 존재하는 유해세균 제거 및 독성물질의 배출로 피부미용 효과가 있다.

식품이나 의약품에서는 주로 유산균체를 이용하지만, 화장품은 유산균체와 불용성분을 제거한 유산균 배양액이 이용된다. 유산균 배양액의 주요 성분으로는 젖산, 유당, 아미노산, 인산염 등의 무기염류로서 피부의 각질 성분과 유사하여 피부의 항산화작용, 보습작용, pH 조절작용 및 피부 균총(skin flora) 등의 제어기능을 발휘하여 화장품의 소재로서 개발되었다.

유산균 발효된 물질을 활용해 균형 잡힌 피부 균총을 돕는 신개념 화장품으로 문제가 되는 피부를 완화해 깨끗하고 건강하게 피부를 가꾸는 데 도움을 주는 것으로 알려져 있다. 유산균에서 추출한 길항성 물질 박테리오신은 피부 유해 미생물을 억제하는 효과가 있어 화장품 독성이나 유해환경 등으로 피부 본연의 방어능력이 떨어질 때 피부 균총을 회복하는 데 도움을 주는 것으로 알려졌다. 그리고 여드름균과 잡균이 성장하지 못하도록 억제하고 제거하는 데 도움을 준다. 화장품의 유통기간에 미생물의 오염이나 증식을 방지하기 위하여 사용하는 방부제의 사용량을 줄임으로써 피부에 발생하는 화장품 알레르기나 부작용을 감소시킬 수 있다.

사람의 장내에서 서식하는 유해균들은 해로운 물질을 생산한다. 유해한 물질들이 체내로 흡수될 경우 혈액 내에 머물면서 많은 질환을 유발한다. 이것은 소화관에서 만들어지는 암모니아 등의 부패독소가 간에서 처리되지 않아 혈액 중에 농도가 높아져 얼굴에 자극이 될 경우 피부염증, 여드름과 같은 피부질환을 일으킬 수 있다. 그러므로 장내세균이 생산하는 유해물질에 의한 원인을 제거하기 위해서는 프로바이오틱스 유산균이 장내환경을 개선하여 준다.

유산균 종은 연쇄상 구균 썸머필루스균이 주로 이용되었으며, 연쇄상 유산구균속의 일부 유산균이 생성하는 히알루론산(*Hyaluronic acid*)을 화장품의 소재로 쓰고 있다. 최근 유산 간균과 비피더스균의 배양여액이 검토되었다. 그리고 유산균을 이용한 화장품 응용에 대한 연구는 더욱 활발하게 연구가 진행되어 기능성 화장품 개발에 많은 이바지를 할 것으로 기대하여 본다.

유산균과 발효유는 체내에 있는 노폐물을 배출시켜 깨끗한 피부를 만들어 피부미용에 좋은 역할을 한다. 피부에 해로운 암모니아 같은 성분이 체내로 다량 흡수를 억제함으로써 피부미용에 도움을 준다. 유산균에는 천연 항생물질인 박테리오신이 함유되어 있어 피부의 균들을 없애주는 작용을 하여 피부미용, 여드름의 원인균으로 알려진 프로피오니박테리움 에크네스(*Prop. acnes*)와 프로피오니박테리움 그래눌로섬(*Prop. granulosum*) 등이며, 피부질환을 개선하는 데 효능이 있다.

14. 유산균은 간장을 보호한다

장내 미생물과 간 기능과는 상당한 상관관계가 있는 것으로 보고되고 있다. 간 질환에는 바이러스 간염과 간 경변, 지방간 등이 있다. 바이러스에 의해서 발생하는 간염을 제외하면 소화관에 서식하는 내독소(endotoxin)를 생산하는 장내 미생물들이 가장 큰 원인이다. 장내 유해 미생물이 생산하는 내독소, 에탄올, 아세트알데하이드, 암모니아 등은 간세포와 간장의 여러 가지 사이토카인(cytokine), 효소 등에 영향을 미쳐서 각종 간 질환의 원인이 되고 있다.

간 경변은 소화관의 암모니아가 혈중으로 다량 흡수되어 간장의 암모니아와 요소의 대사에 장해를 일으키고 간을 손상한다. 소화관에 서식하는 내독소를 생산하는 유해균들을 없애거나 줄일 수 있다면 간 손상을 억제할 수 있다. 유산균과 비피더스균은 내독소를 생산하는 유해균들의 생장과 증식을 억제하는 효과가 있다. 일반적으로 요구르트나 생균제 등 기능성 유산균이 장내에 우점하도록 대량 공급하면 장내 미생물의 해로운 대사산물 생산이 억제되어 간의 건강에 도움이 된다.

음식물에 포함된 단백질은 위 또는 소장에서 소화효소에 의해 아미노산으로 분해되어 흡수되지만, 일부는 소화관 내에 사는 유해세균들에 의해 암모니아로 전환된다. 이 암모니아는 혈액으로 흡수되어 체내에서 이용하고 이후에는 간장에서 요소(urea)로 변화되어 대부분 오줌으로 배설된다. 소화관 내의 pH가 높을수록 소화관에 있는 암모니아가 잘 흡수된다. 간 경변으로 인해 간장이 좋지 않은 사람에게는 혈액에 흡수된 암모니아가 간장에서 요소로 해독이 잘 안 된다. 우리 몸은 항생제를 사용하여 소화관에 서식하고 있는 세균을 죽이는 방법보다는 유산균을 이용하여 소화관 내 pH를 낮추는 방법을 선택하는 것이 더 좋은 방법이다.

소화관 내에 서식하는 유익균들은 유해균을 통제하고 조절할 수 있다. 그러나 우리가 항생물질, 방사선 치료를 받거나 스트레스 등을 받으면 유익한 균주가 줄어들게 된다. 유해균 수가 증가하고 이어서 유해균이 생성한 리포폴리사카라이드(LPS)가 혈액 내로 들어와 간 손상을 일으킨다.

락토바실러스와 페디오코커스, 비피더스균 등의 유산균 생균제와 생균 촉진제로서 베타 구루칸, 전분, 이눌린, 펙틴, 프락토-올리고당으로 구성된 복합 생균제를 급여한 결과 비 알코올성 지방간 환자와 알코올성 간 경변 환자의 간 질환 효소가 감소하였고, 간 기능도 개선되었다. 오줌의 pH와 혈청 암모니아 농도가 낮아졌고, 혈청 내 내독소 농도도 저하하였으며, 간 질환 증세가 호전되었다.

장내의 유익한 환경을 계속 유지하기 위해서는 유산균을 꾸준히 복용하는 것이 좋다. 이렇게 장내 환경이 좋아지게 되면 간 손상이 더 진행되지 않고 치료된다. 지방간에 걸린 남자에게 유산균을 계속 투여하자 지방간이 진행되는 현상은 멈추었고, 혈액 중 간 손상 지표인 혈청 GOT, GPT도 개선되었다. 유산균은 혈액 중에 지방량이 많아진 고지혈증을 개선하였다.

15. 세균성 식중독을 치료하는 유산균

콜레라, 이질, 장티푸스 등은 사람의 장내에서 세균성 식중독을 일으키는 대표적인 감염증 균의 일종으로 법정전염병으로 분류되어 있다. 식중독을 일으키는 미생물들은 사람에게서 사람으로 직접 전염되는 것은 아니고, 주로 음식물을 통해서 감염된다.

법정전염병으로 분류된 이들 미생물은 병원성이 강하여 수천 마리의 적은 숫자라도 사람의 몸으로 들어오면 바로 감염 증세가 나타날 정도다. 식품 질환성 병원균으로 식품과 물에 의해서 가장 쉽게 전염되는 병원성 대장균(*E. coli* O157:H7)과 살모넬라균이 가장 대표적인 병원성 균이다.

대장균과 같은 일반 세균들도 병원성이 콜레라보다는 약하지만 식중독을 일으킨다. 대장균은 섭취하는 음식물을 통하여 쉽게 감염된다. 특히 대장균은 식품에서 위생 상태를 나타내는 위생지표 균으로 중요시하고 있다.

최근에 식중독을 일으키는 독한 병원성 균으로 알려진 대장균(*E. coli* 0157:H7)도 음식물을 통해서 감염되는 식중독균이다. 이들은 소화관에 서식하며 대장균을 증식시켜 설사를 일으킨다. 감염 초기 증상은 고열이 생기다가 설사가 일어나고 복통이 생긴다. 그러다가 증상이 악화하면 피가 섞인 혈변을 보게 되고 구토가 나타나며, 지속하여 탈수가 일어난다.

이질은 이질균이 장에서 급성 장염을 일으켜서 생기는 설사병이다. 이질균이 오염된 물이나 음식을 먹음으로써 감염되며, 위생시설이 좋지 않은 곳에서 많이 발생한다. 설사를 일으키는 이질균이 우리 몸에 들어오면 대장균과 같은 미생물들의 증식을 촉진하며, 심한 설사를 유발한다.

식중독을 예방하기 위해서는 이질균, 콜레라균, 대장균 등과 같은 식중독균이 식품에 오염 여부를 철저하게 점검하여야 한다. 유통과정에서 쉽게 증식하지 못하도록 식품은 저온 건조한 곳에 보관하고 유통해야 한다. 식중독균이 오염되어 있는 식품을 먹지 않도록 사전에 검사를 철저히 하여야 한다. 유산균은 식중독을 일으키는 유해균의 성장을 억제한다.

유해균의 감염을 저해하기 위하여 유산균 발효식품을 어느 일정량을 꾸준하게 섭취하여 질병을 일으키는 미생물이 장내에서 우점하지 못하도록 한다. 인체의 장내에서 유산균이 활발하게 생존하고 있을 때는 식중독균이 들어오더라도 유산균의 힘으로 제압당한다. 그래서 활성 유산균을 매일 섭취하면 그만큼 식중독의 예방효과를 보게 된다. 학생들이 한꺼번에 학교식당에서 꼭 같은 음식을 먹었음에도 불구하고 어떤 학생은 식중독에 걸리고 또 어떤 학생은 멀쩡한 경우가 있는 것은 무엇 때문일까? 그것은 그 개인 개인의 그날에 있어서 몸의 상태 혹은 면역상태에 따라서 결정되는 것이다.

식품 질환성 식중독 원인균에 대한 생물학적 억제방법으로서 유산균을 이용한 방법이 많이 활용되고 있다. 유산균이 유해균을 억제하는 항균물질로는 주로 젖산, 초산 및 박테리오신이다. 유산 간균 아시도필러스균과 카제이균 그리고 비피더스균을 1mL에 백만 마리의 (10^6 cfu/ml) 수준의 유산균이 생존하고 있는 곳에 일만~십만 마리(10^4~10^5 cfu/ml) 병원성 대장균 및 살모넬라균과 혼합 배양한 시험결과에서 유산균과 비피더스균이 이들 식중독 미생물의 성장을 억제하였다.

토끼에서 유산균과 식중독 미생물을 병용 투여하여 유산균이 식중독 미생물의 성장을 억제함을 확인하였고, 유산균을 장기간 투여한 경우는 식중독 미생물이 사멸되는 것을 알 수 있었다.

16. 비뇨기관의 감염 예방과 치료

유산균은 여성의 질 내에도 서식하고 있어 사람의 소화관뿐만 아니라 질 내의 건강도 책임지고 있다. 질 내의 유산균들은 아기가 태어날 때 아기의 소화관에 유산균이 정착하는 데에 도움을 준다. 여성의 질에 잘 발생하는 염증은 세균성 질염, 효모성 질염과 요도관 염증 등이 있다. 유산균은 여성의 질 내에 해로운 곰팡이 무좀균과 같은 질염을 일으키는 미생물들이 감염되지 않도록 역할을 한다. 이들의 염증은 재발이 빈번하고, 특히 임신 중에는 조산의 위험성도 있다. 이러한 비뇨기관의 염증과 질염도 유산균에 의해 억제 예방될 수 있다.

여성의 질액에는 수천 만(10^7/mL) 마리 이상의 유산균이 생존하고 있어 질의 각종 염증을 예방하는 기능이 있다. 건강한 여성의 질에는 유산균이 수억 마리(10^8/mL) 수준 이상으로 우점하고 있다. 질 내의 유산균들은 글리코겐을 발효하여 질 액을 pH 4～5 수준의 산성으로 유지하고 있어 유해균의 생존과 증식을 억제한다.

유산균이 질 내에서 잘 발생하는 각종 질환을 예방하고 치료하려면 유산균이 질 내에서 잘 정착하고 왕성하게 자라며, 질 환경에 적응성이 있어야 하므로 유산균이 질 세포와 점액에 흡착하는 성질이 매우 중요하다. 여성들이 피임제를 사용하게 되면 여성의 질 내 글리코겐의 합성이 억제되어 유산균이 증식하지 못한다. 그렇게 되면 여성의 질 내가 병원성 세균 등의 감염이 되기 쉽다.

여성들이 질 세정제를 사용하는 경우에 세정제 때문에 질 내 유산균이 급격하게 감소하게 되면 오히려 질 내 감염이 증가한다고 보고하였다. 그러므로 질 세정제의 사용은 주의할 필요가 있다. 여성의 비뇨기관에서 자주 발생하는 염증에는 질(vagina), 요도, 방광, 신장, 요도 주변 그리고 자궁경부 등이다.

각종 질염의 치료에 이용될 수 있는 유산균은 질 내 환경에 정착하고 생장하며 젖산, 과산화수소, 박테리오신 등을 생산해서 질 내에 전염되는 병원균의 정착을 막고 병원균을 억제할 수 있는 능력이 중요하다. 여성의 질 내에 우점 하는 유산균은 락토바실러스 크리스패토스, 가세리, 젠센이, 이네르스 등으로 알려졌다. 각종 질염에서 유산균 락토바실러스를 치료 미생물로 사용하려는 연구가 많이 보고되었다.

17. 구강건강과 유산균의 역할

구강 내에는 약 800여 종 이상의 미생물들이 복잡한 생태계를 형성하여 살고 있다. 구강 내부는 섭취하는 음식물, 음식의 pH, 분비되는 침, 미생물들이 생산하는 항균물질, 산(acid), 기타 여러 가지 요인에 의해 영향을 받고 있으며, 장내 미생물 균총에도 영향을 주고 있다.

충치를 일으키는 대표적인 균은 연쇄상 구균 뮤탄스(*Str. mutans*) 균 이외 생귀니우스균, 미티스균, 살리바리우스균 등이다. 충치를 직접 일으키는 세균은 당류를 대사하여 번식한다. 충치의 원인이 되는 치아 세균이 만든 막인 플라크(plaque)에는 다양한 균종들이 발견되고 있으며, 이들이 각종 치아 질환과 관련되어 있다. 또 이들은 치아 표면에서 세균막(biofilm)을 형성하면서 복잡한 생태계를 형성하고 있다.

유산균은 치아 표면에서 충치균이 흡착하여 만든 막인 플라크(plaque)를 형성하는 것을 막고, 충치균의 증식을 억제하며, 항균물질이나 과산화수소를 생산하는 유산균을 이용하여 충치를 예방하는 효과가 있다. 구강 내 유익균이 구강 생태계 조성과 구취제거에 효과적이라는 연구가 입증되면서 구강유산균이 주목받고 있다. 충치 유발균은 치아 표면에 잘 녹지 않는 세균막을 만들고, 이것이 플라크가 되면 이가 썩게 된다. 유산균이 이런 과정을 방해하는 것이다.

프로바이오틱스 유산균이 소화관에서와 마찬가지로 구강에서도 프로바이오틱스 효과를 나타내어 구강건강에 도움을 줄 수 있는 것으로 보고되었다. 시험결과 락토바실러스 퍼멘텀이 함유한 요구르트 제품은 충치 발생균 뮤탄스에 유의적인 증식억제 효과를 나타냈다. 엔테로코커스 패시움과 연쇄상 구균 에퀴이누스균도 뮤탄스균의 증식을 억제하는 효과가 있었다.

프로바이오틱스 유산균으로 발효된 우유를 마신 어린이들에게서 충치가 감소하는 것이 보고되어 프로바이오틱스 유산균이 구강건강과도 밀접한 관련이 있는 것으로 알려졌다. 유제품을 통해서 섭취할 수 있는 특정 락토바실러스 균주는 성인의 침에 존재하는 뮤탄스의 수를 감소시키고, 어린이들의 충치 예방에 관여한다. 연쇄상 유산 구균 써모필러스와 락티스균이 함유된 발효유를 먹은 어린이와 성인의 경우 입안의 충치 유발균 수가 줄었다는 연구결과를 발표하였다.

유산 간균 퍼멘텀균과 충치 유발균인 뮤탄스균을 함께 배양했을 때 충치 유발균이 90%나 줄어든 것으로 확인됐다. 또한 건강한 20세 여성 40명에게 유산균 발효유를 2주 동안 마시게 한 결과, 침 속의 충치 유발균 뮤탄스균 수가 감소되었다.

양치질이나 구강 청결제 등 대부분의 구강 관리는 이러한 유해균을 없애는 것에 초점이 맞춰져 있다. 무분별한 구강 청결제 사용 시 구강건강에 꼭 필요한 유익균도 함께 사멸할 수 있어서 주의가 필요하다. 구강 내 유익균이 줄어들면 충치나 잇몸 질환을 유발하는 유해세균의 번식이 쉬워진다. 충치, 치주 질환 등 대부분의 구강질환은 염증질환으로 유해균과 유해균의 효소작용에 의해 염증과 구취가 생긴다. 이는 전염성을 가지고 있어 물리적인 접촉이 나 음식을 나누어 먹는 과정에서 사람을 통해 전염되기도 한다.

구강에 서식하는 미생물들은 치아에 붙어 있는 탄수화물을 발효해서 유기산과 젖산을 생성한다. 이러한 젖산이 치아의 표면에 계속 존재하게 되면 치아 표면의 에나멜 층에서 석회질이 빠져나가고 약해지게 되어 결국에는 세포의 서식 부위에 치아의 손상이 일어나게 된다. 당류가 많이 들어간 음식의 섭취를 자제하는 것이 좋고, 섬유소가 많이 함유된 채소나 과일을 섭취하면 충치예방에 효과적이다.

구강 유산균은 장내 미생물에 이어 마이크로바이옴 연구 중 제품 상용화가 가장 활발한 분야로 구강 유산균을 통해 구강 내 유익균을 보충하는 것이 구강 건강관리 및 염증질환 예방관리에 효과적인 것으로 알려졌다. 그러나 제품 선택 시 검증된 균주를 사용하는지 확인하고 선택하는 것이 중요하다. 앞으로 유산균처럼 몸에 유익한 미생물을 활용해 충치나 잇몸 염증을 예방할 수 있는 효과적인 방법이 개발될 것으로 전망한다.

제5장
유산균 발효유의 임상시험 이야기

1. 유산균과 발효유의 위장 통과량 측정 임상시험

서울대학교 의과대학 내과학교실 박민정, 송인성 교수팀과 한국야쿠르트 중앙연구소가 공동연구로 이루어진 임상 시험한 결과가 <대한소화기 학회지 2001년 37권 82~89페이지>에 게재되었다. 학술지 투고에 앞서 대한보건협회 주최로 서울에서 개최된 1999년 10월 8일 제11회「유산균과 건강」국제학술 심포지엄에 "발효유를 섭취한 사람의 위 내용물에서 시간에 따른 유산균 수의 변화와 생존 유산균의 위 통과량 측정" 결과를 발표한 내용을 요약하였다.

1) 실험목적

"우리가 거의 매일 섭취하는 발효유 중에 어느 정도의 유산균이 살아서 위(胃)를 통과하여 소장을 거쳐 대장(大腸)까지 도달하여 정장작용(整腸作用)을 하는가"에 대한 임상시험은 주로 간접적으로 분변검사를 통하여 측정하여 왔다. 그러나 이번 임상실험은 한국인을 대상으로 발효유를 섭취하고 직접 위장에서 경과 시간에 따라 유산균 수의 변화와 유산균의 위 통과량 측정을 의학적으로 실험한 것은 국내 최초의 임상시험이었다.

임상시험이 아닌 시험관 내에서 실험은 그 실험 환경이 실제의 위

내 환경과 많이 다르기 때문에 시험관 실험 결과만을 가지고 실제로 임상시험 결과와 같으리라 추측하는 것은 무리가 있다. 따라서 임상 시험이 아닌 실험실에서 pH와 유산균의 생존율 실험을 시행하는 것은 의미가 없음이 밝혀졌다. 이 연구는 실제 인체의 위장에서 수행한 임상시험으로서 상당한 가치가 있다고 생각되며, "우리가 섭취한 발효유 중에 어느 정도의 유산균이 살아서 위장을 통과하며, 언제 발효유를 먹는 것이 효과가 좋을까?" 하는 질문에 대한 답을 보다 정확하게 제시해 주고 있다.

2) 실험방법

연구 대상은 서울대학교 의과대학에 재학 중인 학생을 대상으로 건강한 자원자를 모집하였다. 시험에 참여한 학생들에게는 시험에 앞서 시험의 목적, 내용, 방법 등에 대하여 충분히 설명을 듣고 서면 동의한 자원자를 피험자로 선정하였다.

그림 5-1. 서울대학교병원과 (주)한국야쿠르트의 산학협동연구 협약 체결(1998. 5. 12)

피험자로 선정된 자원자는 28명이었고, 이 중 남자가 14명, 여자 14명이었다. 이들의 연령 범위는 24～31세였다. 임상시험에 사용된 발효유는 그 당시 시판 중인 한국야구르트의 농후발효유 드링크 요구르트「메치니코프」150 mL짜리 2병이었고, 제조된 지 3일 이내의 제품을 이용하였다. 발효유 중에는 비피더스 롱검 HY 8001, 아시도필러스 SNUL 01, 썸머필러스 세 가지 균주가 혼합되었다. 실험에 사용하고자 하는「메치니코프」제품은 실험 전에 정확한 생균수를 계수하였다. 발효유와 같이 섭취하는 식사는 베이컨, 달걀 등을 포함한 샌드위치를 사용하였다.

실험 대상자 28명을 14명씩 두 개의 군으로 나누어 한 군은 공복에 발효유를 섭취하게 하였고, 한 군은 식사와 함께 섭취하게 하였다. 공복 실험군은 저녁식사 뒤 다음날 아침까지 금식한 후 발효유 300mL 투입한 후 시간별로 위 속에 비위관을 삽입하여 유산균 수를 측정하였다. 또한 식사 시 발효유 섭취 군의 경우 300 mL를 식사와 동시 투여, 시간별로 비위관을 통해 위장 내용물을 흡입, 유산균 수를 측정하였다.

3) 실험결과

(1) 위장 내 pH 변화

발효유 단독 섭취 전후 위 내용물의 pH 변화를 조사한 결과 공복 시에는 평균 pH 4.0, 발효유 섭취 1시간 후 pH 3.4, 2시간 후 pH 2.4, 3시간 후의 pH 2.3 정도로서 공복 시라도 위장 내 pH가 급격히 감소하지 않았다. 식사와 함께 발효유 섭취 군에서 pH는 4.0, 3.3, 2.9, 2.2이었다.

발효유에 함유된 우유 성분이 자체적으로 위산에 대하여 상당한 완충효과(buffering capacity)를 가지고 있어 pH의 저하를 어느 정도 억제하고 있는 것으로 나타났다. 그러나 지금까지는 많은 사람이 위장에 소화효소로 분비되는 위산으로 인하여 산도(酸度)가 강한 위액에 의해 유산균의 대부분이 위장에서 사멸하는 것으로 잘못 알려져 왔다. 따라서 이번의 임상실험 결과는 그 동안 모 유업회사에서 pH 1.5의 강한 산성조건에서 실시한 시험관 내 실험의 설계가 얼마나 잘못되었는가를 단적으로 보여주는 좋은 증거이다.

(2) 위장에서의 유산균 통과량

임상 시험에 섭취한 초기 유산균 수는 평균 1mℓ당 2～3억 마리(2～3 × 10^8 /mℓ)에서 약 90분 경과 시에는 약 50% 이상에 해당하는 1～1.5억 마리(1 × 10^8 /mℓ) 이상이 살아서 위를 통과하여 십이지장으로 넘어가는 것으로 나타났다. 이 정도의 양이면 대부분의 유산균이 살아서 위를 통과하여 소장으로 넘어가는 것이나 다름이 없다고 생각된다. 그 동안 유산균은 위장을 통과하면서 위장 내에 있는 위산 때문에 많이 죽는 것이 아닌가 하는 의구심이 있었지만, 대부분의 유산균은 그대로 살아 있음이 증명되었다.

유산균 발효유 섭취 후 경과시간에 따른 위 통과량은 30분에는 27%, 60분에는 55%, 90분에는 73%가 통과되어 섭취한 발효유 대부분이 90분 이내에 위장을 통과함을 알 수 있었다.

(3) 생존 유산균별의 위 통과량

유산균 농도의 곡선과 위 통과시간 및 십이지장도 도달 곡선으로부터 도출한 생존 유산균의 위 통과량을 보면 비피더스 롱검의 경우 발효유 단독 섭취군에서는 투여한 유산균의 평균 39%, 식사 시 발효유 섭취군에서는 47%가 생존하여 위를 통과하였고, 아시도필러스균은 단독 섭취군이나 식사 시 섭취군과 같은 59%가 생존하여 통과하였다. 썸머필루스균의 경우 단독 섭취군에서는 48%, 식사 시 섭취군에서는 49%가 생존하여 위를 통과하였다. 생존 유산균의 위 통과량은 두 군 간에 통계적 유의 차이가 보이지 않았다.

(4) 발효유 섭취시기

지금까지 발효유를 식사 전, 식사 후 또는 어느 때 먹어야 좋은가에 대한 논쟁이 많이 있었다. 이 연구 결과로 발효유만을 단독으로 섭취할 때와 식사와 함께 섭취할 때의 위 내용물의 pH와 생존 유산균 수가 별로 차이가 없음이 밝혀졌고, 유산균의 위 통과량도 식사여부와 상관없이 거의 비슷하다는 것이 증명되었다. 이러한 연구 결과로 발효유를 식사 여부와 상관없이 아무 때나 편리할 때에 섭취해도 동일한 효과가 있음이 확인되었다.

4) 임상시험 요약

발효유 섭취에 따른 위 내용물의 pH 변화는 발효유 단독으로 섭취하였거나 식사와 같이 발효유를 섭취하였을 때 개인 간의 편차가 있는 것으로 나타났다. 위 통과시간을 고려하여 분석한 결과 경구 섭취하는 유산균 상당량 비피더스 롱검균은 43%, 아시도필러스균 59%, 썸머필루스균이 49%가 위장을 통과하여 십이지장으로 살아서 배출되었음을 알 수 있었으며, 이러한 생존 유산균의 위 통과량은 식사여부에 따른 차이를 보이지 않았다.

5) 결 론

이번의 임상 결과는 발효유를 식사 여부와 상관없이 아무 때나 편리할 때에 섭취해도 유산균이 대부분 살아서 위장을 통과하여 장에서 비슷한 효과가 있음이 확인되었다. 그러나 요즈음 많이 광고 홍보하는 프로바이오틱스 유산균 제제의 분말 형태, 캡슐, 정제(tablet) 등은 발효유와는 달리 완충효과가 없어 코팅하지 않았으면 식후에 복용하는 것이 공복에 복용하는 것 보다는 살아서 위장을 통과하는 확률이 높다고 생각한다.

*논문 제목 : <발효유를 섭취한 사람의 위 내용물에서 시간에 따른 유산균 수의 변화와 생존 유산균의 위 통과량 측정> 대한소화기학회지 2001년 37권 82～89에 게재

2. 「윌(Will)」 제품에 대한 임상효능 시험 결과

한국야쿠르트 중앙연구소는 일차적으로 동물실험을 통하여 「윌」 제품의 여러 가지 효능을 확인하였다. 여러 해 동안 어렵게 새로이 연구 개발한 기능성 유산균 발효유 「윌(Will)」에 대한 임상시험은 서울대학교 의과대학 내과학교실 정현채 교수팀과 한국야쿠르트 중앙연구소와 공동으로 시행하였다. 사람이 「윌」 제품을 먹었을 때 헬리코박터 파일로리에 대한 억제효과를 확인하기 위하여 유산균, 면역난황, 차조기를 기능성 소재로 하여 제조된 발효유 「윌(Will)」 제품에 대한 임상효능 시험을 하였다.

1) 헬리코박터균 보균자의 임상 효능시험 결과 요약

임상효능 시험은 총 40명의 헬리코박터 파일로리 보균자를 선발하여 4주간 「윌(Will)」 제품을 마시게 한 후, 음용 전후의 요소 호기검사(UBT) 값 변화, 요소 분해효소(CLO) 검사 결과 변화, 헬리코박터 파일로리 밀도 변화 등을 측정하였다. 그 결과 발효유 「윌(Will)」을 음용한 21명 중 19명에게서 요소 호기검사법(UBT)에서 유의적으로 감소한 것을 확인하였으며, 이 중 3명은 요소 분해효소 검사법(CLO) 결과 음성으로 나타났다.

그리고 조직검사 결과 위장에 존재하는 헬리코박터균의 밀도가 유의적으로 감소하였으며, 위장 상피세포의 손상 정도가 회복되었고,

염증유발 세포의 수도 감소하였음을 확인하였다. 임상결과를 종합하여 보면 헬리코박터균의 억제 효과가 긍정적으로 나타났으며, 치료용 항생제가 아닌 일반 식품으로서 뛰어난 효과가 있음이 확인되었다.

이상의 임상결과는 2001년 대한소화기 학회지 <락토바실러스가 함유된 발효유에 의한 인체 위 점막에서의 헬리코박터 파일로리 억제 효과 : 대한소화기 학회지 2001년 38권 233～240페이지>에 게재되었다. 그 후 「윌(Will)」은 2006년 3월 9일 대한 헬리코박터 및 상부 위장관 연구학회로부터 우수성을 인정받아 공식 인증 발효유로 지정되었다. 「윌」 제품의 과학적 우수성을 학회로부터 여러 차례 인정받아 「윌」 제품이 건강 기능성 발효유로 공식 인증 받는 좋은 계기가 되었다.

2) 기능성 발효유 시대를 새롭게 개척한 「헬리코박터 프로젝트 윌」 제품

우리나라도 최근 들어 생활수준의 향상과 더불어 기능성 식품의 소비가 꾸준하게 증가하여 왔다. 이 중 발효유는 오랜 기간 풍부한 영양소를 갖추고 설사와 변비예방, 정장작용, 면역기능 향상 등의 다양한 효능을 가진 건강식품으로 소비자들에게 잘 인식되어 왔다.

「윌」 제품이 고기능성 식품으로 2000년 9월 발매되어 19년이 지나간 현재까지도 소비자들로부터 큰 호응을 불러일으켜 왔다. 이처럼 소비자들의 좋은 호응이 계속되고 있는 주된 이유는 임상시험을 통하여 효능이 입증되었을 뿐만 아니라, 「윌」 제품을 복용한 소비자가 건강검진을 통해서 헬리코박터균이 없어진 결과를 쉽게 확인할 수 있게 되었다.

「윌」 제품 음용 후 발효유의 기본적인 장 건강효능과 아울러 사람의 특정 부위의 질병 예방을 위해서 식품으로서 약품에 가까운 효능을 갖는 식품・약품의 효과를 소비자들이 직접 느끼고 있기 때문이라고 판단된다.

이렇듯 사람의 질병과 연계된 고기능성 식품인 발효유가 개발되어 웰빙에 어울리는 식품으로 발효유가 건강장수 식품으로 확실하게 자리매김하였다. 국민건강에 도움을 주는 기능성 발효유 「윌」 제품이 처음으로 개발되어 선을 보임에 따라서 기능성 발효유 시대를 활짝 열어 놓은 좋은 계기가 되었다.

3. 「쿠퍼스」의 간 기능 개선에 대한 임상시험 요약

순천향대학 의과대학 예방의학 교실 남해선 교수팀과 한국야쿠르트 중앙연구소와 공동으로 시행한 쿠퍼스에 대한 임상시험 연구는 한국야쿠르트 중앙연구소에서 개발한 쿠퍼스가 가지고 있는 다양한 기능 중 간 기능 개선 효과를 인체실험을 통해 증명해 보고자 실시되었다. 임상시험은 2004년 7월에 시작하여 12월에 완료하였다. 연구결과는 <최신의학, 2005년 48권 2호>에 연구 결과가 게재되었다.

1) 시험 대상자 선발

지난 6개월 이상 간 기능 검사 수치가 AST 50 이상이거나, ALT 45 이상, 또는 γ-GTP 80 이상이었던 성인 중 식품 섭취를 통한 간 기능 개선에 대한 인체 효능 평가시험에 관한 공고 및 설명을 통하여 본 연구 참여에 동의한 18세 이상 60세 미만의 남자를 대상으로 하였다.

설문조사와 함께 이화학적 검사와 생화학적 검사를 한 후 본 연구에 적합하다고 판정한 66명을 최종 대상자로 선정하였다. 이 중 시험기간 동안 시료 복용에 불성실했거나, 과도한 알코올 섭취, 건강식품 및 약물 복용 등으로 연구에 부적합하다고 간주한 6명을 제외한 60명의 결과를 분석대상으로 하였다.

2) 임상시험 방법

본 연구 대상자로 최종 선정된 66명을 위약군, 양성 대조군 및 쿠퍼스군으로 무작위로 3군으로 분류한 후 군별 시료(150 mL)를 하루 2회씩(아침, 저녁) 8주간 복용케 하였다. 간 기능 개선 효과의 비교를 위하여 총 3회의 검사를 시행하였다. 1차 검사는 최종 대상자 선정을 위한 간 기능 검사 수치로 대신하였고, 2차 검사는 시료 복용 4주 후, 3차 검사는 시료 복용 8주 후에 각각 공복 시 혈액을 이용하여 시행하였다.

3) 임상시험에 사용된 시료

연구 대상자에게 제공된 모든 시료는 한국야쿠르트에서 제조하여 동일 용기에 담아 완전하게 포장하여 냉장보관 상태로 순천향대학 연구실까지 전달되었고, 실험군에 따라 연구 책임자의 관리하에 피험자에게 직접 제공되었다. 이때 일정한 모양으로 포장하여 피험자들은 전달되는 시료의 차이를 알 수 없도록 하였다. 실험군 1군은 위약(위약군용), 2군은 간 기능 개선제(양성 대조군용), 3군은 쿠퍼스 제품군 등 3개 그룹으로 나누었다.

4) 시험 대상자의 일반적인 특성

본 시험에 참여했던 총 인원은 60명으로 모두 남성이었고, 평균 연령은 35.4세였다. 각 군 간의 연령, 신장, 체중 및 체질량 지수는 유의한 차이가 없었다.

5) 간 기능 지표 분석방법

혈액 3 mL를 2,500 rpm에서 10분간 원심 분리하여 혈청을 분리한 후 생화학 자동 분석기를 이용하여 AST, ALT 그리고 γ-GTP를 측정하였다.

6) 임상시험 결과

임상시험 결과는 만성적으로 간 기능이 저하된 임상시험 대상자들이 8주 동안 하루에 2회씩 쿠퍼스를 섭취함으로써 간 기능 수치인 AST, ALT, 및 γ-GTP의 수치가 통계적으로 유의하게($p<0.05$) 감소하는 것이 확인되어 사람의 간 기능을 개선하는 효과가 있는 것으로 판단하였다.

4. 발효유 섭취 시 콜레스테롤 저하 임상시험 결과

심혈관계 질환은 우리나라를 비롯한 선진국의 주요 사망 원인으로서 그 중 대표적인 질환인 관상동맥질환 및 동맥경화증 등은 혈중의 콜레스테롤과 밀접한 관계가 있다. 발효유가 혈중 콜레스테롤 함량을 감소시킨다는 연구 결과가 1974년도에 만(Mann)에 의해 처음으로 보고된 이후 많은 연구자가 발효유나 유산균의 음용이 혈중 콜레스테롤의 저하효과를 가져올 수 있다는 연구 결과를 많이 보고하였다.

발효유의 소비는 콜레스테롤 대사에 관여하거나, 담즙산염의 아미노기를 분리해서 장에서의 콜레스테롤 흡수를 방해하고, 혈중 콜레스테롤 함량을 저하한다고 하였다. 국내에서도 서울대학교 보건대학원의 이용욱 교수 등에 의하여 발효유가 혈중 콜레스테롤에 미치는 효과에 대한 연구가 체계적으로 이루어졌다. 연구 내용을 요약하면 다음과 같다.

1) 실험목적

한국 성인에게 유산균 발효유를 섭취하게 한 후, 혈중 콜레스테롤 수치를 측정함으로써 발효유의 혈중 콜레스테롤 저하 효과를 확인하였다. 또한 발효유를 장기간 마실 경우에 혈중 콜레스테롤 수치에 미치는 영향도 관찰하였다.

2) 실험방법

건강한 성인 130명을 대상자로 선정하여 국제보건기구(WHO)에서 사용하고 있는 기준 수치인 혈중 콜레스테롤 수치 220 mg/dl를 기준으로 정상 콜레스테롤군과 높은 콜레스테롤군으로 분류하였다. 정상 콜레스테롤군은 24명이었으며, 높은 콜레스테롤군은 106명이었다. 이들 모두에게 40일 동안 유산균 발효유를 하루에 300 mL씩 공급한 후 혈액학적 검사와 설문 검사를 실시하였다. 연구기간 동안 대상자들은 평소와 같은 식습관과 흡연, 운동을 유지하도록 하였다.

다른 장기 음용실험에서는 정상 콜레스테롤(220 mg/dl) 실험군 106명과 높은 콜레스테롤(240 mg/dl) 실험군 100명에게 10주간 발효유를 마시게 하였다. 높은 콜레스테롤군 100명 중 24명은 56주까지 계속 발효유를 마시게 하였다. 42명은 10주 동안만 발효유를 마시고 음용을 중단하였다가 40주가 지나간 시점부터 다시 6주간 발효유를 마시게 하였다.

3) 실험결과

(1) 총 콜레스테롤 수치가 감소

정상인의 총 콜레스테롤 수치는 발효유 음용 전에 평균 187.9 mg/dl, 음용 20일 후에 186.2 mg/dl, 음용 40일 후에 178.5 mg/dl로써 발효유를 마심에 따라 약간 감소하는 것으로 나타났다. 그러나 높은 콜레스테롤군의 경우에는 음용 전 259.0 mg/dl이었으나, 음용 20일 후에는 236.9 mg/dl, 음용 40일 후에는 226.0 mg/dl로써 정상인보다 상당히 많이 감소한 것으로 나타났다.

따라서 발효유의 섭취는 정상인의 경우에는 총 콜레스테롤 수치에는 거의 영향을 미치지 않았지만, 높은 콜레스테롤군의 경우에는 그 저하 효과가 크다는 것으로 알 수 있었다. 임상시험 결과 논문은 "한국인에서 유산균 발효유의 섭취가 혈중 콜레스테롤에 미치는 영향. 한국 식품위생 안전성 학회지, 이용욱. 1997, 12(1) : 83~95"에 게재되었다.

(2) 각종 지단백질의 변화

콜레스테롤은 혈액 속에서 용해될 수 없기 때문에 지단백질이라고 하는 특수한 운반자에 의하여 운반된다. 저밀도지단백질(LDL)은 혈액 중 주된 콜레스테롤 운반자이다. 혈류를 순환하는 콜레스테롤은 일부는 세포를 만드는 데 사용되고, 일부는 간으로 간다. 그러나 너무 많은 저밀도지단백질은 콜레스테롤이 혈액 중에 있으면 동맥혈관벽에 침착하여 동맥경화의 원인이 된다.

한편, 고밀도지단백질(HDL)이라는 운반자에 콜레스테롤이 옮겨질 경우에는 간에서 담즙산으로 전환되어 장으로 배설된다고 알려졌다. 체내의 콜레스테롤이 빠른 속도로 제거되기 위해서는 고밀도지단백질이 높은 것이 필수적이다. 따라서 총 콜레스테롤 외에 저밀도지단백질과 고밀도지단백질 콜레스테롤의 수치를 측정하는 것은 콜레스테롤에 의한 건강상의 위험을 파악하는 데 매우 중요하다고 할 수 있다.

저밀도지단백질 콜레스테롤의 경우 모든 군에서 통계적으로 유의한 감소 추세를 보여 정상 콜레스테롤군에서 음용 후 20일에 109.3 mg/dl이었던 것이 음용 40일 후에는 99.4 mg/dl로 약 9.1%의 유의한 감소를 했다. 반면, 고밀도지단백질 콜레스테롤의 경우에는 모든 군에서 50 mg/dl 이상의 높은 수준이 관찰되었고, 정상 콜레스테롤군과 높은 콜레스테롤군에서 각각 6.0%와 3.2%의 유의한 증가를 했다.

따라서 발효유를 마심에 따라 혈중 각종 지단백질이 건강에 이로운 방향으로 변화되어 있음을 확인할 수 있었다.

(3) 발효유의 장기 음용이 콜레스테롤의 변화

발효유를 56주간 계속 마신 24명과 10주 후 마심을 중단하였다가 50주부터 다시 6주간 음용한 42명의 혈중 콜레스테롤의 변화를 관찰한 결과, 총 콜레스테롤, 고밀도지단백질 콜레스테롤, 저밀도지단백질 콜레스테롤 수치는 통계적으로 유의한 차이를 보이지 않았다. 따라서 발효유를 마시어 정상 수준으로 감소하게 된 혈중 콜레스테롤 수치는 계속 마심 여부와 관계없이 일정 기간 건강에 이로운 상태로 유지되는 것으로 생각된다.

(참고문헌 : 이용욱 등, 유산균 발효유 장기간 음용 시 혈중 콜레스테롤에 미치는 영향. 한국 식품위생 안전성 학회지, 1999. 14(1) : 122～128)

제6장
유산균의 다양한 산업적 이용

1. 유산균은 산업적으로 어떻게 이용되고 있나?

유산균은 인간이 이용할 수 있는 가장 유익한 미생물 중의 한 종류로서, 오랜 역사를 두고 발효유 제품을 중심으로 한 각종 발효식품, 의약품, 가축사료 등에 이르기까지 인류 생활에 광범위하게 활용되어 오고 있다. 전통적인 젖산 발효 식품에는 요구르트, 치즈, 발효소시지, 김치, 오이지, 발효 올리브, 발효 빵 등을 예로 들 수 있다. 대부분의 발효식품은 지역에서 오랫동안 전통적으로 발전되어 온 식품들이다. 이들 발효식품은 발효됨으로써 맛과 기호성도 좋아지고, 저장성과 안전성이 크게 향상된다.

유산균은 젖산생성, 단백질 분해, 약간의 지방 분해성, 풍미생성, 일부의 비타민과 대항물질 등을 생성하는 독특한 특성 때문에 인류의 건강증진에 기여한 바가 크다. 유산균이 발효산업에 어떻게 이용되어 왔는지 간략히 검토하여 보고자 한다.

1.1 유가공 산업에서의 유산균 이용

1) 발효유

오늘날 널리 제조 이용되고 있는 발효유의 형태는 원료, 고형분 함량, 미생물, 지역 등에 따라서 다양하다. 모든 발효유는 젖산발효가 주축이며, 순수하게 젖산 발효에 의해서 만들어진 유산균 발효유와 유산균과 효모에 의해 부분적으로 알코올 발효를 일으켜 만들어지는 젖산-알코올 발효유 등으로 대별된다.

발효유 제조에 사용되는 유산균은 액상발효의 경우는 대체로 유산 간균속의 단일 균주가 종균으로 이용되는 반면에, 떠먹는 농후 요구르트나 농후 드링크 요구르트는 유산 간균속과 유산 구균속의 균주들이 3~4종류가 혼합 배양되어서 제품화 된다. 특히 최근에는 혐기성 유산균인 비피더스균이 혼합 배양되기도 하는데, 일반 유산균과는 달리 산소를 싫어하는 혐기성균이라서 배양기술이 다소 까다롭다.

2) 치 즈

치즈는 원료유에 유산균, 렌넷(Rennet) 등을 첨가하여 우유 단백질 성분 중 카제인(casein)을 응고시키고, 유청(whey)을 제거한 다음 가열, 가압 등의 공정을 거쳐서 발효 숙성시킨 유제품이다. 치즈의 제조법은 진보 발전하여 현재에는 전 세계적으로 1,400여 종류의 치즈가 제조되는 것으로 알려졌다.

치즈의 제조에 사용하는 유산균은 일반적으로 유산 구균인 락토코쿠스 락티스와 크레모리스 등과 일부의 연쇄상 구균이 혼합 사용되고 있으며, 이들 유산균의 역할은 대단히 중요하다. 이들 유산균의 활력이 저하되면 잡균의 오염과 증식이 심해져서 치즈가 가스 생성균에 의해 팽창되거나 쓴맛 또는 악취를 생성하게 한다.

3) 젖산-알코올 발효유

유산균과 효모를 혼합하여 젖산과 부분적으로 알코올 발효를 일으켜 만들어진 젖산-알코올 발효유 제품으로 「케피어(kefir)」와 「쿠미스(kumiss)」가 대표적이다. 케피어는 코카시아 산악지대에서 유래된 제품으로 염소, 양 및 소의 젖으로 만든다. 「쿠미스」는 일반적으로 말 젖을 사용하여 만들었으나 요즈음은 주로 우유를 사용하여 만드는 젖산-알코올 발효유 제품의 하나이다. 주로 몽골이나 러시아에서 인기리에 소비되고 있다.

4) 발효버터와 발효크림

발효버터는 크림을 미리 젖산생성 유산균과 향취 생성 유산균의 혼합 스타터로 발효시켜 버터에 부드러운 신맛과 향취를 부여한다. 발효크림은 식용 크림에 유산균과 향취를 생성하는 류코노스톡 유산균을 발효시켜서 만들어진 향취가 좋은 산성(酸性) 젤 식품이다. 발효크림은 샐러드(salads), 채소 드레싱(dressings), 케이크에 사용되는 등 그 용도가 다양하다.

1.2 유산균 정장제(整腸劑)

유산균 정장제는 유산균의 균체 성분의 효과와 살아있는 유산균의 장내 증식에 의한 효과를 목적으로 한 것이다. 소화기 계통의 질환을 예방하거나 치료를 목적으로 스트렙토코카스 휘칼리스, 포자를 형성하는 유산 간균, 위장을 살아서 잘 통과하는 락토바실러스 카제이균, 아시도필러스균 비피더스균 등의 19종의 유산균을 적당한 증점제와 코팅기술을 응용하여 발효유와는 다른 영역을 구축하였다.

제품의 형태는 정제나 캡슐 또는 분말로 만든 것으로, 요즈음 프로바이오틱스 제품으로 새로운 사업 영역이 되었다. 이들의 생균제제는 장기간 유통과정 중의 생균수의 유지와 투여 후 장내에서의 유익균으로 활성 유지와 유해균의 억제효과가 주요 관건이다.

1.3 길항물질(bacteriocin) 생산

유산균은 최종 산물로 젖산을 주로 생산해서 식품을 산성화시키면서 젖산 발효식품을 만들어 준다. 유산균은 식품에 있는 단순 탄수화물을 이용한 다음 최종 산물로 주로 젖산을 생산하지만 초산, 탄산가스, 알코올, 다이아세틸 등 향미물질, 다당류, 박테리오신 등을 생산하고 효소를 생산하며, 단백질과 지방도 일부 분해 이용한다. 일부 유산균은 젖산발효의 종균으로 사용되는 목적 이외에 길항물질을 생산 및 각종 식품과 사료의 부패세균을 억제하기 위하여 사용되고 있다.

유산구균 중 락토코커스 락티스는 길항물질 니이신(Nisin)을 생성하는데, 이 길항성 물질은 그람 양성의 포자를 형성하는 고초균, 클로스트리디움균과 같은 식품 부패균에 특히 생육억제 효과가 있다. 따라서 길항물질 니이신(Nisin)은 통조림 가공에 있어서 내열성 부패균의 생육 억제용으로 치즈 제조 시 낙산균의 오염방지와 잡균의 생육 억제제로 유용하게 이용되고 있다.

1.4 전통 발효식품에 유산균 이용

1) 된장, 간장에 유산균의 작용

우리나라의 전통식품으로 조상 대대로 이용하고 있는 된장, 간장에도 유산균이 관여하고 있다. 원래 된장, 간장은 대두(大豆) 단백질과 국균 곰팡이에 의해 제조되는데, 이때 콩, 밀, 쌀 등을 원료로 하여 제국(製麴)을 만드는 공정이나 된장이나 간장의 숙성과정에서 여러 종류의 유산균이 관여한다. 유산균은 젖산을 생성하여 국균의 생육에 적합한 pH를 제공하며, 부패성의 포자형성 균의 생육을 억제한다. 또한 유산균으로 하여금 된장의 숙성을 촉진하고, 풍미 개선에도 효과가 있다. 여기에 관여하는 유산균은 염분에 강한 페디오코쿠스속의 유산균이 주로 기능을 발휘한다.

된장과 간장의 숙성 중에 단백질 분해효소 활성이 높은 고초균이 관여하지만 유산균인 락토바실러스 프란타룸, 류코노스톡 메센테로이드스, 테트라지노코커스 할로필러스(*Tetragenococcus halophilus*) 등이 자라면서 젖산을 생성하여 숙성에 관여하고 있다.

2) 김치 및 절임식품

김치는 우리나라 고유의 발효식품 중에서 가장 대표적이며, 김치가 외국으로 수출되는 등 김치도 국제적인 발효식품으로 인식을 확실히 하고 있다. 김치는 재료, 지역, 계절 김치의 제조방법에 따라서 독특한 맛을 낸다. 각종 김치의 제조에 따라 증식하는 유산균의 종류도 다양하다. 유산균의 생육은 발효성 탄수화물의 종류와 함량에 따라서 영향을 받기 때문에 우유에서 잘 자라는 유산균일지라도 채소에서는 잘 자라지 못한다.

김치의 숙성에 관여하는 유산 간균으로는 락토바실러스 프란타름, 브레비스가, 연쇄상 유산 구균으로는 스트렙토코커스 휘칼리스 이외에 류코노스톡 페디오코쿠스 등이 보고되어 있다. 이들의 유산균은 발효유 제품에 이용되는 유산균과는 달리 유산균의 활성이 낮고, 내산성이 약하여 위장에서 대부분이 사멸되는 것으로 알려져 위장을 통과하여 장내에서 정장작용의 효과를 크게 기대하기는 어렵다.

1.5 의약품 개발에서의 유산균 이용

1) 유산균 정장제

유산균 정장제는 사람이나 가축, 가금류의 장내에 서식하는 유산균을 제제화한 의약품 및 동물 약품으로 이용되고 있다. 유산균 정장제의 효과는 ① 장내 정상 세균총의 유지, ② 장내 이상발효의 개선, ③ 장내 부패균에 의해 생성되는 독성물질의 무독화 작용, ④ 설사, 변비개선, ⑤ 고혈압 저하 등의 여러 가지 약리효능이 보고되어 있다. 유산균이 프로바이오틱스로서 그 유효성이 연구 보고된 이후 여러 나라에서 유산균을 이용한 제제가 개발되었다.

일반적으로 유산균 정장제는 유럽과 일본에서 활발하며, 국내에서도 제약회사들이 유산균 정장제를 시판하고 있다. 대부분 자체 개발하거나 외국에서 유산균 원료를 수입하여 재가공하여 시판해 오고 있다. 유산균 정장제 개발 시 주요 관건은

① 사용되는 균주는 장내에서 정착, 번식력이 우수한 균종을 사용하고, 장내에서 우점하는 것이어야 한다.
② 유통기간 중 생균제제의 유산균 생존율이 높아야 한다.
③ 투여 후 장내에서의 활성 유지와 유해균의 억제효과가 좋아야 한다.

유산균의 생균제는 가축, 양식어류를 위한 동물약품 또는 사료첨가제로 개발되어 있다. 장내의 이상발효에 의한 설사병 치료 및 예방을 위해 각종 항생제나 화학요법제를 사용하면 항생제 잔류 및 장내 미생물 균총의 파괴 등 여러 가지 부작용이 심각하여 최근에는 프로바이오틱스로 유산균 제제가 권장되고 있으며, 성장촉진, 설사 개선, 사료효율 개선 등의 효과가 밝혀졌다.

2) 신규 의약품 개발에 이용

최근 유산균이 갖는 효능 중에서 혈중 콜레스테롤 저하작용, 면역기능 증강작용이 밝혀졌다. 유산균의 면역기능 부활작용은 병원성 세균에 대한 감염억제 효과, 항암효과의 약리효능을 갖는다. 이러한 유산균의 면역기능 부활작용은 인터페론 유도, 유사 분열물질의 활성, 항체생성, 세포성 면역의 활성화 등으로 나타났다.

이와 같은 연구 결과는 우수한 유산 균주의 분리, 유전공학 기법을 이용한 균주 개량, 유효성분의 분리정제 등 안전하고 유용한 새로운 종류의 면역부활제 또는 항암제를 개발할 수 있을 것이다.

1.6 화장품에서의 유산균 이용

고대 미인들은 발효유를 화장품 대용으로 사용하였다는 이야기가 전해지고 있으며, 그 후 유산균의 배양액이 상처의 회복을 빠르게 하고, 피부의 감염증을 방지하는 것을 발견한 것이 화장품에의 이용 동기가 되었다. 식품이나 의약품에서는 주로 유산균체를 이용하지만, 화장품은 유산균체와 불용 성분을 제거한 유산균 배양액이 이용되었다.

유산균 배양액의 주요 성분으로는 젖산, 유당, 아미노산, 인산염 등의 무기염류로서 피부의 각질 성분과 유사하여 피부의 항산화 작용, 보습작용, pH 조절작용 및 피부 균총 등의 제어기능을 발휘하여 화장품의 소재로서 개발되고 있다. 주로 사용되는 유산균종은 썸모필러스가 이용되었으나, 최근에는 락토바실러스 및 비피더스균의 배양 여액도 이용되고 있다. 그리고 연쇄상 구균속의 일부 유산균이 생성하는 히아루로닉산(Hyaluronic acid)을 화장품의 소재로 쓰고 있다.

1.7 가축 사료에 이용

1) 가축의 사료첨가제

가축의 사료에 첨가제로 이용되는 유산균의 생균제제는 사람의 정장제 효과와 같은 원리이다. 새끼돼지는 생후 2주경에 설사병에 걸리기 쉽고, 이때 설사로 인하여 폐사되기 쉬운데, 이 경우 유산균의 생균제제 투여는 효과가 크다. 송아지의 경우도 유산균 생균제제를 급여하면 설사 예방과 아울러 빨리 성장하는 증체효과가 있다.

2) 사일리지에 이용

가축의 사료에 유산균을 이용하는 것은 오래 전부터 시행되고 있다. 사일리지(silage)가 일반적이며, 이는 즙이 많은 옥수수나 풋베기

사료를 유산균 발효시켜 기호성과 저장성을 높인 소의 김치라고 할 수 있다. 사일리지의 발효에 관여하는 유산균은 유산 구균속과 페디오코쿠스속, 그리고 유산 간균속의 일부 균들이 관여한다.

결론적으로 자연계에 생존하는 수많은 유산균 중에서 지금까지 밝혀진 유산균은 300~400여 종류로 알려졌는데, 그 중 30~40여 종류가 발효유 제조 및 발효산업에 이용되고 있다. 앞에서 언급한 바와 같이 유산균의 산업적 이용은 다양함을 알 수 있으며, 특히 사람의 장내에서 유익한 유산균 효과를 얻기 위해서는 발효유 제품에 종균으로 사용되는 유산균의 이용이 어느 유산균 보다는 유용한 효과를 얻을 수 있을 것으로 본다.

2. 김치 및 절임식품

김치는 우리나라 전래 고유의 전통적인 젓산발효 채소식품으로써 유명하다. 김치는 세계적으로 자랑할 수 있는 우리의 훌륭한 유산균 채소 발효식품이다. 김치는 생채소를 씻은 다음에 살균하지 않고 유산균은 인위적으로 첨가하지 않은 자연 그대로 발효시킨 것이다. 유산균 발효 채소식품으로서 널리 알려진 한국의 김치 있는가 하면 서양에는 양배추를 절여 만든 사우어크라우트, 오이절임, 올리브 절임 등이 애용되고 있다. 각국 나라마다 독특하고 전통적인 절임식품이 발달하여 소비되고 있으며, 올리브 절임은 지중해 지역에서 주로 만들어지고 있다.

김치는 재료, 지역, 계절 등에 따라서 독특한 맛을 내며, 각종 김치의 제조에 따라 증식하는 유산균의 종류도 다양하다. 김치의 재료를 보면 배추와 무가 주요 재료로 하고, 부재료로서 많이 사용되는 재료에는 김치의 종류에 따라 다르지만 미나리, 당근, 쑥갓 등 채소류와 대추, 은행, 잣, 귤, 사과, 배, 밤 등 과실류와 곡류 그리고 굴, 동태,

낙지 등 생선류와 파, 마늘, 생강, 고춧가루, 양파, 소금 등 양념류와 젓갈 등을 골고루 섞는다.

김치에 풍부하게 들어 있는 섬유소, 비타민, 미네랄, 아미노산, 젖산과 효소 등 다양한 성분들은 우리의 건강과 영양대사에 중요한 생리활성 물질이 생성되어 영양소의 강화효과가 있다. 사계절 동안 김치 재료를 쉽게 구할 수가 있어 담그기가 쉬운 위생적인 발효식품이다. 김치의 저장은 김치 냉장고에 보관하면 어느 일정 기간 더 시지 않은 맛있는 김치를 먹을 수 있게 되었다.

김치는 신선한 채소를 열처리하지 않고 담그기 때문에 채소의 모든 영양소가 살아 있어서 훌륭한 자연식품이다. 김치는 유산균이 다량 들어 있어서 대장균이나 잡균들이 오염되더라도 대부분 사멸된다. 이처럼 여러 가지 유산균이 복합적으로 김치의 발효와 숙성에 관여한다. 요즈음에는 핵가족이 증가하고 아파트 생활이 주축이 되면서 김치를 직접 만들어 먹기보다는 사서 먹는 가정이 점점 증가하고 있다. 또한 김치에 대한 외국인들의 관심이 높아지면서 김치가 외국으로 수출되면서 국제적인 발효식품으로 좋은 인식을 받고 있어 김치의 수출산업도 많이 활성화되었다.

우리나라 김치는 다양한 종류의 유산균과 김치가 존재한다. 김치의 발효, 숙성, 온도에 따라 생육하는 균의 종류는 다르다. 김치의 발효에 영향을 크게 미치는 주요인은 주재료인 채소의 당분함량, 소금농도, 숙성온도, 산소량과 첨가된 부재료 및 양념의 종류와 양 등이 김치의 발효에 크게 영향을 미친다. 유산균의 생육은 발효성 탄수화물의 종류와 함량에 따라서 영향을 받기 때문에 우유에서 잘 자라는 유산균은 채소에서는 잘 자라지 못한다.

김치의 발효에 관여하는 유산균으로서는 락토바실러스 프란타룸, 브레비스 등이며, 류코노스톡, 페디오코커스 이외에 엔테로코커스 휘칼리스 등이 알려져 있다. 김치 유산균은 발효 초기에는 류코노스톡 메센테로이드스 균이 자라고, 중숙기에는 페디오코쿠스 균종이 우점하다가 발효가 진행될수록 발효 숙성후기에는 내산성이 비교적 강한 유산 간균인 프란타룸과 브레비스균이 주로 자란다. 유산균 프란타룸은 김치발효가 많이 되어 신맛이 날 때 주로 생장하는 균으로 내산성과 내 담즙성이 강하여 우점균이 된다.

김치에 자연적으로 혼입되어 발효에 관여하는 대부분의 유산균은 발효유 제품에 이용되는 유산균과는 달리 유산균의 활성이 낮고, 내산성이 약하다. 위장에서 대부분이 사멸되어 위장을 통과하여 장내에서 충분한 정장작용의 효과를 기대하기는 어렵다. 따라서 김치를 먹으니까 발효유를 섭취할 필요가 없지 않으냐고 반문할지 모르겠으나 김치발효에 관여하는 유산균만으로 장내에서의 유산균의 건강작용을 충분하게 기대할 수가 없다. 따라서 우유를 원료로 하여 엄선된 유산균으로 발효시킨 발효유가 섭취되어야 한다.

숙성이 잘 되어 먹기 좋게 잘 익은 김치가 온도가 높은 환경에 처하거나 공기에 노출되면 내산성의 효모들이 증식하고, 표면에 곰팡이들도 자라면서 김치가 부패단계에 들어가게 된다. 김치의 생명은 신선도 유지에 있다고 해도 과언이 아니다. 그래서 김치를 전문적으로 생산하는 기업체에서는 김치 관련 유산균의 연구는 김치가 잘 익어 맛있게 숙성된 김치가 더 발효가 진행되지 않고 맛 좋은 상태로 김치의 신선도를 유지하도록 유통기간을 연장하려는 방법에 대한 연구가 주요 연구 대상이 되었다.

김치의 산업화를 하면서 맛과 품질의 균일화와 더 시지 않도록 보존성 향상을 위하여 유산균 종균의 선별 사용, 김치의 일정한 품질안정을 위하여 다양한 연구가 필요하게 되었다. 요즈음에는 기업이 김치를 대량 생산할 때 품질의 균일화를 위하여 유산 균종을 선별하여 종균으로 사용하고, 배추나 무 등 기타 재료를 균일화하여 김치를 발효함으로써 맛과 품질이 비교적 균일하고 표준화된 김치를 생산하고

자 계속 노력하고 있다.

한국 김치가 중국에서 한동안 중증 급성 호흡기증후군(SARS) 바이러스의 억제에 효과가 있다고 소문이 나서 김치의 소비가 급속하게 증가하였던 일이 있었다. 요즈음 김치에 대한 외국인들의 관심이 높아지면서 김치 수출산업도 점차 활성화되고 있다. 이제 한국의 김치가 전 세계인이 좋아하고 사랑받는 건강발효 기호식품으로 주목을 받을 수 있도록 품질의 균일화와 신선도의 유지와 외국인의 기호와 취향에 맞는 세계적인 발효식품으로 자리매김 할 수 있도록 다양한 연구개발이 필요하게 되었다.

3. 육제품의 유산균 발효

발효소시지는 건조 소시지와 반건조 소시지로 구분하며, 고기의 젖산발효에 의해 만들어지는 대표적인 발효 육제품으로 저장성을 가지게 된다. 여러 가지 발효소시지는 지중해 지역에서 발전하여 유래된 것으로 기록되고 있다. 소시지(sausage)라는 용어는 라틴어의 살서스(salsus)라는 용어에서 유래하였으며 "소금 절임"의 뜻이다.

발효소시지 제조에 많이 이용되는 유산균은 락토바실러스는 사케이(*Lb. sakei*), 쿠바투스(*Lb. curvatus*), 프란타룸 등이 있으며, 페디오코커스 아시디락티시(*Ped. acidilactici*) 등이 발효소시지 제조용 스타터로 종균으로 잘 알려져 있다.

발효소시지 스타터 종균으로 사용되는 유산균은 단일 균 또는 복합 균으로 사용한다. 유산균 스타터를 실제로 시용함으로써 원하는 유산균이 주도하여 젖산을 확실하게 생산할 수 있고, 접종량, 포도당 첨가량, 배양온도와 시간 등을 조절하여 발효를 조정할 수 있게 된다. 따라서 낮은 pH, 산도의 증가, 건조 중 수분함량의 감소, 낮은 수활성, 소금 절임염의 농도, 부패 및 병원균의 억제, 가열처리에 의한 조직 및 미생물 효소의 불활성화 등의 요인에 의해 발효육 제품의 저장성이 영향을 받는다.

식품가공기술이 발전하고 냉장법이 보급되면서 독일에서는 건조하지 않은 연질 발효소시지와 북미지역에서는 반건조 소시지(semidry sausage) 등이 출현하였으며, 반건조 소시지는 발효 후에 훈연, 열처리하는 경우가 많다. 소시지 발효 중에 살모넬라균이나 대장균은 대부분 사멸된다. 그러나 초기 수분함량이나 pH가 높고, 당분 함량이 낮고, 발효온도가 높고, 유산균수가 낮으면 보존제로 투여하는 질산염이나 아질산염이 함량이 낮게 되면 살모넬라균이 잔류할 가능성이 있어 소시지는 부패할 가능성이 있으므로 유의해야 한다.

일반적으로 신선한 발효소시지 배합물은 50~70%의 살코기를 함유하고 있다. 독일에서는 발효소시지에 돼지고기와 쇠고기가 반반 사용되지만, 이탈리아나 헝가리는 돼지고기로만 만들어진다. 장기간 저장되는 건조 발효소시지 원료 고기의 지방은 융점이 높고 불포화지방산 함량이 낮은 고기가 좋다. 첨가되는 당류의 종류와 양이 유산균의 종류와 활동 그리고 생산되는 유기산의 종류와 양을 좌우하고, 소시지의 pH를 조정하는 핵심 인자가 되고 있다. 젖산발효가 정상적으로 이루어지면 식중독 미생물들의 생장은 일반적으로 억제된다.

발효소시지 제조에는 제조과정을 통하여 유산균의 번식을 촉진하고 잡균의 번식을 억제하기 위하여 온도와 습도의 관리가 매우 중요하다. 원료 고기는 고기를 잘게 부수는 고기 초퍼(meat chopper)로 갈고 여기에 유산균의 스타터와 다른 원료를 가하여 혼합기로 잘 섞어 준다. 건조 소시지는 일반적으로 15~26℃ 사이에서 발효를 시키지만, 저장성이 좋은 고급 소시지는 낮은 온도에서 발효시키는 것이 좋다. 발효 숙성실의 습도는 소시지 내부의 습도보다 5~10% 낮게 조정하는 것이 바람직하다. 발효가 완료되면 소시지 표면에 곰팡이나 효모의 발생을 억제하고, 풍미 증진을 위하여 훈연한다. 발효 후에 저장성을 연장하기 위하여 12~15℃ 온도를 유지하여 통기가 잘 되는 곳에서 건조한다.

4. 된장과 간장의 유산균 작용

옛날부터 "그 집 음식 맛을 알려면 장맛부터 봐야 한다." 라는 말이 전해오고 있다. 한국 음식은 거의 모두 간장, 된장, 고추장 등 장류로 간을 맞추고 맛을 내므로 장의 맛은 곧 음식의 맛을 좌우하는 기본 요인이 된다. 된장과 간장은 한국, 일본, 중국에서 콩을 주원료로 사용해서 만들어 먹는 전통적인 발효식품이다.

우리나라에서 언제부터 된장을 만들어 먹었는지는 기록이 없어 확실한 것을 알 수 없지만 중국 위지(魏志)의 『동이전(東夷傳)』에 나오는 "고구려에서 술 빚기, 장 담그기를 잘한다."는 기록이 있는 것으로 보아 삼국시대 이전부터 이미 된장, 간장이 한데 섞인 걸쭉한 것을 담가 먹다가 삼국시대에 와서 간장, 된장을 분리하는 기술이 발달하였던 것으로 추정한다.

된장은 콩으로 메주를 만들어 장을 담가 간장을 떠낸 후에 남은 건더기로 만든 것으로, 한국인의 식생활에 없어서는 안 되는 매우 중요한 발효식품이다. 제조방법에 따라 개량식 된장과 재래식 된장으로 크게 나눈다. 재래식 된장은 만드는 재료, 숙성기간, 숙성방법에 따라 청국장, 막장, 쌈장 등 수십여 종류로 구분하기도 한다. 콩은 본래의 영양성분 뿐만 아니라 발효과정에서 생기는 다양한 유익한 성분으로부터 각종 성인병과 암 발생을 억제하는 효과가 있는 것으로 잘 알려져 있다.

콩의 초기 발효는 주로 아스퍼질러스 오리재(*Asp. oryzae*)와 소야(*Asp. soyae*) 등의 곰팡이와 고초균이 발효를 주도하여 콩 단백질의 분해를 일으키지만, 된장과 간장의 숙성과정에서 여러 종류의 효모와 유산균들이 관여하여 숙성을 완성한다. 된장의 종류는 간장을 담가서 장물을 떠내고 건더기를 쓰는 재래식 된장과 메주에 소금물을 알맞게 부어 장물을 떠내지 않고 먹는 개량식 된장 2가지 방법이 있다. 간장은 20~25% 정도의 염분을 함유하며, 아미노산을 주로 한 독특한 맛이 난다.

옛날부터 간장 맛이 좋아야 음식 맛을 낼 수 있다고 하여 간장은 식생활에 중요한 조미료였다. 된장과 간장의 숙성 중에 단백질 분해효소 활성이 높은 고초균이 관여하지만, 유산균인 락토바실러스 프란타룸, 류코노스톡 메센테로이드스, 테트라지노코커스 할로필러스 등이 자라면서 젖산을 생성하여 숙성에 관여하고 있다. 할로필러스균은 내염성이 높은 데서도 잘 자라면서 젖산을 생성하고 pH 5.0 정도가 되면 이들의 생장이 감소하나 내염성 효모가 자라면서 숙성을 완성한다.

5. 유산균에 의한 수산물 발효

우리나라의 대표적인 발효 수산식품은 젓갈류와 염장 자반류, 식해류 그리고 염건 굴비류 등으로 분류되고 있다. 가장 대표적인 발효 수산물은 젓갈류가 가장 일반적이다. 또한 젓갈류는 생산되는 어류의 종류와 계절에 따라 많이 생산되는 젓갈류와 지방에 따른 젓갈류의 특성이 매우 다양하다. 젓갈류는 사용한 원료에 따라 어류 젓갈, 연체류 젓갈, 어패류 알젓, 갑각류 젓갈, 내장 젓갈 등이 있다.

젓갈의 발효를 결정짓는 주요 요인은 원료 어류의 종류와 특성, 염도의 농도, 발효온도 및 발효기간이다. 이 중에서 염분의 농도와 발효온도가 특별히 발효 미생물 종류가 선택되고, 발효의 속도가 좌우된다. 일반적으로 우리나라의 젓갈류는 대략 20% 전후의 많은 양의 소금을 첨가하여 발효하고 숙성됨으로 주로 내염성 미생물이 발효에 관여한다. 원료 어류의 자가소화와 숙성은 대략 6개월에서 1년에 걸쳐 느리게 서서히 진행된다.

새우젓이나 멸치젓 발효 시에 발효에 관여하는 미생물의 총 세균수는 대략 40~50일까지 증가하는 경향을 보이다가 그 이후부터는 서서히 감소하기 시작한다. 젓갈의 발효와 숙성에 관여하는 유산균으로는 류코노스톡 메센테로이드스, 페디오코쿠스 할로필러스균이며, 유산균 이외 미생물은 고초균 등이 있다. 이들 미생물이 젖산발효와 단백질을 분해하여 숙성과정 중에 젓갈 고유의 맛을 생성하게 된다. 일반적으로 창난젓은 4~5개월, 새우젓은 6개월, 멸치젓은 대략 1년 정도 숙성, 보관한다. 젓갈의 품질 변화를 막기 위해서는 상온 저장보다는 냉장저장 하는 것이 바람직하다. 저장기간을 좀 더 연장하려면 살균처리 하여 냉장저장 하면 가능하다.

6. 가축용 사일리지(Silage)에 이용

사일리지(또는 엔실리지라고도 함)는 겨울철 풀 사료가 적은 계절에 젖소나 한우를 비롯한 반추가축을 먹이기 위해 풀 사료가 많이 생산되는 여름철에 옥수수, 풋베기 작물 그리고 풀 사료 등을 수확한 다음 수분함량이 적당하도록 약간 건조한다. 수분함량이 적당하도록 조절된 풀 사료는 절단한 다음 사일로 또는 트렌치 사일로(trench silo)에 압축하여 젖산발효가 잘 일어나도록 만든 저장성 풀 사료로 반추가축의 겨울 김치이다.

사일리지는 푸른 풀 사료가 적은 겨울철에 가축에게 사료로서 급여한다. 사일리지는 김치가 유산균에 의하여 숙성되는 것과 같이 사일리지도 젖산발효의 결과물이다. 사일리지의 발효에서 중요한 것은 유산균이 이용할 수 있는 당분과 수분함량, 보관온도와 산소량 등이다. 발효 초기에는 호기성 미생물이 증식하여 산소를 우선 소모하고 뒤이어 유산균이 활동하면서 젖산발효가 잘 일어나도록 유도하는 것이 중요하다. 사일리지는 유산균 발효가 적절하게 되지 않으면 사일리지가 이상발효가 되어 부패하기도 한다.

가축용 사일리지는 김치 발효과정과 유사하여 발효 초기에는 주로 류코노스톡속 유산균들과 엔테로코쿠스속 유산균이 우선 증식하여 젖산이 생성되어 pH가 떨어지면 젖산에 내성이 높은 유산 간균 프란타룸, 브레비스, 부크네리 등의 유산균이 우점하면서 젖산발효를 주도한다.

사일리지의 성공 여부는 사일리지 재료를 단단히 압축하여 젖산발효가 잘 일어나도록 유도한다. 사일리지의 누출액을 최소화하여 영양분과 건물 양의 손실을 최소화한다. 사일리지를 이용할 때에 산소에 노출되지 않도록 노력하고, 변패되지 않도록 품질을 유지하는 것이 중요하다. 사일리지 변패의 주요 원인은 온도와 pH의 상승으로 인한 경우가 많다. 사일리지가 공기에 노출되면 효모와 곰팡이가 젖산을 이용하면서 생장하여 신선한 산미를 없애고 검게 변질되어 품질을 저하해 가축이 잘 먹지 않게 된다.

일반적으로 사일리지 제조에는 유산균 스타터를 사용하지 않았지만, 최근에는 유산균 스타터를 사용하여 사일리지의 발효를 촉진하고, 사일리지 산화한 변패를 억제하려는 노력이 강화되고 있다.

제7장
KBS-TV 무엇이든 물어보세요

1. 생방송 KBS 2TV "무엇이든 물어보세요"에 출연하다

1) "무엇이든 물어보세요" 출연 요청을 받다

1989년 5월 초에 KBS 2TV 방송국 "무엇이든 물어보세요" 프로그램 담당 PD는 자신을 먼저 소개하고 연구소에 근무하고 있는 저자에게 전화를 걸어왔다. 요즈음 유산균 발효유가 건강에 좋다고 너도나도 할 것 없이 가정이나 사무실에서 먹고 있는데, 우리 몸 어디에 건강이 좋은가를 시청자에게 한번 말씀하여 주실 수 있겠습니까? "네~ 그러시죠." 그러면 작가가 한번 연락이 드릴 것이니 구체적으로 한번 상의하시지요. 그렇게 통화하고 얼마의 시간이 지난 후 "무엇이든 물어보세요" 프로그램 작가라 하며 전화가 왔다. 작가는 "무엇이든 물어보세요" 프로그램에 대해서 대략적인 설명을 해 주었다.

2) "무엇이든 물어보세요" 작가의 프로그램 소개

이 프로그램은 가정주부들이 아침에 남편들을 직장에 출근시키고 차 한잔하면서 여유를 갖는 시간에 가정주부들이 주로 시청하는 인기 있는 프로그램입니다. 방송은 아침 9시 5분부터 9시 55분까지 약 50분 동안 생방송으로 진행되는 TV프로입니다. 방송할 주제는 "유산균 발효유"이며, 1989년 5월 11일(목) 오전 09 : 05분부터 09 : 55분까지 약 50분간 진행하는 KBS 2TV 생방송입니다. 출연 연사는 백영진 박사(한국야쿠르트 연구소장), 대학교수로는 강국희 교수(성균관대 농대 낙농학과), 최유진 교수(경희대 치대 예방의학) 외 방청석에 주부 8명이 참석합니다.

3) 방송 진행할 시나리오 작성

"유산균 발효유"에 관하여 작가는 소비자가 가장 궁금해 할 만한 질문 항목을 여러 가지를 보내주고 여기에 답변 내용을 기록하여 보내 달라는 것이다. 이 내용을 중심으로 개략적인 출연진들이 맡아서 이야기할 항목을 적절히 나누어 배분하여 놓은 시나리오를 작성하였다. 방송은 이창호, 박초아 MC의 사회로 진행되었으며, 방송내용은 쉽고, 재미있게 웃으며 이야기하되 회사의 특정 제품에 대한 언급은 절대로 하지 말아 달라고 PD는 간곡하게 요청하였다. 방송 중에 참고로 사용할 차트들과 방송 보조 자료들은 방송국 작가에게 요청하여 미리 준비하도록 하였다.

방송은 생방송으로 진행되므로 심적으로 여간 부담이 되지 않을 수 없었다. 처음으로 출연한 생방송은 방송국의 TV 카메라를 의식하지 말고 편안하게 이야기해 달라고 요청받았지만, 이것은 생각처럼 잘 되지 않았다. 목소리는 떨리고 말은 나도 모르게 차분하게 여유를 가지고 천천히 하지 못하고 말을 빠르게 하였다. 방송할 때에 시선은 주로 사회를 보는 MC에 두도록 함이 무난하다. 처음 방송이 끝나고 녹화된 방송을 내가 차분하게 다시 보게 되니 어디가 잘못됐는지 그리고 어느 점을 개선해야 할지 한눈에 알게 됐고, 다음에 또 다시 이런 기회가 주어진다면 많이 발전된 모습으로 잘할 수 있으리라 다짐해 보았다.

4) 생방송의 연륜이 쌓이다

두 번째의 방송 출연은 첫 번째 방송이 된 지 약 2년 반이 지난 1991년 11월 8일(금) 오전 09 : 05분부터 09 : 55분까지 같은 시간대에 진행되었다. 이번의 방송 제목은 "건강, 장수식품 요구르트" 이창호, 박초아 MC의 진행으로 서울대 농과대학 김현욱 교수와 본인(한국야쿠르트 연구소장) 둘이서 출연하였다. 이번의 방송은 처음 방송할 때 보다는 여러 면에서 요령도 알았고, 마음의 여유도 생겨 한결 부드럽게 잘 진행할 수가 있었다.

세 번째의 방송 출연은 두 번째 방송이 된 지 약 1년이 지난 1992년 12월 8일(화) 오전 09시부터 50분간 진행되었다. 제목은 "유산균 음료가 젊음과 건강을 지켜준다" 임성훈, 왕영은 MC의 진행으로 저자와 건국대 낙농학과 윤여창 교수 그리고 가수 최진희 씨가 출연 연사로 나오게 되어 한결 분위기가 부드러운 느낌을 주게 되었다.

그림 7-1. 생방송 KBS 2TV "무엇이든 물어보세요"

2000년 8월 24일(목) 오전 10시부터 40분간 "요구르트에 대한 궁금증 다섯 가지"를 주제로 이야기 하는 저자네 번째의 방송 출연은 1993년 9월 1일(수) 오전 9시부터 50분간 진행되었다. 제목은 "장수식품 - 유산균 발효유" 이창호, 정용실 MC의 진행으로 저자와 동국대 식품공학과 노완섭 교수가 출연 연사로 나왔다. 노완섭 교수는 매스컴에 출연한 경험이 많아 노련하게 생방송을 매끄럽고 편안하게 진행하여 분위기가 좋았다.

다섯 번째의 방송은 2000년 8월 24일(목) 오전 10시부터 40분간 "요구르트에 대한 궁금증 다섯 가지" 이창호, 정용실 MC의 진행으로 저자와 숙명여대 김현숙 교수 그리고 탤런트 견미리 씨가 출연 연사로 함께 수고하게 되어 분위기가 한결 부드러웠다.

5) 방송의 위력

"무엇이든 물어보세요"의 프로그램은 KBS TV 생방송으로 가정주부들이 선호하는 장수프로그램의 하나로 잘 알려져 있다. 1989년 5월 11일(목) 오전 09 : 05분부터 약 50분간 KBS 2TV에서 진행하였던 생방송 "유산균 발효유"의 주제로 유산균 발효유 분야로는 처음 방송이 되었고, 그 이후 2000년 8월 24일(목)일 까지 11년 동안 모두 5차례에 걸쳐서 유산균에 관한 주제로 KBS 2TV로 생방송되었다.

특히 두 번째 방송이 1991년 11월 8일(금) 오전 09 : 05분부터 50분간 "건강, 장수식품 요구르트"가 방송되었다. 이 방송 이후 한국야쿠르트의 회사 역사상 야쿠르트의 1일 판매량이 약 500만 본에서 매년 급신장하여 1992년 약 630만 본으로 최고를 기록하였다.

또한 1988년 8월 '88 서울올림픽 바로 직전에 발매를 시작한 떠먹는 농후 발효유 「슈퍼-100」도 판매가 급신장하여 1992년 1일 판매량이 72만 본 까지 최고를 기록한 바 있다. 회사의 총 매출액은 1989년도 1,680억 원에서 1992년도에 약 3,270억으로 3년 동안 약 94% 급신장하였다.

6) 질의응답

방송 중에 시청자 또는 방송국 스튜디오 객석에 앉아 있는 분들이 공통으로 질의하는 내용을 요약하여 보면,

(1) 발효유의 적절한 음용시간은 식전 또는 식후 언제가 좋은가요?
(2) 김치를 먹는 한국인에게 발효유를 굳이 먹어야 하나요?
(3) 집에서 자가로 만들어 먹으려고 하는데 어떻게 하나요?
(4) 농후 발효유 중 떠먹는 타입과 드링크 타입의 차이점이 무엇인가요?
(5) 매일 먹는 적정량은 어느 정도인가요?
(6) 당뇨병이 있는 사람도 발효유를 먹어도 괜찮은가요?
(7) 우유를 먹으면 속이 더부룩하고 안 좋은데 발효유는 먹어도 괜찮나요?

등등 이런 종류의 질문이 주류를 차지하였다.

2. 유산균과 발효유의 궁금한 것-질문과 답변

1) 발효유의 적절한 음용시간은 식전 또는 식후 언제가 좋은가요?

발효유를 섭취하는 국내 소비자들이 가장 궁금해 하는 것 중의 하나가 음용 시간대였다. 그래서 한국야쿠르트 중앙연구소는 어렵게 성사된 서울대학교 의과대학 내과학교실 박민정, 송인성 교수팀과 사람을 상대로 공동 임상시험을 하였다. 이 임상 실험한 결과를 1999년 10월 8일 서울에서 열린 제11회「유산균과 건강」국제학술 심포지엄에서 "발효유를 섭취한 사람의 위 내용물에서 시간에 따른 유산균 수의 변화와 유산균의 위 통과량 측정에 관한 임상시험" 결과를 발표하였다. 또한 임상결과는 대한소화기학회지 2001년도 37권 p. 82~

89에 게재되었다.

<발표 주요 내용을 요약 정리하여 보면 다음과 같다>

결론부터 말씀드리면, 이번 임상시험 결과는 유산균 발효유의 섭취는 식사 여부와 상관없이 아무 때나 편리할 때에 마셔도 같은 효과가 있음이 확인되었다. 유산균 발효유를 섭취하면 우유성분 자체가 위산에 완충작용(buffering capacity) 역할을 한다. 위장 내부가 강산성을 띠어도 완충작용으로 위산에 의한 유산균의 사멸은 크게 일어나지 않았다. 대부분의 유산균이 pH 3～4에서도 사멸되지 않고 살아남았다. 따라서 발효유의 섭취는 식전이나 식후 상관없이 아무 때나 먹어도 괜찮다.

임상실험 내용을 간단하게 소개하면 다음과 같다.

실험 대상자 28명을 14명씩 두 그룹으로 나누어 한 그룹은 공복에 발효유를 섭취하게 하였고, 다른 한 그룹은 식사와 함께 섭취하게 하였다. 드링크 발효유「메치니코프」300㎖ 섭취한 후 30분 간격으로 3시간 동안 위 속에 비위 관을 삽입하여 시간별로 비위 관을 통해 위장 내용물을 흡입 채취하여 pH 및 유산균 수의 변화와 발효유의 위장 통과량을 측정하였다.

임상시험 결과는 첫째로, 위장 내 pH 변화는 공복 시에는 평균 pH 4.0, 발효유 섭취 1시간 후 pH 3.3, 2시간 후 pH 2.4, 3시간 후는 pH 2.2 정도로서 공복 시에도 위장 내 pH가 급격히 저하하지 않았다. 발효유는 위산(胃酸)에 대하여 상당한 완충효과를 가지고 있는 것으로 나타났다. 그러나 지금까지는 많은 사람이 산도가 강한 위산에 의해 발효유의 유산균이 대부분 위장에서 사멸하는 것으로 잘못 알려졌다.

따라서 1997년 4월에 모 유업체에서 pH 1.5의 강산성 조건에서 실시한 임상시험이 아닌 단지 시험관 내 실험에서 발효유에 유산균

캡슐을 씌우지 않으면 위장에서 분비하는 위산에 유산균이 사멸되어 위장을 통과하지 못한다고 한동안 광고 홍보한 일이 있었다. 그러다가 서울대학교 대학병원의 임상실험 결과가 "발효유 섭취 후 유산균은 공복이나 식후 언제 먹어도 효과는 같다고 사실이 발표되자" 시험관 내 실험이 얼마나 잘못되었는가를 단적으로 보여주는 좋은 증거가 되었다. 그 후부터 더 소비자를 잘못 오도하는 이런 잘못된 광고와 홍보는 사라졌다.

둘째로, 위장에서의 유산균 통과량 실험결과 입으로 섭취한 유산균 수의 약 50%(비피더스 롱검은 43%, 락토바실러스 아시도필러스는 59%, 썸머필러스균은 49%) 이상이 식사 여부에 관계없이 위장에서 십이지장으로 살아서 배출되었다. 그 동안 유산균은 위장을 통과하면서 위산 때문에 대부분이 죽는 것이 아닌가 하는 의구심이 있었지만, 대부분의 유산균은 그대로 살아 있음이 증명되었다.

결론적으로 이번의 임상연구 결과로 발효유를 공복에 섭취할 때와 식사 후에 섭취할 때 위 내용물의 pH와 생존 유산균 수가 별로 차이가 없음이 밝혀졌고, 유산균의 위 통과량도 식사 여부와 상관없이 거의 비슷하다는 것이 증명되었다. 임상시험 결과는 발효유를 식사 여부와 상관없이 아무 때나 편리할 때에 섭취해도 같은 효과가 있음이 확인되었다. 그러나 요즈음 많이 광고 홍보하는 프로바이오틱스 유산균 제제는 분말형태, 캡슐, 정제(tablet) 등은 코팅을 하지 않았으면 식후에 복용하는 것이 좋을 듯하다.

2) 발효유의 매일 먹는 적정량은 어느 정도인가요?

식품의약품안전처에서 권장하는 유산균 1일 섭취량은 대략 100억 마리 이상으로 본다. 떠먹는 타입이나 마시는 드링크 타입 농후 발효유는 유산균 수가 법적으로 1g 또는 1mL에 1억 마리 이상으로 되어 있어 떠먹는 발효유 100g, 또는 드링크 요구르트 100mL 한 종류를 매일 섭취하면 무난하리라 본다. 다소 많이 섭취해도 장에 별 무리가 없겠지만 사람에 따라서는 장이 예민하게 반응할 수 있으므로 효과를 검증받은 유산균으로 제조한 발효유 제품을 매일 100mL 한 병이면 적정하다고 생각한다.

3) 농후 발효유 중 떠먹는 타입과 마시는 드링크 타입의 요구르트 차이점이 무엇인가요?

농후 발효유의 떠먹는 타입과 드링크 타입의 법적 규격은 무지유 고형분은 8% 이상, 유산균 수 1mL당 1억 마리 이상으로 같고, 영양 성분도 비슷하나 다만 제조 과정상 약간의 차이가 있을 뿐이다.

떠먹는 타입은 발효과정에 생성된 순두부처럼 형성된 우유 응고물을 깨지 않고 여기에 과육이나 잼 종류를 넣어서 떠먹도록 한 것이고, 드링크 타입은 우유 응고물을 물리적으로 깨서 여기에 과즙이나 액상 감미료를 넣어서 마실 수 있도록 제조한 것이다. 우리나라 사람은 떠먹는 타입보다는 마시는 드링크 타입을 더 선호하고 있다.

4) 김치를 먹는 한국인이 발효유를 굳이 먹어야 하나요?

발효유 제조에 사용하는 유산균은 그 종류나 숫자 못지않게 위장을 통과하여 내산성, 내담즙성을 견디어 장까지 살아남아 장내에서 정착, 증식하도록 이미 기능이 입증된 균주들을 선발한 것들을 발효유 종균으로 이용하고 있다.

김치는 유산균을 많이 함유한 채소 발효식품임에 틀림없다. 그러나 김치를 전문적으로 제조하는 김치회사의 김치 외에는 유산균은 자연 증식한 것으로 그 조성이 균일하지 않다. 유산균이 정장작용의 기능을 하려면 위장을 거쳐 소장과 대장까지 살아가야 하는데, 김치 유산균은 자연 증식한 것으로 균의 조성이 균일하지 않고 위산이나 담즙에 단련되지 못하여 위장에서 위산에 살아남을 확률이 낮다.

김치를 안 먹는 것보다는 먹는 것이 장에 유익한 것은 사실이지만, 그렇다고 김치를 먹으니까 발효유를 먹을 필요가 없다고 하는 것은 비약적인 논리라고 생각한다. 발효유 속 유산균이 잘 훈련된 군인이라면 김치 유산균은 민간인으로 비유할 수 있다.

5) 당뇨병이 있는 사람도 발효유를 먹어도 괜찮은가요?

일반적으로 발효유에는 대략 8~10% 내외의 당분이 들어 있다. 농후 발효유 중에서 과일이나 과즙을 별도로 첨가하지 않은 플레인 요구르틀 권하고 싶다. 당뇨환자 중 과일주스나 우유를 먹을 수 있는 환자는 마셔도 큰 문제는 없다. 만일 당뇨가 심한 환자라면 의사와 상의 후에 마시는 게 좋겠다.

6) 우유를 먹으면 속이 더부룩하고 안 좋은데 발효유는 먹어도 괜찮나요?

우유를 마시면 속이 더부룩하고 심하면 설사를 하거나 복통을 일으키는 사람은 우유 중에 함유된 당분인 유당을 소화하지 못해서 발생하는 증상이다. 이러한 현상을 유당 소화불량증 또는 유당불내증이라고 말하는데, 이는 소장에서 유당을 분해하는 효소 '락타아제' 분비가 적기 때문에 유당을 소화할 수 없어 설사나 장내 이상발효를 일으키는 증상이다.

유산균은 유당을 갈락토스와 포도당으로 분해하고 나아가 젖산으로 변화된다. 발효유는 유당을 약 40%가량 분해함으로써 유당의 양이 감소해 유당불내증이 있는 사람도 안심하고 먹을 수 있다. 유당불내증은 한국인 중에는 10명에 1~2명 비율로 이런 증상이 나타나며, 백인들은 거의 없지만 흑인들은 황인종보다 더 많은 비율로 유당불내증 증세를 보여준다.

7) 발효유는 생후 언제부터 먹을 수 있나요?

어린아이는 생후 1~2개월이 지나서 우유 이외에 과즙을 먹기 시작할 때에 유산균 발효유 제품을 먹을 수 있다. 젖병을 쓰는 어린아이는 야쿠르트와 같이 마시는 액상 발효유를, 이유식을 먹는 아이는 떠먹는 타입이 좋다. 우유나 이유식에 발효유를 섞어 먹이면 유아용 정장제를 별도로 먹일 필요가 없다. 조제분유를 먹일 때 발효유를 섞어 먹여도 무방하다. 유치원생부터는 모든 발효유 제품의 음용이 가능하다.

8) 유통기한이 지난 발효유 제품은 효과는 없나요?

유산균은 사람의 체온에 가까운 37℃ 전후에서 활발하게 증식활동을 하다가 냉장고 온도인 10℃ 이하에서는 활동을 멈추고 휴면상태에 들어간다. 야쿠르트의 경우는 일반 액상 발효유와는 달리 6일간의 장기간 발효과정을 거쳐 배양이 완료된다. 발효유 제품은 일회용 용기에 담겨 포장되어 고객의 손에 전달될 때까지 모든 과정이 저온처리 되기 때문에 휴면상태가 유지된다. 휴면상태에 있던 유산균은 사람의 장내에 들어가면 최적의 상태에서 다시 강력한 정장작용 활동을 발휘하게 되는 것이다.

식품위생법상 유산균 발효유의 유통기한을 그 동안 정부에서 일괄적으로 9~10일로 동일하게 적용하여 왔다. 그러다가 2002년 7월 1일부터 제조물책임법(Product Liability : PL법)이 시행되면서부터 제조업체가 제조일로부터 제품의 유통기한을 자율로 결정하되 책임도 지겠다는 취지로 시행되어 오고 있다.

발효유의 유통기간은 공장에서 제조 시 소비자가 섭취할 때에 가장 맛이 좋은 상태를 유지하는 상미기간을 의미하는 것으로 생각하면 된다. 다만 발효유 제품을 10℃ 이하로 계속 유지하면 유통기한이 2～3주일 정도 지났어도 맛이 변질하거나 유산균의 역가에도 변함이 없었음을 실험을 통하여 확인하였다. 이러한 상황을 잘 모르는 소비자는 발효유가 유통기간을 2～3일이라도 지나면 못 먹는 것으로 알고 폐기한다면 결국 돈과 자원을 낭비하는 일이 되는 셈이다.

9) 발효유를 얼려 먹거나 데워 먹어도 괜찮나요?

발효유를 얼려서 먹는 경우 유산균이 죽거나 영양소가 파괴되지는 않는다. 다만 얼렸다 녹였다 하는 것을 반복하면 일부 영양분의 손실이 발생할 수 있다. 유산균은 액체 질소의 영하 179℃에서도 가사상태로 장기간 보존하는데, 가정용 냉장고의 냉동고 영하 20℃에서도 죽지 않고 가사상태로 있다가 온도가 적정한 온도로 오르면 다시 활동을 시작한다.

발효유는 냉장고에서 보관하였다 차가운 상태로 섭취하는 것이 가장 좋은 방법이다. 그러나 차가운 것을 싫어할 경우 미지근하게 데워서 먹을 수도 있다. 데우는 요령은 발효유를 유리용기나 스테인리스 용기에 옮겨서 따끈한 물에 중탕으로 발효유를 30～40℃ 정도로 데워서 섭취하는 것은 괜찮으나 50℃ 이상으로 뜨겁게 데우면 유산균이 사멸할 수 있다. 일단 데워진 발효유는 다시 보관하지 말고 다 소비하는 것이 좋다. 데워진 발효유는 유산균이 다시 증식활동을 시작하므로 신맛이 강해질 수 있다.

10) 발효유는 매일 계속 먹어야 하나요?

발효유에 있는 유산균은 살아서 위장을 통과하여 소장이나 대장 등 장벽에 부착하여 증식하면서 유해균의 생장과 활동을 억제하다가 일부는 장내에 있는 다른 미생물처럼 음식물과 함께 변으로 배출된다. 섭취한 유산균이 장내 정착과 배출을 반복하는데 대략 5～7일이 지나면 변으로 배출된다.

발효유를 섭취하면 장내에 유산균의 수가 증가하다가 섭취를 중단하면 대략 1주일이 지나면 발효유 섭취 이전 상태로 유산균 수가 감소하는 현상을 보인다. 따라서 발효유는 매일매일 지속해서 섭취하는 것이 장 건강에 좋다.

11) 우유와 요구르트 영양성분의 주요한 차이점은 무엇인가요?

요구르트(yogurt)는 우유를 포함한 포유동물의 젖을 유산균으로 발효시켜 만든 것이 발효유이다. 우유를 주원료로 만들어지는 요구르트의 영양성분은 우유와 약간의 차이가 있다. 그러나 요구르트는 유산균을 이용하여 제조하기 때문에 요구르트 제품에는 살아있는 유산균 수는 1mL당 1억~10억 마리가 들어 있다. 우유는 유산균의 발효과정을 거치면서 영양성분 일부가 변화한다.

12) 액상 발효유와 농후 발효유의 차이점은 무엇인가요?

우리나라의 식품공전상의 법적인 분류를 보면 무지유 고형분(지방

표 7-1. 우유와 요구르트의 영양성분 비교(100g 기준)

구 분	우 유	요구르트	구 분	우 유	요구르트
열량(kcal)	67	68	칼슘(mg)	120	150
수분(g)	87.2	86.2	나이아신(mg)	0.09	0.11
단백질(g)	3.3	3.8	엽산(μg)	4.5	11
지방(g)	3.8	3.5	비타민 A(mg)	0.04	0.04
탄수화물(g)	4.8	3.5	젖산(g)	-	1.0

*요구르트는 떠먹는 농후 발효유로 과일이나 잼을 첨가하지 않은 제품임.

표 7-2. 발효유와 농후 발효유의 법적 규격

구 분	액상 발효유	농후 발효유	
		떠먹는 요구르트	마시는 요구르트
무지유 고형분	3% 이상	8% 이상	8% 이상
유산균수(1mL당)	1,000만 이상	1억 이상	1억 이상

성분을 제외한 우유 고형분)의 함량에 따라 액상 발효유는 무지유 고형분 3% 이상(예 : 야쿠르트)과 농후 발효유는 무지유 고형분 8% 이상으로, 떠먹는 발효유(예 : 슈퍼-100)와 드링크 요구르트(예 : 윌 제품)로 구분한다.

액상 발효유는 유산균 수가 1mL당 1천만 마리 이상, 떠먹는 요구르트로와 드링크 요구르트라 부르는 농후 발효유에는 유산균이 1mL당 1억 마리 이상 들어있다. 발효유에 많이 사용되고 있는 유산균의 종류에는 유산 구균, 유산 간균, 비피더스균 등이 혼합되어 있다.

13) 아이들이 발효유를 섭취하면 충치의 발생과 연관성이 있나요?

발효유에 사용되는 유산균은 직접 충치를 일으키지 않는다. 충치를 일으키는 균은 뮤탄스균(*Str. mutans*)으로 발효유 제조에 종균으로 사용하지 않으며, 유산균과는 전혀 다른 균이다. 충치의 원인은 주로 설탕과 산성 음료의 pH가 주요 요인으로 본다. 요즈음 발효유 제조에는 설탕 대신 액상 과당이나 올리고당을 사용하고 있으며, 이것까지도 줄여 기존 제품 대비 당 함량을 약 46% 줄여 계속 저당으로 가는 추세이다.

〈발효유 간단한 제조요령〉

① **배양액 제조** : 원유와 탈지분유를 사용하여 배합비에 의해서 원료 용해

↓

② **살 균** : 원료유의 유해세균 살균 후 유산균 배양온도까지 냉각

↓

③ **유산균 접종 및 배양** : 종균을 접종하고 원하는 젖산 생성 시 까지 배양(발효)

↓

④ **냉 각** : 배양 완료 후 발효 억제

↓

⑤ **(균 질)** : 액상 발효유나 드링크 발효유 제품 제조 시

↓

⑥ **감미료 첨가** : 시럽이나 과일 잼 첨가 (플레인 요구르트는 제외)

↓

⑦ **충 진** : 판매할 제품 용기에 담는다.

↓

⑧ **품질 규격 검사** : 자체 설정된 품질 기준에 준해서 검사 (기준 미달은 제외)

↓

⑨ **냉장보관 및 출하** : 냉장고 온도 유지

↓

⑩ **소비자**

올리고당은 충치를 예방하는 효과가 있으며, 비피더스균의 먹이가 되는 프리바이오틱스로도 중요하다. 발효유가 충치를 발생시킬 수 있는 요인은 일반 음식과 같다. 청량음료는 pH가 발효유보다 훨씬 더 낮아서 충치 발생의 여러 원인 중에 하나의 요인으로 알려져 있다.

14) 한국인의 전통술인 막걸리에는 어느 정도의 유산균이 함유되어 있나요?

한국인이 좋아하는 전통주인 막걸리 제조는 누룩으로 발효하여 제조된다. 막걸리 발효에 관여하는 주요 미생물은 주로 누룩곰팡이와 효모가 작용하여 막걸리를 만든다. 자연에 존재하는 일부의 유산균이 발효에 관여하기도 한다. 일반적으로 막걸리에 함유된 유산균 수를 계수하여 보면 대략 1mL당 1~2만 마리 정도가 검출되었다.

최근에 국내의 모 주조회사에서는 유산균이 장내에서 유익한 기능이 널리 퍼지자 기존의 막걸리보다 유산균이 많이 들어 있는 막걸리를 제조하였다고 소개한 신문기사를 접한 적이 있다. 유산균을 많이 섭취하려면 유산균 발효유를 섭취하는 것을 권장한다.

15) 요구르트를 먹으면 다이어트에 도움이 되나요?

살이 찌고 빠지는 문제는 음식을 먹는 열량과 운동량이 밀접한 상관관계가 있다. 열량이 많은 기름진 음식을 먹고 운동을 하지 않으면 체내에서 대사작용에 쓰고 남은 영양분은 자연히 체내에서 지방으로 축적되어 비만이 된다. 요즈음 많은 현대인의 생활은 대부분이 운동부족이 주요 비만이 원인이다. 따라서 탄수화물 섭취를 줄이고 균형 있는 식사를 적절하게 하는 것이 중요하다.

요구르트 100g 중에는 68kcal 정도의 열량이 있으며, 원료유에 함유되었던 유당은 절반 정도가 젖산으로 전환되어 있다. 단백질은 일부가 분해되어 소화흡수가 쉬운 펩타이드나 아미노산으로 분해된다.

펩타이드는 생리활성을 자극하여 면역세포의 활성을 증진해 지방분해를 촉진시켜 다이어트에 도움이 된다.

16) 더운 여름철에 요구르트의 은박지 뚜껑이 팽팽하게 부풀어 있는 것을 먹어도 되는지요?

여름철에 발효유 제품의 알루미늄 뚜껑이 부풀어 오른 경우가 간혹 발생하는 현상을 볼 수 있는데, 이것은 발효유 제조 중에 효모가 오염되어 효모 증식으로 가스가 생성되었다는 증거이다. 효모는 우리가 먹어도 건강에 해롭지는 않으나 효모의 증식으로 발효유의 독특한 향취가 아닌 막걸리 냄새가 난다.

이것은 제품의 품질 관리에 문제가 있는 것으로 보아 마시지 않은 것이 좋다. 효모는 25~30℃ 전후 온도와 습도가 높은 환경에서 잘 자란다. 특히 여름철 고온 다습한 환경에서 유산균 발효유 제조 중에 효모가 오염되는 경우가 종종 발생하는데 효모가 오염되지 않도록 위생관리를 빈틈없이 하여야 한다.

17) 유산균이 위산이나 담즙산에 죽으면 장에서 아무런 효과가 없는가요?

우리가 섭취하는 발효유 유산균은 대부분이 살아서 위장이나 십이지장을 살아서 장내에서 정장작용을 하고 있다. 살아있는 유산균은 장내에서 여러 가지로 유익균으로 활동하면서 젖산이나 유용한 대사산물을 생성하여 소화흡수를 돕고, 유해균의 증식을 억제하고 유해균이 생성한 독소를 무독화하며 장운동을 촉진하는 등 다양한 건강증진에 기여하고 있다.

그러나 일부 유산균은 위산이나 담즙산에 견디지 못하고 죽었거나 수명이 다 되어 사멸된 것도 있다. 유산균이 죽었더라도 유산균을 구성하고 있던 세포벽 구성성분인 다당류와 세포질 내에 함유된 단백질과 무기물과 같은 영양성분 그리고 박테리오신 같은 대사산물은 장을 건강하게 하고 영양소원으로 이용된다. 특히 유산균 세포벽 구성 성분인 다당류는 인체에 흡수되어 면역력을 향상하고 면역기능을 활성화하여 건강증진 효과를 나타낸다. 살아있는 유산균이 죽은 유산균 보다는 장내에서 건강증진 효과가 다양하고 중요하지만 죽은 유산균도 유익하다고 할 수 있다.

18) 유산균 발효유가 설사와 변비의 정반대 현상에 효과가 있다고 하는 근거는 무엇인가요?

설사는 장내에 유입된 병원성 세균이 증식하여 생기는 일반적으로 나타나는 현상이다. 유산균은 식중독균 및 식품 부패균과 같은 유해균의 증식을 억제해 설사를 완화한다. 여행 시에 물 갈아 먹어 설사하는 경우는 설사 유발균으로 인한 세균성 설사를 하게 될 때 유산균의 섭취가 효과적이다.

유산균 발효유는 젖산에 의하여 장을 자극하여 대장의 연동운동을 촉진해 수분흡수를 조절하여 변비증상을 개선하는 효과가 있다. 만성 변비를 앓는 사람이 유산균 발효유를 섭취하고 묽은 변을 보거나 변비가 치유되는 사례가 많이 있다. 유산균 발효유를 섭취하고 7~10여 일 경과 후에 효능을 묻는 말에 변비가 개선되었다고 답변하는 소비자가 가장 높은 비율을 차지하였다.

19) 유산균 발효유는 몸에 어떻게 좋은 것인가요?

유산균은 위장을 통과하여 소장과 대장에서 직접 작용하여 장의 연동운동을 조절해 준다. 소장에서는 주로 유산 간균이 서식하면서 영양분의 흡수를 돕는다. 비피더스균은 소장의 하부나 대장에서 주로 활동하면서 수분의 흡수를 조절하여 변비를 예방하게 된다.

이미 앞에서 언급하였듯이 유산균이 대사과정에서 생성되는 유기산과 길항물질과 같은 대사산물은 장내 유해세균의 증식을 억제하고 생성된 독소를 무독화 시켜 장을 튼튼하게 하는 정장작용을 한다. 수명을 다하여 죽은 유산균의 세포벽 주요 물질인 다당체나 세포질은 흡수되어 인체의 면역체계를 자극해 면역력을 증가시켜 준다.

20) 발효유와 다른 유제품을 섞어 먹어도 되는가요?

발효유를 우유와 같은 다른 유제품과 섞어 먹어도 문제가 될 것은 전혀 없다. 그러나 제품의 맛에서는 기호도가 떨어질 수 있다. 왜냐하면 모든 발효유 제품은 그 자체로서 최고의 맛을 낼 수 있도록 개발돼 있기 때문에 그 제품에 다른 유제품을 섞으면 본래의 맛이 없어지거나 전혀 다른 상태가 될 수 있다.

21) 유산균 발효유는 소화 흡수에 도움이 되나요?

발효유의 주원료가 우유로서 우유 내의 유당 때문에 잘 소화하지 못하는 사람도 유당이 유산균에 의해 분해되어 발효유의 섭취가 가능하다. 발효유 특유의 새콤한 맛은 소화액의 분비를 촉진하며, 유산균의 발효로 장내 pH가 낮아져 칼슘, 인, 철 등 각종 무기질과 영양성분의 소화 흡수율을 높인다. 체내에서 생성할 수 없는 비타민 B_2 군 합성을 작용시켜 주는 기능도 있다.

22) 「야쿠르트」와 「요구르트」는 어떻게 다른가요?

「야쿠르트(Yakult)」는 한국야쿠르트회사에서 1971년 8월에 액상 발효유를 우리나라 처음으로 발매한 발효유로 회사 상품명이다. 「요구르트(Yogurt)」는 유산균이나 효모균을 종균으로 사용하여 우유, 산양유 또는 마유를 원료유로 하여 발효시킨 발효유를 대표하는 총괄 명칭이다. 서양에서는 떠먹는 농후 요구르트가 일반적이다.

제8장

한국 유산균 발효유 역사를 개척한 한국야쿠르트

1. 성실하고 상냥한 '야쿠르트 아줌마'

1.1 한국야쿠르트의 보배 '야쿠르트 아줌마'

'야쿠르트 아줌마'는 고객의 입장에서 보는 야쿠르트 판매점의 호칭으로 한국야쿠르트 회사 내에서는 "여사님"으로 불러왔다. 최근에는 야쿠르트 아줌마의 명칭을 '프레시 매니저(Fresh Manager)'로 개칭하였다. 야쿠르트 아줌마는 한국야쿠르트의 보배로운 존재로 가정에서는 자상한 아내, 인자한 어머니, 회사에서는 자랑스럽고 성실한 판매점으로 역할을 하며, 한국야쿠르트의 제품 방문판매의 주인공으로 활동하여 왔다.

야쿠르트 아줌마들이 첫선을 보인 것은 1971년 8월 10일 야쿠르트를 우리나라에 처음 판매하기 시작하면서 등장하였다. 한국야쿠르트가 유산균 발효유 사업을 시작하면서 당시 일자리가 없어 전업주부로 남아있는 여성 유휴인력에 일자리를 제공하여 가정 경제력을 향상하고, 고용 창출에 보탬이 되고자 하였다. 유통기한이 7일로 짧은 유산균 발효유를 신선한 상태로 전달하기 위해 주부 방문판매 제도를 도입하면서 출발하였다.

회사에서는 중졸 이상의 학력을 갖춘 기혼여성으로 선발 기준을 정했다. 그러나 당시의 사회 통념상 가정주부들이 밖에 나가 경제활동 하는 것은 보수적인 관습이 팽배한 사회 분위기에서는 잘 이해가 되지 않던 시절이었다. 야쿠르트 아줌마들을 모집하기 위해서 영업사원들이 동네를 돌아다니며 주부들이 모일만한 장소면 어디든지 찾아다녔다. 동사무소나 교회 등을 방문하여 권유하고 설득하기도 하고, 또는 아는 이웃들의 추천을 받아 모집하는 등 초창기에는 어려움이 많았다. 그러나 가정주부들을 산업사회로 이끌어 가정경제를 돕고, 가정과 기업이 함께 발전하며, 고용 창출을 통한 국가 경제에도 도움을 주자는 것이 윤덕병 회장의 생각이었다.

어렵게 처음 모집된 47명의 야쿠르트 아줌마는 교양과 친절 교육 및 야쿠르트제품 과학성에 관한 교육 등을 집중적으로 받았다. 야쿠르트 아줌마의 상징인 '노란 제복에 노란 모자의 유니폼'을 입고 제품의 운송 장비인 캐링카와 캐링백을 가지고 고객을 찾아가 '판매점의 손에서 고객의 손으로' 직접 전달하는 독특한 방문판매 방식을 채택하였다. 이들의 영업활동은 초창기부터 지켜오고 있는 '제품전달의 5원칙'에 의해 이루어졌다. 첫째 손에서 손으로, 둘째 일정한 시간에, 셋째 지정된 용구로, 넷째 청결한 복장, 단정한 용모, 다섯째 품위 있는 태도, 상냥한 미소를 말한다.

회사에서는 영업에 필요한 교육과 복리후생에 대한 많은 배려를 아끼지 않고 전폭적인 지원을 하였다. 그 이후 야쿠르트 방문 판매에 대한 인식이 좋아지자 야쿠르트 아줌마들이 위력을 발휘하기 시작하였다. 노력한 만큼 대가를 받고 하는 일에도 흥미를 느끼자 신바람이 나기 시작했다. 초창기에 47명으로 출발한 야쿠르트 아줌마들은 4년 만인 1975년에 1,400여 명으로 늘어났고, 야쿠르트의 하루 평균 판매량도 36만 개를 웃돌았다.

야쿠르트 아줌마들은 1983년도에 5천 명을 넘어섰고, 15년 뒤

1998년 6월에는 마침내 1만 명을 돌파하였다. 특히 야쿠르트 아줌마들은 신제품이 출시될 때마다 홍보와 구전 마케팅 전달 판매원으로서 그들의 역할을 톡톡히 해냈다. 제품의 판매가 늘어나면서 영업 조직이 확대되고 야쿠르트 아줌마들의 수도 급격히 늘어났다.

2006년도에 야쿠르트 아줌마의 수는 무려 13,000명을 넘어섰고, 한국야쿠르트 성공의 주역이 되었다. 한국야쿠르트가 50여 년 동안 일관된 성장세를 지속하면서 유산균 발효유 시장 점유율 40~45%대를 유지할 수 있었던 핵심은 야쿠르트 아줌마들의 방문판매 조직으로 운영되는 '야쿠르트 아줌마의 손에서 고객의 손'으로 직접 전달하는 방식이었다.

한국야쿠르트는 2019년 5월 창립 50주년을 맞아 '야쿠르트 아줌마'의 명칭을 '프레시 매니저(Fresh Manager)'로 변경한다고 3월 7일 밝혔다. 한국야쿠르트의 방문 판매점인 '야쿠르트 아줌마'의 명칭이 48년 만에 바뀌게 되었다. 프레시 매니저는 신선함을 뜻하는 프레시(Fresh)와 건강을 관리해주는 매니저(Manager)를 합친 말이다.

"신선한 제품을 전달하며 소비자의 건강을 관리하는 전문가를 의미한다." 뜻이 담겨 있다. 그 동안 익숙했던 노란색 유니폼을 2014년 분홍색으로 과감하게 바꾼 것을 시작으로 최근에는 파란색으로 포인트를 준 신규 유니폼으로 전문성을 강조해 왔다. 신선한 제품의 가치와 전문성 이미지를 강조하여 제품 판매의 경쟁력을 강화해 방문판매 위상을 한층 높이게 되었다.

'야쿠르트 아줌마'로 대표되는 한국야쿠르트만의 탄탄한 방문판매 조직은 고객과의 직접 대면을 통해 제품을 전달하면서 제품의 특성과 장점을 알려주고 고객의 애로사항과 개선사항 등을 직접 청취하였다. 한 사람이 일정 지역을 평균 10년에서 길게는 20년 이상 담당하면서 소비자와 인간적 신뢰를 형성, 평생 고객의 꿈을 현실로 만든 것이다. 제품 개발과 마케팅 등을 위한 정보수집에도 앞장서 고객 만

족을 극대화하는 고객 가치 경영에 든든한 힘을 보태 주었다. 야쿠르트 아줌마는 단순한 판매원이 아닌 기업의 신뢰감을 구축하는 한국야쿠르트의 최전방 마케팅 요원이었다.

'야쿠르트 아줌마'라는 말도 이제는 한 회사의 제품을 판매하는 단순한 여성 판매원이 아닌 하나의 직업군으로서 정착된 지 오래 되었다. 요즈음 우리 사회에서 '여성의 힘'이라는 말이 자연스럽게 들리며 경제의 한 축을 맡는 계층으로 그 힘이 날로 커지는 것이 현실이 되었다. 이제 야쿠르트 아줌마들은 회사로서는 가장 소중한 인적 자원이면서 우리 사회에서도 없어서는 안 될 건강한 주부 근로자로서의 위치가 확고하여졌다.

서정주 시인은 "나를 키워준 것은 8할이 바람이었다." 고 이야기하였듯이 한국야쿠르트를 키워온 것은 8할이 야쿠르트 아줌마 조직이었다고 해도 과언이 아니다. 야쿠르트 아줌마는 걸어 다니는 '여성 홍보전문가'요 '살아 움직이는 광고판'의 역할을 톡톡히 해내어 왔다. 자랑스러운 야쿠르트 아줌마가 한국야쿠르트회사의 힘이요, 성장의 원천이었다고 이야기해도 지나친 말은 아니다.

1.2 '야쿠르트 아줌마'들의 봉사활동 이야기

1) 사랑의 「김장 나누기」

매년 김장철에 회사에서는 농촌의 생산자와 계약재배를 통하여 직접 구매한 최상급의 김장재료를 야쿠르트 아줌마들이 모여 정성껏 김치를 담그고 손수 포장하여 시·군·구에서 선정한 혼자 사는 노인이나 불우한 이웃에 전달하는 행사였다. 이 행사는 시작은 2001년 부산지역에 혼자 사는 노인들에게 야쿠르트 아줌마들이 자발적으로 김치를 담가 전달한 것이 계기가 되어 이제는 전국적인 한국야쿠르트의 봉사활동으로 자리 잡았다.

특히 2008년 11월에는 서울 시청 앞 광장에서 2,000여 명의 야쿠르트 아줌마들이 참가한 가운데 「김치 담그기」 행사가 펼쳐져 노란 옷의 물결이 일대 장관을 이루었으며, 그 규모가 기네스북에 등재되기도 하였다. 이날 총 12만 포기의 배추가 사용되었으며, 담가진 김치는 약 5kg의 상자로 포장되어 소외된 이웃 25,000가구에 전달되었다. 요즈음은 타 기업이나 단체에서도 한국야쿠르트 사랑의 김장 나누기 행사가 본보기가 되어 이와 유사한 활동을 펼치는 사례가 많아졌다.

2) 사랑의 「떡국 나누기」

매년 설날을 전후하여 각 영업장에 근무하는 야쿠르트 아줌마들이 손수 떡국을 끓여 혼자 사는 독거노인, 소년·소녀 가장들에게 제공하는 행사로 2005년부터 시작되었다. 2007년도 35,000가구의 불우 이웃에 전달된 「떡국 나누기」 행사에는 42톤의 흰떡과 젓갈 21톤, 김 17,500톳이 소요됐고, 소요 예산도 5억 원에 달했다.

그림 8-1. 2008년 11월 서울시청 앞 광장에서 야쿠르트 아줌마들이 사랑의 「김치 담그기」 행사

3) 외로운 노인 건강 확인 방문운동

1994년부터 행정기관과 연계하여 매일 2만여 명의 무의탁 노인 가정을 방문, 건강상태를 확인하는 자원봉사 활동을 하여 왔다. 건강에 이상이 있는 노인들은 즉시 야쿠르트 아줌마들을 통해 그 사실이 주민 센터나 보건소에 알려지고 적절히 치료를 받게 하는 시스템으로 실시되었다. 또한 거동이 불편한 독거노인 가정을 방문하여 청소, 빨래 등의 노력 봉사를 하여 왔는데, 정부기관에서도 좀처럼 하기 어려운 활동을 13,000명의 야쿠르트 아줌마 조직력을 활용함으로써 이와 같은 봉사가 가능하였다.

4) 기타 봉사활동

야쿠르트 아줌마들은 영업활동 뿐만 아니라 각종 사회 봉사활동도 활발히 전개하였다. 70～80년대 새마을운동과 연계하여 거리청소와 자원 재활용 차원의 빈병 회수운동 등 새마을운동을 거쳐 자연보호 활동을 펼친 것을 비롯해 자신의 관할구역에 사는 소년·소녀 가장 등 불우이웃을 돕는 일에 적극적으로 나섰다. 야쿠르트 아줌마들은 다양한 사회공헌 활동에도 적극적으로 동참하여 왔다.

5) 「야쿠르트 대회」 이야기

회사에서는 야쿠르트 아줌마들의 노고를 위로하고 사기도 진작시킬 겸 전 종사원이 함께하는 야외행사를 마련했는데 이것이 「야쿠르트 대회」의 시작이었다. 그리고 이듬해부터는 이 행사를 「야쿠르트 대회」라고 공식 명명하고, 매년 말 최우수판매원을 선발하여 초창기에는 일본을 시작으로 해외여행을 부상으로 시상하였다. 그리고 10년, 20년, 25년 장기 근속자에게는 점차 미주지역과 호주지역에 산업관광을 하였다.

「야쿠르트 대회」 초기에는 체육대회 성격으로 시작되었으나, 해가 갈수록 조직이 확대되고, 판매점이 늘어나자 1977년 제7회 대회부터는 서울의 장충체육관을 빌려 전국 규모의 대회로 치르게 되었다. 참가 인원이 많아지면서 장소도 올림픽공원 체육관으로 옮기고, 전국 규모의 대회는 5년에 한 번씩 개최하여 왔다.

야쿠르트 아줌마들에게는 다양한 복지 혜택이 주어졌다. 대학에 입학한 야쿠르트 아줌마의 자녀들을 위해 축하연을 열고, 기념품을 전달하는가 하면 상조회 운영을 통해 자녀학자금도 지원하였다. 해외여행 등 포상제도, 공모전을 통한 격려금 지급, 연금보험 등 복리후생과 근무환경 개선도 뒤따랐다.

한편, 우리 시대 어머니들의 사연인 야쿠르트 아줌마들의 삶과 애환을 널리 알리기 위해 1980년대부터 공모를 통해 작품을 수집하고

그림 8-2. 야쿠르트 아줌마들의 선행을 알리는 기사모음

문집을 출간해 왔다. 『비는 개고(1980년)』, 『내 손으로 여는 문(1990년)』, 『그대 어깨에 날개를 달아(1996년)』, 『베갯잇에 남겨놓은 그리움(1999년)』 등이 출간되었다. 2000년부터는 수상작품들을 홈페이지를 통해 사내외에 선보이기도 하였다.

노란 모자에 노란 유니폼을 입고 웃음 띤 모습으로 친절하고 상냥한 이미지를 지닌 야쿠르트 아줌마가 추운 겨울철 눈이 와도 더운 여름철 비가와도 변함없이 고객에게 발효유를 전달하기 위하여 이른 아침부터 오후 늦게까지 열심히 성실하게 활동하는 모습은 많은 사람에게 삶의 현장에서 커다란 귀감이 되는 자랑스러운 삶의 표본이라고 감히 말하고 싶다.

한국야쿠르트회사는 야쿠르트 아줌마들의 긍정적인 이미지를 만들기 위해 계속 노력해 오고 있다. 회사에서는 제품 배달하는 장비를 꾸준히 개선하고 개량하여 힘을 덜 들이고 쉽게 제품을 전달할 수 있도록 요즈음은 전동카를 개발하여 사용하고 있다. 그리고 야쿠르트 아줌마들의 소득 보전과 복지를 개선하기 위하여 끊임없이 노력하고 있다.

2. 한국 유산균 발효유 기술개발의 산실 - 중앙연구소

2.1 한국야쿠르트 중앙연구소 설립 이야기

1971년 8월 10일 '건강사회건설'이라는 기업이념 아래 국민 건강음료 '야쿠르트'를 국내 처음으로 생산, 보급하기 시작했다. 유산균에 대한 기초지식이 부족했던 당시에는 일본으로부터 그 기술을 들여올 수밖에 없는 상황이었다. 이러한 기업이념을 꾸준히 지켜나가기 위해서는 야쿠르트 제품의 과학성과 우수성을 뒷받침할 수 있는 부단한 노력과 연구활동이 뒷받침되어야 했다.

이런 생각에서 한국야쿠르트는 일찍부터 연구개발 투자에 관심을 두고 1976년 5월 17일 서울 동작구 대방동에 위치한 야쿠르트 물류소 건물 2층에 연구실장 외 연구원 3명과 연구보조원 2명을 포함하여 모두 6명의 적은 인원으로 연구소를 설립하였다.

연구소를 처음 설립하려 했을 당시 한국야쿠르트의 중역 회의에서 중역 몇 사람은 연구소 설립을 적극적으로 반대하였다고 한다. 반대 이유는 요즈음 야쿠르트 제품이 없어서 판매를 못할 지경으로 잘 팔리고 있는데 굳이 비싼 연구 장비를 구입해야 하고, 장기간 투자를 하여야 하는 연구소를 설립하여 다른 신제품을 개발할 필요가 있는가 하는 이유로 반대하였다고 한다.

그러자 윤쾌병 사장은 건국대학교 축산대학 학장을 역임한 학자 출신답게 이렇게 대답하였다고 한다. “야쿠르트가 지금처럼 언제까지나 계속 잘 팔리리라 생각하십니까?” “그리고 여러분은 야쿠르트가 사람 건강에 좋다고 광고하거나 홍보를 하는데 그것을 과학적으로 증명할 수 있는 관련 자료가 있습니까?” 윤쾌병 사장으로부터 이 말을 들은 중역 누구도 연구소 설립에 이의를 제기하거나 반대를 하지 못했다고 한다.

그러나 그 당시 연구소는 공장소속으로 편제가 되어 있어 연구소 본연의 기능을 독자적으로 발휘하기에는 비효율적이어서 연구소를 독립부서로 분리하였다. 경기도 의왕시 왕곡동에 있던 야쿠르트 최초의 안양공장은 개발제한 지역으로 공장을 더 증축할 수 없어 1978년 9월에 평택의 진위면으로 평택공장을 신축하여 이전하였다.

그 다음 해, 1979년 9월에 비어있던 안양공장을 연구소 용도로 맡게 내부 수리를 마치고 서울 동작구 대방동에 있던 연구소를 경기도 의왕 소재 안양공장으로 이전하였다. 이때부터 한국야쿠르트 중앙연구소는 최신 장비와 시설을 갖추며 본격적인 연구 활동에 들어갔다. 그러나 공장건물을 연구소 용도로 적합하도록 수리하였다고 하지만 구조적인 면에서 비효율적이고 능률적이지 못하였다.

초대 중앙연구소장은 윤쾌병 사장이 겸임하며 연구원들을 직접 독려하였다. 윤쾌병 사장은 학자 출신답게 먼 훗날을 예견이라도 한 듯 선견지명이 있어 중앙연구소를 설립하였고, 오늘의 한국야쿠르트회사를 반석 위에 세워놓는 데 크게 일조를 하였다. 윤쾌병 사장은 적극적으로 연구소를 지원하여 단기간에 연구소 면모를 갖추게 되었다.

그 당시 연구의 방향은 크게 기초연구와 응용연구 2개 분야를 연구하겠다는 구상으로 시작하였다. 기초연구는 주로 유산균 발효유의 건강효능에 관한 과학성 분야와 종균관리와 파지 감염방지에 중점적으로 연구 테마로 정하였다. 응용연구는 기업체 연구소로서 향후 어떤 신제품을 개발하여 기업의 장래 이익 창출에 기여할 것인가 관한 미래의 청사진을 수립하기 시작하였다.

「유산균과 건강」 국제학술 심포지엄은 한국야쿠르트 중앙연구소가 대한보건협회와 함께 소비자들에게 유산균에 대한 올바른 정보를 제

그림 8-3. 경기도 의왕시 왕곡동 소재 연구소 건물
(한국야쿠르트 최초 안양 공장을 리모델링 함)

공하고, 국내 관련 학계와 업계의 발전을 위해 격년제로 개최하는 학술행사였다. 1979년 5월 18일에 「유산균과 건강」을 주제로 제1회 국제학술 심포지엄을 대한보건협회가 주최하고 한국야쿠르트 중앙연구소가 협찬하는 형식으로 개최되었다.

국제학술 심포지엄은 일회성이 아닌 2년마다 국내외에서 활동하고 있는 유산균에 관한 유명한 석학들을 초청하여 1979년부터 2013년까지 무려 34년 동안 18회에까지 지속하여 왔다. 국제학술 심포지엄은 유산균에 관심 있는 국내의 학자, 연구자, 소비자에 이르기까지 유산균 발효유에 대한 인식을 새롭게 하는 계기를 만들어 왔다.

중앙연구소에서 기초연구를 통하여 얻은 새로운 참신한 연구 결과를 학회에 발표하려고 윤쾌병 사장한테 결재를 올리니 윤쾌병 사장은 노하우가 외부에 노출될 염려가 있다고 처음에는 허락하지 않았다. 그래서 윤쾌병 사장한테 노하우가 될 만한 부분은 제외하고 학술지에 발표할 예정이니 안심하셔도 된다고 양해를 구하고 어렵게 논문 발표를 허락받았다. 그 이후부터는 윤쾌병 사장은 별다른 이의를 제기하지 않았고, 기초 연구한 결과를 국내와 외국 학술지에 연구발표와 논문을 게재할 수 있게 되었다. 이로부터 유산균에 관한 한국야쿠르트 중앙연구소의 다양한 연구 논문은 학계의 비상한 관심을 끌었다.

한국야쿠르트 중앙연구소가 국내에서 가장 앞선 식품업계의 선진기업연구소의 하나로 발전할 수 있었던 것은 기초연구와 응용연구를 통한 한국야쿠르트의 기업 성장뿐만 아니라 국내 유산균 발효유 업계 전체를 선도하면서 견인해 나가는 중추적인 역할을 담당하여 왔다. 그리하여 한국야쿠르트 중앙연구소는 미생물 분야나 식품 분야를 공부한 국내외 대학이나 대학원 졸업 후 근무하고 싶은 선망의 직장이 되기도 하였다.

1979년 10월에는 과학기술부로부터 정식으로 기업부설 연구소로 인정받았다. 같은 해 병무청으로부터 병역특례 연구기관 선정되기도 하였다. 병역을 미필한 대학원 졸업생을 채용하여 3년간 연구원으로 근무하면 병역을 마친 것으로 인정받는 제도로서 우수한 석사연구원을 확보하는 데 도움이 되었다. 유산균 발효유 전문 업체에서 종합식품회사로 발전됨에 따라 연구 분야가 확대되고, 조직도 늘어나게 되었다.

1995년 6월 16일 경기도 용인시 기흥읍 고매리에 중앙연구소를 새롭게 신축하여 준공식을 했다. 중앙연구소를 신축할 당시의 주변 여건은 별장 지역으로 경관이나 환경이 깨끗하고 조용하여 연구소의 위치로는 적격이었다. 중앙연구소는 기존의 유산균 발효유 연구개발 이외에 라면, 음료, 계열사 비락 연구실 기능을 모두 한곳으로 모아 종합적으로 연구하는 종합연구소 시대를 열게 되었다.

기흥연구소 건물 규모는 당초에 대지 1,414평에 지하 1층 지상 3층 건물로 총 면적 1,044평으로 신축하였지만, 2007년 12월에 추가로 증축하여 대지 1,960평에 전체 면적 1,155평의 4층 건물로 확장하고 증·개축하였다. 그 동안 꼭 필요한 최첨단 분석장비를 점차 다양하게 갖추어 명실공히 종합식품회사 중앙연구소로서의 면모를 손색없이 갖추게 되었다.

2.2 한국야쿠르트 중앙연구소의 역할과 업적

1) 유산균 배양기술의 축적으로 종균수입 탈피

우리나라에서 야쿠르트를 처음 만들었던 당시의 야쿠르트 종균 '락토바실러스 카제이균(*Lb. casei* YIT 9018)'은 일본야쿠르트에서 앰풀(ampule) 상태로 가져와 계대배양을 통해 야쿠르트균을 배양했다. 유산균 성장의 대를 이어준다고 하여 계대배양이라고 한다.

유산균의 앰풀은 다른 균의 오염방지를 위하여 무균실 내의 무균상자 안에서 조심스럽게 앰풀을 개봉하여 멸균 탈지유에 접종하고 배양한 후에 다시 동결건조 시켜 일부는 보존하고, 일부는 야쿠르트 제조 종균으로 사용하였다. 장기 보존을 위한 균주의 앰풀 제조는 모든 작업 과정에서 완전히 무균상태로 진행되어야 했다.

따라서 균의 장기 보존을 위해 동결건조는 필수사항이었다. 균주보관을 위한 앰풀을 만들기 위해서는 값비싼 외국의 동결건조기를 사는 대신에 공장에 보관 중이던 소형 진공펌프를 이용하여 자체적으로 간단한 동결건조 장치를 자체 제작하였다. 이런 어려운 과정을 거치면서 한발 한발 기술축적을 이루어 나갔다. 어렵게 축적된 자체 기술은 훗날 한국야쿠르트 중앙연구소에서 유산균을 비롯한 각종 유용한 균을 확보하고 보존하는 데 큰 힘이 되었다.

야쿠르트 종균은 여러 번 반복해서 사용할 경우 활력 저하를 가져와 제품 제조에 영향을 주는 경우가 가끔 발생하였다. 카제이 종균 YIT9018은 균체 내에 플라스미드 DNA가 존재하고 있는데, 분자 유전학적 특성을 연구하여 종균의 활력 저하 원인을 규명하였다. 그로부터 활력이 좋은 야쿠르트 종균을 안정적으로 공장에 공급할 수 있었다.

2) 야쿠르트 유산균의 박테리오파지 감염문제 해결

이미 앞에서 야쿠르트 배양 중에 발생하는 박테리오파지에 대한 원인과 감염대책을 자세하게 언급하였으므로 구구한 설명은 생략하겠다. 유산균 배양 중에 박테리오파지가 발생하면 유산균의 증식이 정지되어 젖산을 생성하지 못하게 되고, 내열성 잡균들이 증식되어 야쿠르트 제품을 생산할 수가 없다. 박테리오파지는 이러한 엄청난 피해를 주기 때문에 한국야쿠르트의 대재앙으로 생각하였다.

한국야쿠르트 중앙연구소는 오랜 연구 결과로 야쿠르트 종균 내부에 존재하는 프로파지 유전자를 제거한 종균 개발에 성공함으로써 그동안 야쿠르트 배양 중에 종종 발생하였던 박테리오파지 감염의 염려에서 해방되었다. 프로파지 발생을 방지하는 기술개발 성공 덕분에 한국야쿠르트는 유산균 발효유 업계의 발전에 새로운 이정표가 되는 커다란 업적을 세우게 되었다.

3) 한국형 신토불이 비피더스균의 산업화 성공

한국야쿠르트 중앙연구소는 10여 년 연구 끝에 "한국인의 장내 균총에 대한 연구"를 시작하여 1995년 10월 모유를 먹고 있던 한국인 생후 7일~3개월 된 건강한 갓난아이의 분변에서 비피더스균을 직접 분리하였다. 한국인으로부터 분리한 비피더스균을 선발, 육종하여 발효유 제품의 종균으로 사용하는 데 성공하였다.

한국야쿠르트 중앙연구소는 발효유 업계의 숙원이었던 한국형 비피더스 균주 개발과 대량 생산을 달성함으로써 국내 최초로 한국형 비피더스 균주 개발에 성공하면서 비피더스균의 국산화를 이루어 냈다. 따라서 유산균 개발에 관한 국가 경쟁력을 갖추게 됨은 물론 유산균의 신토불이를 완성하게 된 것이다.

비피더스균을 제품 생산에 상용화함으로써 수입에 의존하던 유산균 종균의 국산화를 통한 외화 절감효과는 물론, 자체 생산을 통한 지속적인 연구기술 축적으로 유산균을 이용한 품질 향상과 제품개발을 도모할 수 있게 되었다.

한국형 비피더스 종균의 개발 성공으로 한국야쿠르트에서 생산 중인 농후발효유「슈퍼-100」과 드링크 발효유「메치니코프」제품을 위시하여 전 제품에 한국형 비피더스 롱검 HY 8001을 종균으로 혼합 사용하였다. 앞으로 개발되는 발효유 제품뿐만 아니라 유산균 식품, 정장제, 사료첨가제, 제빵제조 등에 한국형 비피더스 종균을 이용한 제품 개발이 다양하게 이용되리라 전망한다.

4) 한국야쿠르트 중앙연구소가 국가 공인시험기관으로 인증 받다

한국야쿠르트 중앙연구소는 1996년 1월 12일 공업진흥청으로부터 식품업계 최초로 시험소의 자격에 관한 일반적 기술요건(ISO GUIDE 25) 기준에 따라 '국가 공인시험・검사기관' 인증을 획득하였다. 생물학적 시험(Biological Testing) 분야에서의 인증 획득은 국내 최초로서 정부가 한국야쿠르트 중앙연구소의 공식적인 시험능력을 인정함에 따라 시험・검사에 관한 공신력을 확보하게 된 것은 물론 국제 평가기준에 따른 시험・검사의 합리화를 기할 수 있게 되었다.

중앙일보 1998년6월16일 화요일 41판

야쿠르트, 식품 시험능력 으뜸

11개 연구소 측정… KIST와 2곳만 합격

한국 야쿠르트 중앙연구소가 식품분야 민간연구소로는 최고수준의 시험분석 능력을 갖추고 있는 것으로 나타났다.

최근 중소기업청과 국립기술품질원이 국내 11개 식품분야 공인연구기관의 시험능력을 측정한 결과 9개 기관이 무더기로 불합격 판정을 받았다.

한국야쿠르트 중앙연구소에서 연구원들이 유산균 탐구에 몰두하고 있는 모습.

국립 한국과학기술연구원 시험센터와 민간 기업으로서는 한국야쿠르트 중앙연구소만이 합격했을 뿐이다.

중기청은 비스킷을 만들어 연구소에 넘겨주고 성분을 알아맞히도록 함으로써 연구소의 시험분석능력을 측정했는데 성분을 1백% 알아맞힌 연구소는 단 두 곳뿐이었다.

한국야쿠르트 중앙연구소(경기도 기흥)는 지난 76년 설립된 유가공업계 최초의 유산균 연구소로 요구르트 생산에 필수적인 종균(種菌)을 연구하는 곳이다. 이충태 기자

그림 8-4. 공인연구기관의 시험능력 측정 결과에 관한 기사

(상기 중앙일보 1998년 6월 16일자 기사는 중소기업청과 국립품질기술원이 국내 11개 식품분야 공인연구기관의 시험능력 측정 결과를 발표한 자료로 한국야쿠르트 중앙연구소의 분석능력이 아주 우수함을 보여준 기사임)

한국야쿠르트 중앙연구소는 인증 획득을 위해 1991년부터 연구소의 표준 분석법 및 기기사용법의 제정・운영, 장비의 현대화, 공인기관 분석기기 확보 등 다양한 노력을 해왔고, 1995년 4월 전담팀을 구성, 본격적인 인증 획득 작업에 들어간 지 5년 만에 쾌거를 이루어 냈다.

1996년 11월 3일 한국야쿠르트 중앙연구소는 유가공업체로서는 처음으로 중소기업청 산하 국립기술품질원(KOLAS, Korea Laboratory Accreditation Scheme)으로부터 화학분야 공인시험・검사기관 인증도 획득했다. 1996년 식품업체 최초로 미생물 분야 공인시험・검사기관 인증에 이은 두 번째 성과였다. 이 인증은 철저한 인재양성과 설비투자, 산학협동, 그리고 국제공인 프로그램 참여 등 다양한 노력이 있었기에 가능하였다. 또한 '공인받은 연구소'가 질적 경쟁력의 원천이라는 생각으로 다양한 노력을 펼친 결과였다.

한국야쿠르트는 1976년에 부설연구소를 설립, 유산균 등 미생물과 유전공학, 식품분야, 화학분야의 연구개발을 지원해 왔으며, 1991년 연구소 표준분석법 제정, 1996년 화학분석팀 가동 등 제도적 장치를 마련하는 한편, 아시아태평양시험소 인정기구(APLAC) 주관 국내외 시험소 간 비교 숙련도 시험 프로그램에도 참여, 국제 감각을 길러왔다. 한국야쿠르트 중앙연구소가 화학분야 시험검사 기관 인증을 획득한 것은 한국의 기술력에 대한 대외 신뢰도 제고라는 상징적 의미는 물론, 수출의 지평을 넓히는 실질적 효과와도 직결되었다.

5) 한국 유산균 발효유 업계의 선도자 역할을 하다

한국야쿠르트가 1971년 8월 10일에 액상 발효유 야쿠르트 제품을 우리나라에 처음으로 발매하여 첫선을 보여준 이후에 국내 발효유 시장을 주도하면서 소비자들에게 유산균 발효유에 대한 인식을 새롭게 심어 주는 시기였다. 1980년대 후반 '88 서울 국제올림픽' 개최를 계기로 농후발효유 떠먹는 요구르트(yogurt) 「슈퍼-100」이 출시되면서 새로운 형태의 발효유 시장이 확대되기에 이르렀다.

1990년대에 들어서는 떠먹는 농후 발효유가 서서히 퇴조하기 시작하자 떠먹는 불편함을 개선한 드링크 발효유 「메치니코프」가 발효유 시장을 주도하면서 한국의 발효유 시장은 액상, 떠먹는 농후 발효유, 드링크 발효유 시장으로 3대별 되었다. 2000년대 들어오면서 웰빙(well being) 바람을 타고 기존의 장 건강을 기본으로 하여 인체의 특정한 부위에 새로운 기능성을 부여한 기능성 발효유가 발매되었다.

제품 개념은 위 건강에 헬리코박터 프로젝트 「윌(Will)」, 간 건강에 「쿠퍼스(Kupffer's)」 제품이 출시되면서 기능성 발효유 시장에 새로운 붐을 조성하였다. 이들 제품은 국내 유명대학 병원에서 사람을 상대로 직접 임상시험을 통하여 효능이 입증되었다. 따라서 많은 소비자가 신뢰를 하고 마시면서 소비자 당사자들도 직접 효능을 느끼고, 주변 사람에게 입소문을 내서 2000년 9월에 발매 시작된 「윌(Will)」 제품은 19년이 지나간 오늘날도 국내 발효유의 최고의 빅히트 상품으로 자리를 지키고 있다.

한국야쿠르트 중앙연구소는 국내에서 기초연구뿐만 아니라 발효유 신제품 개발과 분석연구 그리고 첨단 생명공학에 이르기까지 밀도 있게 다양한 분야의 연구를 수행하면서 앞서가는 선진 기업연구소로 발전하였다. 한국야쿠르트의 기업 성장뿐만 아니라 국내 유산균 발효유 업계 전체를 견인해 나가는 중요한 역할을 담당하여 왔다. 이렇듯 국내 유산균 발효유 시장을 한국야쿠르트 중앙연구소가 앞서 이끌어 오자 동종업체에서는 한국야쿠르트 중앙연구소가 다음 제품 개발을 어떻게 준비하고 있는지 항상 초미의 관심사항이 아닐 수 없었다.

1969년에 설립된 한국야쿠르트가 2019년 5월 10일에 창립 50주년을 맞이하여 <한국야쿠르트 50년사>를 발간하였다. 이처럼 창립 50주년을 맞이하여 우리나라 유산균 발효유 업계의 선도자 역할을 반

세기 동안 충실하게 하였다. 이러한 원동력은 1976년 5월에 선견지명의 혜안을 가지고 중앙연구소를 설립한 윤쾌병 사장과 연구소의 연구개발 투자에 예산이나 교육에 남다른 격려와 열정으로 적극적으로 지원하여 준 윤덕병 회장 덕분이라고 자신 있게 말하고 싶다. 세계적으로 유명하고 장수하는 회사는 한결같이 연구소를 가지고 있었으며, 연구개발 투자에 아끼지 않는 회사들이었다.

2.3 경기도 기흥 종합연구소 시대를 열다

한국야쿠르트 중앙연구소는 1976년 5월 17일 '건강사회건설'이라는 창업정신을 바탕으로 서울 동작구 대방동 물류소의 2층에 연구실을 발족한 것이 그 시작이다. 그 후 야쿠르트 최초 공장으로 사용하였던 대지 4,000여 평, 연건평 640여 평의 경기도 의왕시 왕곡동 449번지로 1979년 9월 이전하면서 중앙연구소로 승격되었다.

그러나 야쿠르트 최초 공장으로 사용하였던 공장 건물은 기본적으로 연구소에 적합하지 않은 구조라서 사용에 비능률적일 뿐만 아니라 연구소 규모가 커지면서 장소가 협소하여 불편한 점이 많았다. 더욱이 이곳은 개발제한 지역이라서 임의로 건물을 증축이나 개축을 할 수도 없는 상황이라서 새로운 연구소의 필요성이 제기되어 기흥에 연구소를 새롭게 신축하여 이전하기로 방침을 정하였다.

1994년 4월 2일 경기도 용인시 기흥읍 고매리 현장에서 기공식을 하고 약 1년 3개월에 걸려 공사를 마치고, 1995년 6월 16일 중앙연구소가 준공되었다. 기흥연구소 준공 당시 연구원은 박사 4명과 석사 20명, 연구보조원 7명 그리고 일반 직원 등 모두 49명이 근무하고 있었다. 기흥에 신축한 중앙연구소는 대지 값을 제외하고 공사비가 대략 50억 원이 투입된 대지 1천 4백여 평에 연건평 1천 44평으로 지하 1층, 지상 3층으로 신축하였다가 그 후 1개 층을 증축하여 지상 4층 건물이 되었다. 지하실에는 연구소에서 연구・개발한 시제품을 시험생산 할 수 있는 파일로트 플랜트(Pilot plant) 설비, 공장에 유산균 종균을 공급할 생산설비 그리고 실험동물실과 자가발전 시설을 갖추었다.

기흥에 새로이 신축한 연구소는 연구에 적합하도록 설계되었고, 좀 더 차원 높은 연구를 효율적으로 연구하도록 최첨단 실험 장비를 추가로 새롭게 갖추었다. 고부가가치 제품개발과 기능성 발효유를 비롯하여 유산균을 비롯한 생명공학 연구, 건강장수 식품개발, 식품 신소재 연구, 기능성 건강식품 연구에 부족함이 없도록 필요한 설비를 구색에 맞게 비치하였다. 실험장비가 없어서 연구하지 못한다는 이야기가 나오지 않도록 하였다.

연구원의 연구실 배치도 불필요한 이동 거리를 최대한으로 줄여 효율적이고 능률적인 시너지 효과를 낼 수 있도록 실용적으로 배치하였다. 저녁 늦게까지 연구를 하거나 밤새워 연구하는 경우를 대비하여 수면실과 샤워실, 체력 단련실 등 연구원의 복지를 위한 부대시

그림 8-5. 1996년 6월 한국야쿠르트 중앙연구소에
유산균 종균생산 설비를 마치고 기념식
(저자는 우측에서 네 번째)

설도 갖추었다. 기흥연구소 주변은 별장지대로 주변 환경이 쾌적하고 조용하여서 연구하다가 머리를 식힐 수 있고, 산책하기에도 좋은 장소로 연구소가 자리 잡은 장소는 연구소로서는 안성맞춤이었다.

원래 이 부지는 윤덕병 회장이 개인적으로 별도의 활용할 목적으로 오래 전에 마련한 대지를 연구소의 신축장소로 흔쾌히 제공하였다. 그래서 더욱 연구개발을 잘 해서 회사에 더욱더 많은 기여를 하여야 하겠다고 다짐해 보았다. 식품업체 중에 연구소를 단독 건물로 사용하는 곳은 그리 흔하지 않아서 동종업계의 부러움을 받기도 하였다.

경기도 용인시 기흥에 위치한 한국야쿠르트 중앙연구소는 최신 첨단장비의 사용 효율을 높이고 유기적인 연구를 위하여 유산균과 발효유의 연구개발을 주축으로 하면서 기능성 음료 연구개발과 팔도라면 개발 및 계열사 ㈜비락의 연구실 인원도 이곳에 합류하여 다양한 식품종합연구소로의 역할을 충실하게 수행하여 오고 있다. 중앙연구소는 2019년 현재도 국내 식품업계를 대표하는 유산균과 발효유 연구의 메카로 굳건하게 자리 잡고 있다.

그림 8-6. 경기도 용인시 기흥읍 한국야쿠르트 중앙연구소(신축 건물)

2.4 중앙연구소가 국가 공인시험·검사기관 인증 획득

한국야쿠르트 중앙연구소는 '건강사회' 구현이란 이념을 바탕으로 1976년 5월 서울 동작구 대방동에서 국내 우유업계 최초로 전문 인력으로 구성된 독립 연구체제를 구축했다. 1979년 10월 과학기술처로부터 기업부설 연구소로 지정받은 후 2년이 지나 1981년 10월에는 기업부설 연구소로 승인됐다. 이로써 연구소는 명실 공히 유산균 발효유 산업 및 학술연구의 주체가 됐고, 유산균의 과학화를 통한 건강사회건설에 일익을 담당해 왔다.

한국야쿠르트 중앙연구소가 1996년 1월 12일 공업진흥청으로 부터 식품업계로는 최초로 시험소의 자격에 관한 일반적 기술요건(ISO GUIDE 25 기준)에 따라 국가 공인시험·검사기관 인증을 획득했다.

국가 공인 시험·검사기관 인정제도란 국가적 권위를 부여받은 인정기구가 시험·검사기관의 신청에 따라 시험·검사 능력이 공인된 평가 기준에 따라 전문가의 평가를 거쳐 공식적으로 인정함으로써 대외적으로 시험·검사에 대한 신뢰성을 제고시키고 시험·검사기관을 표준화하며, 그 시스템의 품질관리, 평가, 사후관리를 통해 신뢰성을 보증하는 제도이다.

한국야쿠르트 중앙연구소가 정부로부터 공식적인 시험능력을 인정받게 됨에 따라 시험·검사에 대한 공신력을 확보하게 되었고, 국제적인 평가 기준에 따라 시험·검사가 이루어지게 되어 시험·검사에 더욱 합리화를 기할 수 있게 됐다. 중앙연구소는 연구원들의 시험·검사의 표준화를 기하기 위해 1991년부터 연구소의 표준 분석법 및 기기사용법을 제정하여 운영해 왔다. 장비의 현대화 및 공인기관 관련 분석기기를 확보해 1995년 4월부터 팀을 구성, 본격적인 인증획득 작업에 들어갔다.

그 후 여러 차례의 진단과 평가 심의를 거쳐 5년 만에 인증을 획득했다. 생물학적 시험 분야에서는 국내 최초로 생물학적 시험 분야의 15개 분야에 관한 인증을 획득하였고, 그로부터 2년 후 1998년도에는 화학분석 분야 19개 분야를 추가로 인정받았다.

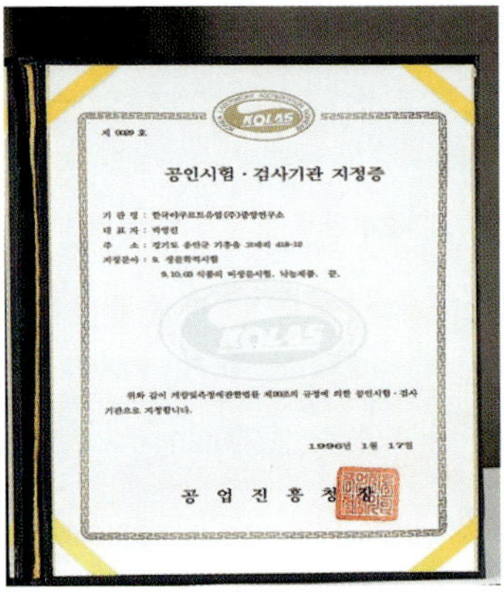
공인시험 · 검사기관 지정증

1996년 1월 17일

공 업 진 흥 청 장

그림 8-7. 1996년 1월 공인인증기관 지정증 수령

국가 공인시험·검사기관의 지정 분야는 화학, 역학, 전기, 열 및 온도측정, 비파괴, 음향 및 진동, 광학 및 광도, 생물학적 시험 등 9개 분야로 나뉘어 있으며, 공업진흥청은 기술 장벽을 해소하고, 수출 업체를 지원하기 위해 이 제도의 조기정착을 유도하여 왔다.

2.5 한국야쿠르트 중앙연구소는 교수 양성소입니까?

한국야쿠르트 중앙연구소는 1976년 5월 설립 당시에는 박사 1명, 연구원 3명과 연구보조원 2명 포함하여 모두 6명으로 출발하였다. "네 시작은 미약하나 나중은 심히 창대하리라" 라는 성경 말씀과 같이 적은 인원으로 연구소가 시작되었다. 대졸 연구원보다는 대학원을 졸업한 석사급 연구원을 우선 채용하여 연구력을 높여 나가는 편이 쉽고 빠르다고 판단하였다. 대학원 졸업자를 채용하기 위해서 국내 어느 대학의 어느 교수가 무엇을 주로 연구하는지 대략 파악하고 필요한 전공자 2~3배수로 인원을 추천받아서 면접을 통하여 최종 선발하였다.

개인 기업체 연구소에서 연구원으로 활동하다가 대략 3~5년이 지나면 기업체에서 연구원으로 근무하기보다는 장기적인 관점에서 볼 때 공부를 더 하여 대학교수로 가는 편이 좋겠다고 판단하는 연구원이 하나둘 생기기 시작하였다. 자비 유학은 미국이 대세를 이루었다. 회사에서는 연구원을 캐나다나 일본으로 유학을 하러 가도록 재정적으로 지원하여 주었으나 학위를 취득하고 귀국하여 회사의 연구소에 머물지 않고 대학으로 자리를 옮기는 일이 생기자 외국으로 유학하도록 지원하는 제도는 폐지되었다.

그 후에 연구원의 역량을 높이기 위하여 학위가 없는 연구원을 선발하여 순차적으로 회사의 지원으로 국내 대학에서 학위를 받도록 하였다. 한국야쿠르트 중앙연구소에서 연구원 생활을 하다가 박사학위를 받아 대학교 교수로 진출한 숫자가 전문대학 2명을 포함하여 무려 16명이나 되었다. 이러한 현상은 기업체 연구소나 국공립 연구기관에서도 비슷한 추세라고 생각된다. 이유는 여러 가지 있겠으나 대학교수로서의 사회적 지위와 65세까지의 정년보장이 주요 이유 중의 하나라고 판단된다. 특히 요즈음 같이 일반 직장에서의 갑작스러운 명예퇴직이나 퇴직에 대한 불안감으로 기업체에서 다소 급여가 많다고 하더라도 대학교수로 안정된 직장을 찾아 떠나는 것을 어느 누가 막을 수가 있겠는가!

한국야쿠르트 중앙연구소 연구원이 교수로 자리를 옮긴 수효가 16명이나 되었으니 교수 양성소라는 소리를 듣는 것도 무리는 아니다. 그만큼 한국야쿠르트 중앙연구소의 연구원이 능력이 있고 우수한 연구원이 많다는 방증이기도 하다. 한국야쿠르트 중앙연구소는 고급인력을 양성해 내는 중요한 연구기관으로 주목을 받게 되었다.

2.6 중앙연구소 투자는 윤덕병 회장의 의지와 철학

윤덕병 회장은 "우리가 그 당시에 발효유 제조기술이 부족하여 일본야쿠르트의 기술지원을 초창기에 받았지만, 그러나 앞으로 유산균 발효유 야쿠르트 제조기술을 빨리 습득하고 일본의 발효기술을 능가하여 일본을 이기는 극일(克日)을 할 것"을 연구소장인 저자에게 늘 강조하였다.

회사의 여러 부서 가운데 연구소의 연구개발에 필요한 예산이나 교육비는 아낌없이 지원하겠다고 여러 차례 임원 회의에서 공개적으로 말하였다. 회장의 말대로 연구비가 부족해서 연구에 제약을 받은 경우는 없었다. 우리나라가 1997년 국가 부도를 맞아 국제통화기금(IMF) 관리를 받던 시절에 국내의 여러 회사에서는 정리 대상 부서 1호가 실적이 미약한 홍보실과 연구소가 제일 먼저 퇴출 대상이 되기도 하였다.

연구소의 연구개발 투자는 기업주의 투자 의지와 철학이 없으면 쉽게 투자하기가 어려운 부서라고 생각한다. 특히 연구소가 소비자들의 소비경향을 미리 잘 파악하여 적시 적절하게 신제품을 개발하여 회사의 매출액 신장에 기여하지 못하면 퇴출당할 수밖에 없었다.

중앙연구소 건물을 새로이 신축할 부지를 구입하고자 이은선 사장과 함께 수도권 여러 장소를 물색하고자 다녀 보았지만 여건이 잘 맞지 않아서 장소를 결정하지 못하고 한동안 고심한 적이 있었다. 이러한 사실을 알게 된 윤덕병 회장은 경기도 용인시 기흥에 개인적으로 소유하고 있던 택지에 중앙연구소 건물을 신축하라고 흔쾌히 내놓아서 지금의 한국야쿠르트 중앙연구소 건물이 들어서게 되었다. 윤덕병 회장의 아낌없는 중앙연구소 투자에 얼마나 감사한지 모르겠다.

저자는 이러한 윤덕병 회장의 깊은 뜻을 잘 알고 있었기에 열심히 연구 개발하여 다른 회사가 부러워하고 쉽사리 모방할 수 없는 기능성 발효유 「윌」과 「쿠퍼스」 등의 히트 상품을 개발하여 회사 매출액 신장에 크게 기여하고자 하였다. 그리고 야쿠르트 종균에 파지 감염이 쉽게 되지 않는 종균을 새롭게 개발하여 항상 염려하고 걱정거리였던 파지 감염문제를 해결하여 조금이나마 윤덕병 회장에게 감사의 보답을 드리게 되었다.

3. '건강사회 건설'을 실천하는 한국야쿠르트

3.1 한국 최초로 발매한 '야쿠르트 알리기'

우리나라에 유산균 발효유 「야쿠르트」가 최초로 발매된 것은 1971년 8월 10일이었다. 그 당시에 야쿠르트를 공짜로 주어도 맛이 시큼하고 이상하다면서 거부하는 사람들이 많았다. 더욱이 "균을 돈 주고 사 먹으라니, 무슨 미친 소리야!"라는 핀잔을 받기가 다반사였다. 균이 들어 있는 음료를 어떻게 먹느냐며 의심스러운 눈길을 보내던 소비자들이 대부분이었다.

그것도 그렇듯이 일반인들은 균이라고 하면 무조건 몸에 해롭고 병을 일으키는 것으로 인식하고 있는 시대였으니 말이다. 사람에게 각종 질병과 식중독을 일으키는 해로운 균을 죽이는 균은 야쿠르트 제품 속에 들어있는 유산균이 그 역할을 한다고 이야기하면 반신반의하기도 하였다. 유산균은 눈으로 보이는 것도 아니고 현미경을 이용하여야 겨우 볼 수 있으니 소비자를 이해시키기가 여간 어려운 것이 아니었다.

한국야쿠르트회사는 여러모로 궁리 끝에 사람들을 모아 버스에 태워 야쿠르트를 생산하는 경기도 의왕시에 있는 공장으로 데려가 견학을 시켜주었다. 견학 온 이들에게 야쿠르트를 나눠주고 시식한 후 유산균의 유익함을 알리는 홍보 영상을 보여줬다. "유산균이 장 속에서 증식하며 해로운 균을 없앤다는 내용의 영상을 본 사람들은 크게 놀라워하였다."

그림 8-8. 야쿠르트 기념탑

유산균이 사람의 장 건강에 좋다는 입소문이 나자 야쿠르트가 서서히 인기를 끌기 시작하였다. 그 후 수요가 급속하게 늘어나기 시작하여 야쿠르트가 1971년 8월 10일 소비자에게 첫 선을 보인 후 약 3년이 지나자 폭발적인 수요가 일어나 공장을 3교대로 24시간 가동해도 공급이 부족했다.

한편으로는 용기를 만드는 성형기와 충전기를 추가로 일본에 발주를 내어 생산 규모를 확장하기에 이르렀다. 냉장고가 귀하던 시절이어서 '손에서 손으로' 소비자에게 전달해야겠다는 방침으로 그 유명한 방문판매를 하는 '야쿠르트 아줌마'가 등장하였다.

3.2 야쿠르트의 용기는 폴리스티렌 수지

유산균 발효유 「야쿠르트」는 법적으로 유산균이 생균으로 살아 있어 섭씨 0~10℃로 냉장 보관하여야 하며, 당시 유통기한은 7일간으로 규정되어 있었다. 따라서 냉장보관 상태로 제품을 소비자에게까지 전달해야 하는 방법이 바로 '냉장유통 시스템(Cold Chain System)'이다. 유통방식에 적합한 일회용 용기를 개발함이 매우 중요하였다. 용기는 유산균을 잘 보존하여야 하며, 제작비가 저렴해야 했다.

한국야쿠르트가 선택한 용기는 폴리스티렌(Polystyrene : P.S) 합성수지 용기였다. 합성수지 용기는 인체에 무해하고, 무미·무취하다는 점에서 야쿠르트 용기로 가장 적합하였다. 야쿠르트를 생산할 당시 국내에는 P.S를 생산하는 회사가 없었다.

한국 야쿠르트회사는 대상그룹 계열사인 한남화학에 의뢰하여 P.S를 이용한 야쿠르트 용기의 원료를 개발하기에 이르렀다. P.S 원료를 이용하여 개발된 제품 용기는 야쿠르트 제품을 충전하고, 소비자에게 전달하는 데 아주 적합하였다. 1971년 10월 한국 식품포장 전시회에 야쿠르트 용기를 출품하여 일회용 식품용기로 은상을 받기도 하였다.

야쿠르트 제품 냉장유통 시스템은 다음과 같다.

① 제품생산 → ② 저온 창고보관 → ③ 보냉 차량으로 수송 → ④ 영업장 냉장고 → ⑤ 보냉 장구(캐링백) → ⑥ 소비자 전달 → ⑦ 애음(가정용 냉장고)

1973년 중동 전쟁으로 인해 세계 모든 나라가 석유파동이라는 전무후무한 상황에 부딪혔다. 석유파동이 나자 석유를 원료로 생산하던 P. S 원료가 귀해져 한남화학회사에 선급금으로 입금하고 사정을 해가며 P. S를 구해야만 했다. 그러나 한국야쿠르트는 용기 생산 지연으로 인해 또 한 번의 어려움을 겪게 되었다.

정부에서는 석유파동으로 어려움을 겪고 있는데 왜 이런 낭비를 하냐며 유리병 사용을 권장했다. 하지만 유리를 사용하게 되면 파손이 잘 되며, 무거워서 운송 상에 큰 문제를 초래할 수 있었다. 따라서 한국야쿠르트는 P. S로 만든 용기를 사용할 수밖에 없었다. 「야쿠르트」 제품 수요는 급증하고 제품을 포장할 용기가 부족하여지자 나중에는 암시장에서 7~8배의 비싼 값을 주고 P. S 원료를 사기도 하였다. 그래도 부족하면 일본이나 홍콩에서 수입하여 사용하려는 대책을 세워놓기도 하였다.

P. S 용기는 사용 이후 자연 상태에서 쉽게 분해가 되지 않아서 토양이나 환경오염 문제를 유발한다. 회사에서는 환경을 보호하는 의미에서 소비자가 야쿠르트를 마시고 빈 야쿠르트 용기를 모아서 야쿠르트 아줌마에게 모아서 주면 이를 회수하였다.

회수한 빈 용기는 물로 세척하고 깨끗하게 건조 후 파쇄하여 이를 재활용하여 어린이용 완구제품이나 장난감 또는 쓰레기통 등을 제작하여 소비자에게 다시 되돌려 주는 운동을 벌여왔다. 혹자는 회수된 빈 용기는 다시 야쿠르트 용기로 활용되지 않을까 하는 의구심을 갖는 사람도 있었지만, 회수된 빈 용기는 병에 인쇄된 잉크가 남아 있어 세척하고 파쇄하여도 색깔이 지워지지 않아서 야쿠르트 용기로는 다시 사용할 수 없음을 이야기하면 오해가 풀리기도 하였다.

최근에는 선진국 여러 국가에서 폴리스티렌(Polystyrene, P. S) 수지를 사용하는 대신에 유산균이 생산하는 젖산을 원료로 하여 음식물 쓰레기봉투나 농사용 비닐제조의 일부 비닐은 어느 일정한 시간이 지나면 자연 분해되도록 하였다. 그러나 젖산을 원료로 하여 만든 발효유 용기는 아직 경제성이 없어 생분해되는 용기의 상용화는 시간이 더 필요하리라 본다.

3.3 고객을 감동시키는 한국야쿠르트

1971년 8월 10일 국내 최초의 유산균 발효유 「야쿠르트」를 선보이며, 한국의 유산균 발효유 시장을 이끌어온 한국야쿠르트가 한국생산성본부와 미국 미시간대학이 공동으로 조사하는 국가 고객 만족도(National Customer Satisfaction Index : NCSI) 조사 결과가 2020년 1월 2일자 조선일보에 발표되었다.

발표된 내용에 의하면, 한국야쿠르트가 국가 고객 만족도(NCSI) 「우유·발효유」 부문에서 1998년도 처음 조사가 시작된 해부터 2019년도까지 22년간 최우수기업으로 연속 1위를 차지했다. 2019년도 기준 조사 규모는 78개 산업, 329개 기업, 총 표본 수는 89,110명이었다. 22년간 연속적으로 최우수기업으로 선정된 업체는 한국야쿠르트를 포함하여 아파트 부문에서 삼성물산(래미안)과 이동전화서비스 부문 SK텔레콤 3개 기업뿐이었다.

한국야쿠르트가 창사 이후 지금까지 업계 부동의 1위를 계속 지켜오고 있는 것은 현재에 안주하지 않고 고객을 위해 변화와 발전을 계속 추구하여 왔기 때문이다. 한국야쿠르트가 오랫동안 고객의 사랑을 받을 수 있었던 것은 고객의 요구사항을 잘 파악하여 무엇보다 좋은 품질을 갖춘 제품을 연구 개발하여 생산했기 때문이다. 업계 최초로 설립한 세계적인 수준급의 연구개발 기술력을 갖춘 중앙연구소에서 연구원들이 밤낮으로 연구개발한 노력이 크게 기여하였다.

국내 최초의 유산균 발효유 제품인 「야쿠르트」를 내세운 광고에서도 보여 주듯이 "이 작은 한 병에 건강의 소중함을 담았습니다." 라고 하고 있는데, 이는 정성을 다한 제품임을 소비자에게 강하게 이미지를 전달하고 있다. 지금도 남녀노소 모두에게 꾸준한 사랑을 받고 있는 「야쿠르트」는 단일 브랜드로는 사상 최다 최장 판매를 이어가고 있는 제품으로, 우리나라 국민이라면 누구나 여러 차례 마셔봤을 국민의 대표 상품이 되었다. 따라서 「야쿠르트」는 국내에서 유산균 발효유를 대표하는 '대명사'가 되었다.

그림 8-9. 1996년 5월 22일 준공한 한국야쿠르트 본사 사옥
(서울시 서초구 잠원동 28-10)

「야쿠르트」의 역사는 곧 대한민국의 발효유의 역사라고 해도 과언이 아니다. 「야쿠르트」가 1971년 8월 10일에 처음으로 제품이 생산되었을 때, 당시에는 판매를 위한 제품 등록과 법적 기준도 제대로 마련되어 있지 않았다. 우리나라에 처음으로 선보인 제품이니 만큼 정부 어느 기관에서 유산균 발효유 업무를 담당해야 하는지에 대한 기준조차 없어 애를 먹었다.

「야쿠르트」가 시중에 처음 출시되자 초기에는 일반 사람들의 발효유에 대한 인식이 부족하였던 때라 "뭐? 균을 돈 주고 사 먹으라고? 이게 무슨 소리야." 라고 오해 받기도 하였다. 한국야쿠르트는 '야쿠르트 아줌마'라는 방문판매 시스템을 도입해 그 당시 냉장고가 별로 없던 시절에 제품을 "손에서 손으로 소비자에게 직접 전달" 하는 방문판매 시스템을 채택하여 왔다. 소비자를 직접 만나 제품의 우수성과 과학성을 설명하여 주고 고객들과의 불만사항과 건의사항을 들어주어 신뢰가 점점 쌓여갔다.

1971년 야쿠르트 발매 당시 47명으로 시작한 '야쿠르트 아줌마'는 2006년 전국 1만 3천여 명으로 확대되었고, 주부들을 활용한 방문판매 제도의 대명사로 자리 잡았다.

3.4 국내 최초의 발효유회사 한국야쿠르트의 출범

한국야쿠르트회사는 우리나라 낙농업을 발전시키고, 유산균 발효유를 보급하여 국민보건에 기여하겠다는 원대한 목표아래 시작되었다. 한국야쿠르트의 출범은 1969년 11월 26일 서울 중구 무교동 11번지에서 창립총회를 가졌고, 다음날 11월 27일 회사설립 등기를 마침으로 시작되었다.

1960년대 중반부터 정부의 적극적인 축산진흥정책에 따라서 우유의 생산량은 많아졌는데도 우유처리 능력은 턱없이 부족하였다. 우유가공 처리능력이 충분하게 갖춰졌다면 훨씬 더 많은 사람들이 우유와 유가공 제품을 소비할 수 있었던 시기였다. 1960년대 말 건국대학교 축산대학 학장으로 재직하고 있던 윤쾌병 교수는 우리나라 축산의 미래가 우유 가공업에 달려 있다고 생각했다.

윤쾌병 박사가 일본을 방문했을 때, 시로다 미노루 박사에 의해 개발된 특수 유산균을 이용하여서 일본야쿠르트가 우유를 발효시켜 제조한 보건음료 「야쿠르트」가 일본 국민의 약 12%가 애음할 정도로 인기리에 판매되고 있음을 알게 되었다. 윤쾌병 박사는 우리나라에서도 남아도는 우유를 가공처리 할 방법 중의 하나가 될 수 있는 좋은 아이디어라고 생각하였다.

집안 친척으로 재력이 있는 윤덕병 회장을 만나 장래의 한국 낙농사업과 국민보건을 위한 국민건강 음료인 유산균 발효유 새로운 사업을 하는 것이 좋겠다는 구상에 의견의 일치를 보았다. 윤쾌병 박사와 윤덕병 회장은 1967년부터 사업계획을 구체적으로 세워서 사업준비에 본격적으로 박차를 가하기 시작하였다.

1969년 12월 경기도 의왕시 왕곡동 449번지에 공장용지 4,580평을 구입하여, 1971년 6월 30일 공장이 준공되었다. 1971년 8월 10일에 우리나라 최초로 유산균 액상 발효유 「야쿠르트(Yakult)」 제품을 생산하기 시작하였다.

한국야쿠르트의 기업이념은 국민건강 증진에 기여할 수 있는 제품을 만들어야 한다는 원칙을 세우고 "건강사회건설"로 설정했다. 한편, 기업이념을 달성하기 위한 행동지침으로 사훈을 "건강, 성실, 근면"으로 세워 지금도 변함없이 지키고 있다.

한국야쿠르트의 지난 50년 세월은 우리나라 유산균 발효유 산업역사와 함께 했다고 해도 과언이 아니다. 유산균 발효유 제조기술을 국내에 처음으로 정착하여 「야쿠르트」를 상품화하여 국내에서 유산균 발효유를 대표하는 '대명사'가 되었다.

3.5 한국야쿠르트의 창업정신과 기업철학

1) 한국야쿠르트의 창업정신

한국야쿠르트 윤덕병 회장의 창업정신은 "공익(公益)을 우선으로 하는 기업윤리와 성실하고 정직한 자세이다." 윤덕병 회장은 이러한 확고한 기업 윤리를 바탕으로 '건강사회건설' 이라는 정신으로 초창기부터 경영일선에서 한국야쿠르트를 이끌어 왔다. 또한 국민의 건강을 책임지는 유가공 회사의 창업자로서 매사에 정직과 신뢰를 강조하고 몸소 실천하였다.

윤덕병 회장은 고객을 최우선으로 생각하는 성실한 자세는 한국야쿠르트 기업정신의 근간이 되었다. 따라서 임직원과 야쿠르트 아줌마들도 '공익과 성실'을 늘 염두에 두고 일을 하지 않을 수 없었다.

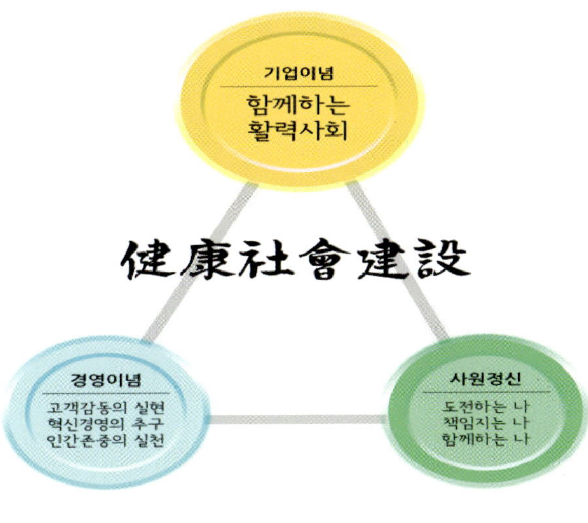

그림 8-10. '건강사회건설'이 야쿠르트 기업 철학이다.

2) 한국야쿠르트의 기업철학

한국야쿠르트의 기업 철학은 기업의 이윤추구가 주목적이겠지만 동시에 사회와 국민과 국가를 위해 무엇인가를 해야 한다는 철학을 확실하게 가지고 있었다. 한국야쿠르트의 기업의 철학은 국민건강에 기여할 수 있는 제품을 만들어서 '건강사회건설' 이라는 기업이념의 토대 위에서 성장해 왔다. 건강식품을 기본으로 하는 종합식품회사로 발전시키는 원대한 꿈을 사업목적으로 하였다.

창업 당시부터 오늘날까지 한국야쿠르트는 건강한 사회를 만들겠다는 원칙에서 한 번도 흐트러짐 없이 국민의 건강증진을 위해 힘써왔다. 윤덕병 회장의 생활철학과 소신은 경영에도 그대로 반영되어 한국야쿠르트가 국민에게 사랑받는 기업으로 성장하는 밑바탕이 되었다.

3) 윤덕병 회장의 남다른 한국야쿠르트 제품 사랑

윤덕병 회장은 "내가 만든 제품을 먼저 믿고 먹지 않으면 고객도 사랑하지 않는다." 라는 가장 기본적인 신념을 가지고 있었다. 윤덕병 회장은 중앙연구소나 공장에 가면 항상 이렇게 당부했다.

"제품 하나를 개발하거나 만들 때도 내 가족이 먹는 것처럼 정성을 다해 만듭시다." 윤덕병 회장은 외부 손님이 방문하면 커피나 녹차 대신 "우리 제품은 내 가족이 먹는 것처럼 정성을 다해 만들었으니 안심하고 드시지요" 하며 회사의 제품을 서슴없이 대접하였다. 이것이 윤덕병 회장의 한국야쿠르트 제품 사랑 정신이었다.

3.6 한국야쿠르트의 사회공헌 활동

한국야쿠르트는 '건강사회건설'을 창업정신으로 출발한 기업이다. 창업정신에 따라 유산균 발효유, 우유 및 건강음료와 건강기능식품 등 좋은 제품을 개발하고 공급함으로써 국민건강에 이바지하고 우리 사회의 어둡고 가난으로 힘들어하는 곳곳을 밝혀 살기 좋은 사회가 되도록 노력을 함께하여 왔다.

열 사람이 한 숟갈씩 덜어 만든 밥 한 공기를 배고픈 사람과 나누는 '십시일반(十匙一飯)'이 사랑의 정신인 것이다. 이에 대표적인 사회공헌 활동내용을 간략하게 소개하고자 한다.

1) 사랑의 손길 펴기 운동

한국야쿠르트가 펼쳐온 '사랑의 손길 펴기 운동'은 1975년 3월 1일에 불우이웃 돕기 위원회를 만들면서 부터 전체 회사 차원으로 시작되었다. 임직원 모두가 매달 급여에서 약 1%를 떼어 모아놓은 돈과 회사 차원에서도 별도의 지원금을 보태어 정말 어렵고 사회의 따뜻한 손길을 기다리는 우리 이웃들에게 작은 정성을 전하는 '사랑의 손길 펴기 운동'을 펼쳐 나가는 운동이었다.

이 운동은 연말연시나 명절 때만 일부 성금을 선심 쓰듯 내는 생색용과는 차원이 다르다. 회사의 여사원회와 각 동아리회 그리고 영업직매소의 야쿠르트 아줌마들도 자발적으로 참여하면서 '사랑의 손길 펴기 운동'이 본격화되었다. 한국 야쿠르트는 고객의 건강뿐만 아니라 어려운 이웃을 돕는 데도 앞장서는 좋은 기업이라는 이미지를 소비자들에게 심어주었다. 조선일보사에서는 윤덕병 회장에게 사랑의 '손길 펴기 운동'이 우리 사회에 기여한 공로를 인정하여 1984년 3월 청룡봉사상 인상(仁賞)을 수여하기도 했다.

2) 전국 어린이 「건강글짓기」 대회

전국 어린이 「건강글짓기」 대회는 1978년 한국야쿠르트와 새싹회가 공동으로 주최하여 개최하였다. 어린이 건강글짓기 대회의 취지와 목적은 자라나는 어린이들에게 글 짓는 힘을 길러 주어 국어 순화에 이바지하고자 함이다. 그리고 외래어가 무분별하게 남용되고 있는 요즈음 우리말의 아름다움을 알게 하고 올바른 사용을 유도하는 일이 절실히 필요하였다. 나아가 장래 교양 있고 유능한 사회인이 되도록 이끌어 주기 위하여 대회를 개최하는 것이 주요 목적이었다.

1978년 5월 5일 어린이날을 맞아 제1회 대회가 서울 경복궁에서 5,000여 명의 많은 어린이가 참가하는 가운데 시작되었다. 전국 어린이 「건강글짓기」 대회는 새싹회 회장을 역임하였던 아동문학가 고(故) 윤석중 선생의 제의를 받아들여 대회 경비 일체를 한국야쿠르트가 지원하였다. 산문과 동시 2개 부문으로 나누어 으뜸상, 금상, 은상, 동상 및 장려상을 선정해 상패와 부상을 시상하여 오다가 4회 대회부터는 상품 대신 장학금을 지급하였다.

제2회 대회부터는 규모를 확장하여 서울을 비롯하여 전국 6대 도시에서 동시에 개최하였다. 2회 대회부터는 문교부와 각 시도 위원회, 문화방송, 경향신문에서도 후원하였다. 1988년 11회 대회 때는 전국 997개교에서 53,000여 명의 많은 어린이이가 참가하여 성황리에 시행되었다. 이 대회는 해를 거듭할수록 국내 최대의 어린이 문예 백일장이 되었다.

그림 8-11.전국 어린이 건강글짓기 대회

3) 전국 학생「과학발명품」경진대회

전국 학생「과학발명품」경진대회는 동아일보사가 주최하고, 한국야쿠르트가 협찬하는 행사로 역사와 전통을 가진 대회로 진행되어 왔다. 이 대회의 목적은 과학기술의 발달만이 치열한 세계 경쟁 속에서 우리가 살아남을 수 있는 길이라는 인식하에 우리나라의 청소년들이 과학을 슬기롭게 이용하고, 과학에 대한 관심과 흥미를 불어 넣어주어 연구심과 창의력을 계발하기 위한 행사였다.

당초에 동아일보사는 협찬사를 구하기 위해 "국내에서 굴지의 몇 개의 대그룹에 협찬을 요청하였으나 성공에 대한 확신이 서지 않는다는 이유로 거절당했다"고 하였다. 동아일보사는 이러한 어려움을 겪던 중 한국야쿠르트에 협조를 부탁하였다. 한국야쿠르트 윤덕병 회장은 "부존자원이 없는 우리나라에서 잘 살 수 있는 길은 과학의 힘뿐이다. 한국야쿠르트가 투자할 가장 이상적인 공익사업이다"라며 흔쾌히 대회비용 전액 지원을 수락하였다.

1979년 6월 16일 동아일보·소년동아일보에 제1회 '전국 학생과학발명품 경진대회'를 알리는 사고(社告)가 나가고, 한국야쿠르트에서

그림 8-12. 전국 학생과학발명품 경진대회

도 대대적인 광고를 하였다. 대회 초기에는 대상(국무총리상) 및 금상 수상자와 지도교사는 미국과 유럽, 일본 등 과학 선진국의 유명한 과학명소를 견학하는 특전이 주어져 각 초·중·고등학교 과학교사 및 학생들의 호응이 높았다.

첫해 총 1,523점의 작품이 접수되어 그해 11월 10일부터 15일간에 걸쳐 서울과학관에서 수상작 전시회가 열렸다. 대회에 참가하는 학생 수는 매회 증가하였으며, 1985년부터는 최고상인 대상은 대통령상으로 격상되었다. 한국야쿠르트는 우리나라의 미래가 선진과학에 달려 있다는 생각에 지속해서 학생 과학발명품 경진대회를 후원하고 있다.

4) 「유산균과 건강」 국제학술세미나

제1회 「유산균과 건강」 국제학술세미나가 1979년 5월 18일 소공동 롯데호텔에서 개최되었다. 본 국제학술세미나의 목적은 '유산균과 건강'에 대한 올바른 정보를 소비자에게 알려주고, 세계 각국에서 연구되고 있는 최신 유산균의 새로운 정보를 국내 학계에 소개하여 유산균 발효유 연구에 도움이 되고자 함이었다.

「유산균과 건강」 국제학술세미나는 대한보건협회가 주최하고, 한국야쿠르트 중앙연구소가 협찬하는 형식으로 국내외에서 '유산균과 건강'에 관련된 연구를 가장 많이 한 세계 각국의 저명한 학자들을 초청하여 주제를 발표하는 형식으로 진행되었다. 세미나에는 각 대학 관련 분야 교수, 의사, 관련 연구기관, 보건 관련 전문인들과 소비자 단체의 간부들이 주요 참석 대상자였다.

이 행사는 2년에 한 번씩 격년제로 개최되어 왔으며, 2013년 3월 13일까지 총 제18회를 끝으로 34년간 개최하여 왔다. 이 국제학술세미나에는 미국, 유럽, 러시아와 일본을 비롯하여 아시아에서까지 많은 학자가 참석하여 유산균과 발효유의 건강효능에 대하여 다양한 주제 <유해세균 억제 효과, 유산균의 장암 예방효과, 유산균의 콜레

스테롤 억제 및 면역효과> 등 여러 분야의 새로운 학설들을 발표했다. 이러한 발표내용은 신문지상이나 방송매체 등을 통해 소비자들에게 전달되어 국내의 유산균 발효유 산업발전에 크게 기여했다.

참고문헌

1. 낙농 및 식품 미생물학, 김현욱 외 공저, 1991
2. 유산균과 건강, 제10회 국제학술 심포지엄, 1997
3. 유가공학, 김현욱 외 공저, 1999,
4. 축산식품 미생물학, 백영진 외 공저, 2005
5. 젖산균의 과학, 김현욱, 2009
6. Bioactive Components in Milk and Dairy Products (공저, 2009, Wiley-Blackwell, U.S.A)
7. 유산균과 발효유 연구 36년, 백영진, 2011
8. 한국야쿠르트 50년사, 김병진, 2019

에필로그

유산균은 인간이 이용할 수 있는 가장 유익한 미생물 중의 하나이다. 발효유 제품과 각종 발효식품이 인류 생활에 광범위하게 활용된 것은 아주 오랜 옛날부터였다. 발효유 제품은 영양 생리학적으로 우수한 식품인바 발효유의 정기적인 섭취는 건강과 장수에 매우 유익하다고 알려졌다. 유산균은 인체의 장내에서 각종 유해균의 증식을 억제하고, 유해균이 생성한 독소를 무독화시켜 장을 튼튼하게 해준다. 따라서 유산균은 인류의 생활에 직접 또는 간접으로 밀접한 관계를 맺고 있는 유익한 공생체이다.

저자는 1975년 한국야쿠르트 중앙연구소의 창립연구원으로 입사했다. 36년간 연구소에 근무하면서 유산균 연구와 발효유 제품의 개발로 일생을 보냈다. 이 책은 유산균의 전반적인 특성과 연구소장 시절 「메치니코프」, 「윌」, 「쿠퍼스」 등 다양한 발효유 제품을 개발하면서 겪었던 실무 경험이 녹아 있다. 현장에서 알게 된 생생한 지식이기에 독자들이 알기 쉽고 재미있게 읽을 수 있을 것이다.

우리나라에 유산균 발효유 「야쿠르트」가 처음으로 나온 것은 1971년 8월이었다. 이후 시대별로 국내 발효유 시장을 선도하면서 국민건강을 증진시키고, 한국 유가공산업 발전에 선도적인 역할을 했던 일들도 참고로 기록했다. 유산균과 발효유가 인류의 건강효능에 기여하는 핵심 사항을 적어서 100세 시대를 살아가는 우리나라 국민이 건강장수를 하려면 왜 유산균과 발효유를 섭취해야 하는가를 중점적으로 밝혔다.

영국의 역사학자 아놀드 토인비(Arnold Toynbee)는 “역사를 잊은 민족에게 미래는 없다"라고 했다. 이 책은 저자가 유산균과 발효유 제품을 개발하며 겪은 현장경험을 기록한 것으로, 저자의 실무 경험과 오랜 기간 학문적으로 연구한 깊이 있는 이론 등 모든 것을 집대성한 자료이다. 이 책은 유산균과 발효유를 이용한 건강장수를 위한 건강생활 안내서로 소중한 가치가 있다고 생각한다. 일반인들에게 100세 시대에 건강장수를 할 수 있도록 안내해 주는 훌륭한 길잡이가 될 것으로 믿는다.

'기업의 생명은 연구소에 있다'는 신념으로 중앙연구소에 아낌없는 지원을 해주시고 2019년 6월 26일 하나님의 부르심을 받고 향년 92세로 소천하신 윤덕병 회장님께 깊이 감사드립니다. 기흥연구소를 신축하도록 적극적으로 추진해 주신 이은선 사장님과 임직원들께도 고마움을 전합니다. 중앙연구소에서 같이 근무하며 동고동락했던 연구원 여러분에게도 고마움을 전하고, 책 추천사를 기꺼이 써 주신 김현욱 교수님께도 감사를 드립니다.

인터넷과 스마트폰 등으로 인한 독서 인구의 감소와 도서 매출액 감소로 어려움을 겪고 있는 것이 요즈음 출판업계이다. 이 원고의 출판을 흔쾌히 맡아주신 유한문화사 천승배 사장님과 직원들에게도 고마움을 전합니다. 끝으로 사랑과 격려로 가정 일을 도맡아 처리하고 원고정리를 잘할 수 있도록 여러모로 배려해 준 아내 이진희와 가족들에게도 감사의 마음을 전한다.

『유산균과 발효유의 알파(A)와 오메가(Ω)』 책을 출간할 수 있도록 은혜와 축복을 주신 하나님께 영광을 드립니다.

2020년 1월

우면산이 한 폭의 동양화처럼 보이는

서초동 집 서재에서

저자소개

백영진 박사

- 건국대 축산학과 졸업
- 서울대에서 석사·박사 학위 취득
- 한국야쿠르트 중앙연구소 소장
- 덴마크 정부 초청 「낙농미생물 및 유가공 연구」
- 서울대 최고경영자 과정 수료
- 건국대, 경희대, 성균관대 강사와 중앙대 겸임교수, 상지대 초빙교수 등 23년간 후학 양성
- 한국유가공학회 회장 역임
- 한국축산식품학회 회장 역임

저 서 :

① 낙농 및 식품 미생물학(공저, 1991)
② 유가공학(공저, 1999)
③ 축산식품 미생물학(공저, 2005)
④ 응용축산미생물학(공저, 2006),
⑤ 영문 : Bioactive Components in Milk and Dairy Products (공저, 2009, Wiley-Blackwell, U.S.A)
⑥ 유산균과 발효유 연구 36년(2011) 등이 있다.

논문 및 특허 :

① 국내외 학술 논문 103편
② 특허 등록 58건

유산균과 발효유의
알파(A)와 오메가(Ω)

2020년 1월 15일 초판 인쇄
2020년 1월 20일 초판 발행

저 자 : 백영진
펴낸이 : 천승배
펴낸곳 : 도서출판 유한문화사

주소 : 경기도 고양시 덕양구 지도로124번길 8-35
전화 : 2668-2055
팩스 : 2668-2565
http://www.yuhansa.com
E-mail : yuhansa@hanmail.net
등록 : 제 5-31호. 1979. 3. 6.

값 20,000 원

ISBN : 978-89-7722-945-7 03570

저자와의 협의에 의해 인지는 생략합니다.